Führungsfaktor Resonanz – gelassen und stark in Führung gehen

Führungsfaktor Resonanz – gelassen und stark in Führung gehen

Jörg-Peter Schröder, Natalia Blank

Jörg-Peter Schröder
Natalia Blank

Führungsfaktor Resonanz – gelassen und stark in Führung gehen

Mit Empowerment zu einem neuen Teamspirit

Dr. med. Jörg-Peter Schröder
Berliner Straße 23
55268 Nieder-Olm
E-Mail: www.joergpeterschroeder.com
www.frequenzwechsel.de

Natalia Blank
Blank Consulting
Hütten 66
20355 Hamburg
E-Mail: n.blank@blankconsult.de

Bibliografische Information der Deutschen Nationalbibliothek
Die Deutsche Nationalbibliothek verzeichnet diese Publikation in der Deutschen Nationalbibliografie; detaillierte bibliografische Daten sind im Internet über http://www.dnb.de abrufbar.

Anregungen und Zuschriften bitte an:
Hogrefe AG
Lektorat Psychologie
Länggass-Strasse 76
3012 Bern
Schweiz
Tel. +41 31 300 45 00
info@hogrefe.ch
www.hogrefe.ch

Lektorat: Dr. Susanne Lauri
Redaktionelle Bearbeitung: Mihrican Özdem, Landau
Herstellung: Daniel Berger
Umschlagabbildung: Ivan Bajic, GetttyImages
Umschlaggestaltung: Claude Borer, Riehen
Satz: Claudia Wild, Konstanz
Druck und buchbinderische Verarbeitung: Finidr s. r. o., Český Těšín
Printed in Czech Republic
Auf säurefreiem Papier gedruckt

1. Auflage 2022

(E-Book-ISBN_PDF 978-3-456-96131-6)
(E-Book-ISBN_EPUB 978-3-456-76131-2)
ISBN 978-3-456-86131-9
https://doi.org/10.1024/86131-000

Gewidmet
den Menschen, die ihr Potenzial gelassen und kraftvoll entfalten.

Inhaltsverzeichnis

Stimmen zum Buch

„Gute Führung sorgt dafür, die Menschen zu hören. Hinhören im beruflichen Kontext ist dabei kein Teil der lästigen Pflichten, sondern ein Teil des Fundaments auf dem ein gut funktionierendes Unternehmen gebaut ist. Das Wahrnehmen der anderen Menschen respektiert diese nicht nur. Es gibt mir auch immer etwas zurück und lässt im Sinne der Resonanz Neues in mir entstehen. So beginnen kreative Prozesse.

In der Psychotherapie erfahren wir häufig, dass Menschen eigentlich genau wissen, was sie brauchen und was sie ändern müssen, um dies zu erreichen. Oft gelingt aber die Umsetzung nicht oder sie wird als etwas Unmögliches angesehen. Im Umfeld der Arbeitswelt ist es nicht anders. Ich bin überzeugt, dass das vorliegende Buch erfolgreich Wege aufzeigt, bereits vorhandenes Wissen zu guter Führung zu aktivieren und anzuwenden. Das Besondere an den vorgeschlagenen Techniken besteht aber in der Leichtigkeit, die immer wieder die Grundlage aller Interventionen darstellt. So wird verändertes Erleben und Handeln mit wenig Aufwand in den Alltag integriert."

Dr. med. Stefan Scholand, Facharzt
für Psychiatrie/Psychotherapie
Chefarzt der Clemens-August-Klinik
Fachkrankenhaus für Psychiatrie, Psychotherapie und psychosomatische Medizin
Neuenkirchen-Vörden

„Neuland zu betreten bedeutet das Verlassen von eingefahrenen Wegen und Alltagsroutinen und ein Sicheinlassen auf das Neue. Statt an Altem festzuhalten und besorgt die Kontrolle zu verschärfen, geht es Jörg Peter Schröder und Natalia Blank um Loslassen, Gelassenheit, Zuversicht, Mut, Kreativität und Neugier. Ressourcenorientiertes Leadership und Selbstreflexion sind Schlüsselfaktoren für Führungskräfte, um mit klarer Orientierung einen neuen Team-Spirit zu ermöglichen. Das Buch setzt nicht maßnahmenorientiert im Außen an, sondern stellt den Menschen und dessen Beziehungen in den Mittelpunkt. Echt empfehlenswert!"

Gert Müller, Managing Partner, Chairman of
the Group Executive Management Board,
Gemü, Criesbach

„Gesellschaftliche Veränderungen erfordern auch neue Führungsansätze: Ansätze, die Mitarbeiter dabei unterstützen, über sich selbst hinauszuwachsen und ihr volles Potenzial zu erkennen und zu entfalten. Ein solch achtsamer Umgang bietet wichtigen Raum für die leisen, aber essenziellen Zwischentöne der Kommunikation. Wie sich diese Philosophie mit klugem Projekt- und Prozessmanagement verbinden lässt, zeigt dieses Buch auf bemerkenswerte Weise. Für uns ist es ein neues Standardwerk mit wertvollen Impulsen für eine richtungweisende Unternehmenskultur, in der sich jeder wohlfühlt und zur persönlichen Bestleistung beflügelt wird."

Jutta Weber, Vorstand bos.ten AG, Regensburg

„Die innere Haltung ist die Voraussetzung für eine starke Führung und Kommunikation. Nur wer eine gute Verbundenheit zu sich selbst hat, kann eine gute Verbindung zu anderen entwickeln. Das 8-Schritt-Verfahren des Empowerment-Ansatzes vermittelt in einer menschlichen und berührenden Sprache nachhaltiges und spürbares Stressmanagement. Für eine echte und sinnstiftende Verbundenheit – zu sich selbst und anderen. Großartig!"

Julia Steiner, Geschäftsführung, Evers GmbH, Oberhausen

„Vor lauter Effizienz und Online-Meetings geht häufig die Verbundenheit in Teams verloren. Das Buch ist eine Einladung zum Hinhören und eröffnet eine neue Perspektive zu beziehungsorientiertem Empowerment. Es geht nicht um Rezepte, sondern um die Stärkung der inneren Dialogfähigkeit. Jörg Peter Schröder und Natalia Blank berühren und begleiten Führungskräfte auf einer wichtigen Reise – zu sich selbst. Führung beginnt mit Selbstreflexion und Mitgefühl. Der Puls-Check für Führungskräfte stellt dazu die richtigen Fragen.

Das authentische und empathische Vorgehensmodell hat uns im Führungsteam geholfen, Klarheit zu bekommen, den Teamspirit zu verbessern und durch echte Resonanzerfahrung eine neue Art der Verbundenheit zu entwickeln. Damit dies funktioniert, bedarf es einer Leichtigkeit und einer stets optimistischen positiven Life-Balance. Das Buch macht Mut, dass Führung leicht gehen darf: Einfach mal machen – könnte ja klappen!"

Jens Rempp, Country Manager & Brand Manager OMEGA
The Swatch Group (Deutschland) GmbH, Eschborn

„Jörg Schröder und Natalia Blank betonen als erfahrene Business-Coaches und als Experten des Kampfsportes die Wichtigkeit von Respekt und Achtsamkeit. Gemeint ist damit der Respekt vor dem Partner im Business und dem Gegner im Kampf im Dojo (Trainingshalle). Neben der Disziplin und der Konsequenz sind dies wichtige Elemente, die letztlich unser tägliches Denken und Tun bestimmen. Diejenigen, die diese Elemente bereits leben, kennen und schätzen die dadurch resultierende Energie. Genau diese Form der Energie, die vor allem durch Respekt entsteht, macht eine gute Führungskraft aus. Das eigene Team wird durch gegenseitigen Respekt gestärkt, wodurch Wertschätzung hervorgeht. Zwischen Führung und Team ergibt sich eine Synergie und genau hier ist der allumfängliche Qualitätsunterschied zu erkennen. Dieses Werk wird die interessierten Leser mit Sicherheit bereichern."

Fiore Tartaglia, 7. Dan Shotokan-Karate, Inhaber Spectra-Verlag, Göppingen-Ursenwang

„Jörg Schröder und Natalia Blank stellen die menschliche Seite des Business in den Vordergrund. Sie beginnen mit der inneren Haltung, den Ressourcen und der Reflexion von Persönlichkeit und dem eigenen Handeln. Durch Empathie, echte Beziehungsfähigkeit und Eigenverantwortung entstehen dann Möglichkeiten für eine neue Bewegung und echte Verbundenheit. Die Anleitungen zur Selbstreflexion und Rückbezüge zu Embodiment und Mindfullness sind konkret und praktisch formuliert. Dieses Buch sollte von Führungskräften nicht nur gelesen, sondern spürbar gelebt und erfahren werden. Aus meiner Sicht auch ein effektiver positiver „Hebel" (wenn die Haltung stimmt!) zur Senkung der Fehlzeiten in den Unternehmen bzw. zur Förderung von echter Anwesenheit!"

Dr. Anne Katrin Matyssek, Diplom-Psychologin und approbierte Psychotherapeutin do care!, Köln

„Die Bedeutung authentischer, empathischer und sinnstiftender Führung kann heute niemand mehr in Frage stellen. Umso wichtiger sind daher richtungsweisende Ratgeber wie Dr. Jörg-Peter Schröder und Natalia Blank, die mit Ihrem neuen Buch aufzeigen, wie vor allem in der Corona-Krise entstandenes Phlegma sowie fehlende Zukunftsorientierung bei Mitarbeitenden durchbrochen werden können. Nicht entweder pauschalierte Regelungen oder differenziertes, individuelles Hinschauen sind der Schlüssel zum Erfolg, sondern die bewusste Kombination beider Perspektiven bietet die ideale Grundlage zu Teamspirit und persönlichem Empowerment."

Thomas Wagner, Stellvertretender Betriebsratsvorsitzender der Adolf Würth GmbH & Co. KG (AWKG), Künzelsau

„Endlich ein ganz anderer Zugang zum so wichtigen Thema Leadership! Wichtige Aspekte der Entwicklung der eigenen Persönlichkeit, aber auch des Teams wie Selbstreflexion, Selbstempathie, Vertrauen und das Verstehen von Selbstorganisation auf allen Ebenen werden didaktisch wertvoll nahegebracht. Den Autoren gelingt es glänzend darzustellen, wie Motivation und Begeisterung in einem Team wachsen kann und ganz andere Ansätze hierfür von Bedeutung sind als technische Analysen und intellektuelles Verstehen."

Prof. Dr. med. Christian Willy, Klinischer Direktor Unfallchirurgie, Orthopädie und septisch rekonstruktive Chirurgie Bundeswehrkrankenhaus Berlin

„Energie, Widerstandsfähigkeit und Zuversicht sind notwendige Faktoren, um Teams erfolgreiches Wirken zu ermöglichen. Darüber hinaus sind Spaß und Begeisterung wesentlich für die Gesundheit jeder und jedes Einzelnen. In diesem Buch finden sich die Zutaten, um all das zu erreichen. Tipps und Anleitung auf verständliche Art und Weise."

Markus Gürne, Journalist, Frankfurt

„Dieses ganzheitlich praxisnahe Buch überzeugt durch eine multiperspektivische Sichtweise. Es schafft die Verbindung von Wissenschaft und Menschlichkeit zu einer sinnstiftenden Begeisterungskultur. Man erkennt sofort, dass die Autoren in der Praxis erprobte Vorgehensweisen vorstellen, welche auf tiefer Einsicht in zwischenmenschliche Interaktion basieren. Das Vermitteln von psychologischer Sicherheit und das Schaffen von Verständnis unter Einbezug des Embodiments aktiviert die Selbstregulation und stärkt den Teamspirit. Ganz klar eine Empfehlung für alle Führungskräfte, durch Resonanz zu echter Beziehungsfähigkeit zu gelangen."

Andreas Busch, BEO Nestlé HealthScience Switzerland, Vevey

„This profound and powerful business-book is opening up new perspectives of leadership. The remarkable 8-step-program challenges conventional thinking, introduces new ideas, and gives leaders tools to foster positive change. Resonance will transform the relationship in teams and helps to empower sustainable growth."

Dr. Matthias Pfannkuche, Vice President EMD Serono, Rockland, United States of America

„In der zahlenlastigen Welt wird ein hohes Augenmerk auf Analysen und Prozesse gelegt. Begeisterung braucht jedoch mehr. Das 8-Schritt-Verfahren des Empowerment-Ansatzes stärkt Führungskräfte durch Reflexion, vermittelt sinnhafte Elemente zu besserem Teamspirit und ermöglicht durch Resonanz neue Möglichkeitsräume im Sinne eines organischen Wachstums. Ein Muss für alle Führungskräfte, die nicht nur Zahlen und Bilanzen sehen, sondern den Mehrwert der Menschen erkennen. Echte Menschlichkeit und die Beziehungen zwischen den Handelnden bewirken den Mehrwert."

Dr. Peter Katko, licencié en droit, CIPP/E | Rechtsanwalt l Partner | Global Digital Law Leader Ernst & Young Law GmbH Rechtsanwaltsgesellschaft Steuerberatungsgesellschaft München

„Es gibt keine sinnvolle Führung ohne Autoregulation. Als Menschen und speziell in den disponierten Führungsrollen gehen wir täglich vielfach in Resonanz mit unseren Mitmenschen und mit Systemen. Diese Resonanz ist ein Mitschwingen unserer Emotionen, unserer verkörperten Erfahrungen. Führungskräfte ohne selbstregulativen Zugang zu ihren Emotionen, ohne Mitgefühl für ihre eigene Geschichte und ohne eine freundschaftliche Beziehung zu sich selbst werden genau das auch nicht nach außen tragen können. Der Kern von Empowerment der Mitarbeiter und Teamkollegen entsteht aber genauso: Durch ein empathisches Einschwingen, durch ein Stärken des Gegenübers, durch ein Loslassen entsteht ein zuvor ungeahnter Möglichkeitsraum. Genau diese Aspekte werden durch die Autoren in ihrer Arbeit gelebt und in diesem Buch praktisch vermittelt und mit verblüffender Leichtigkeit im 8-Stufen-Programm konkret in die Anwendung gebracht."

Dr. med. Christoph Mauer, Facharzt für Anästhesiologie und Intensivmedizin, Notarzt, Privatpraxis für ärztliche Hypnose, Plön

„In diesen Zeiten ist gesunde und resiliente Führung der Schlüssel, um Herausforderungen zu begegnen – und vor allem: mit ihnen zu wachsen. FACE the Challenge ist die Methode von Klitschko Ventures und das Buch verbindet unseren Ansatz mit dem elementaren Habit von Empowerment als Führungshaltung".

Meike Pukropski, Lead Education,
KLITSCHKO Ventures GmbH – Hamburg

„In ihrem Buch stellen die Autoren stets die Menschen in den Mittelpunkt – egal, ob es darum geht, die agile Kompetenz im Team auszubauen oder im gemeinsamen Dialog und täglichen Handeln die Unternehmenskultur zu stärken. Auf die innere Haltung kommt es an. Das Vorgehensmodell entfaltet Impact und eröffnet neue Wachstumspotenziale. Wertvoll ist das Buch auch durch den Beitrag zum kulturellen Wandel sowie durch die Gestaltung von innerer Führung im Kontext komplexer Veränderungsprojekte."

Klaus Eberhardt, Gründer und Geschäftsführer, Iteratec, München

„Agilität beginnt mit dem Mind-Set der Führungskräfte. In einer ambidexen und unsicheren Welt brauchen wir Zuversicht und Mut, um mit Begeisterung und Inspiration die Innovationfähigkeit und Kreativität unserer Mitarbeitenden zu entwickeln. Das Buch ist eine Einladung, wie der Mehrwert der Menschen im Business im Sinne eines organischen Wachstums anstrengungsfrei und gelassen gefördert werden kann. Das 8-Schritt-Verfahren des Empowerment-Ansatzes beginnt bei der inneren Haltung und entfaltet durch die Art der Beziehungen der Menschen miteinander eine neue sinnstiftende Verbundenheit."

Jörg Staff, CHRO of the Year 2021
Vorstand People & Business Services
Atruvia AG

Über Risiken und Nebenwirkungen dieses Buches

In den letzten 20 Jahren haben wir viele Topführungskräfte kennengelernt, die ihren Job gut erfüllt haben. Doch sie waren erschöpft, kraftlos und leer – ihre Leichtigkeit war futsch.

Wie steht es um *Ihre* Führungskraft, *Ihre* Energie und *Ihre* Leistungsfähigkeit im Führungsalltag? Wie anstrengend oder leicht empfinden Sie Ihren Business-Alltag? Wie schnell erholen Sie sich von Stress, Anspannung und Belastungen? Und wie geht es für Sie weiter? Denken Sie, dass Sie als Führungskraft in Zukunft genau so weitermachen können und wollen wie bisher? Wie wäre es, wenn es anders gehen könnte? Wie wäre es, mit mehr Energie, Leichtigkeit und Gelassenheit sich selbst und andere zu führen? Wir möchten Sie einladen, auszuprobieren, was Sie in Zukunft ganz und anders machen könnten, um mit Gelassenheit, Klarheit und voller Energie stark in Führung zu gehen.

Vorsicht – Sie verlassen eingetretene Pfade. Das Weiterlesen erfolgt auf eigene Leichtigkeit. Das Lesen dieses Buches stimuliert Ihre Persönlichkeitsentwicklung, aktiviert Selbstheilungskräfte, steigert Energie und fördert Ihre Führungskraft.

Fragen Sie keinen Arzt oder Apotheker, denn nur Sie kennen die Antwort auf gestellte Fragen. Als erwünschte Nebenwirkungen dieses Empowerment-Programms kann es zu beschwingter Lebensfrische, Gelassenheit, kreativen Gedankensprüngen, mehr Power und authentischer Weiterentwicklung kommen.

Kommen Sie in Bewegung und auf ein höheres Niveau von Energie, Kraft und Leistungsfähigkeit.

Hinweise

Die Namen der Personen in den Fallbeispielen sind verändert. Eine Übereinstimmung mit lebenden Personen wäre rein zufällig.

Für eine gendergerechte Schreibung und eine bessere Lesbarkeit verwenden wir in diesem Buch die männliche und weibliche Form in zufälliger Reihenfolge – alle anderen Menschen sind stets mitgemeint.

Alle Kapitel dieses Buches sind miteinander verwoben und lassen sich sowohl in horizontaler, vertikaler als auch diagonaler Richtung ab-, mit-, vor-, quer- und durchlesen. Die Möglichkeit eines Seiteneinstiegs oder eines lockeren Seitensprungs sind durchaus beabsichtigt. Schnellleser dürfen gern Kapitel überspringen. Andere verweilen vielleicht bei einem Wort oder einer Metapher.

Ein wichtiges Stilmittel dieses Buches ist Redundanz. Das Wiederholen bestimmter Aspekte aus einer anderen Perspektive in einem anderen Kontext unterstützt die Umsetzung in eine konkrete Handlung und erhöht die Wirksamkeit der Umsetzung.

Das vorliegende Buch ist sehr sorgfältig recherchiert und erarbeitet worden. Dennoch erfolgen alle Angaben ohne Gewähr. Weder die Autoren noch der Hogrefe Verlag können für eventuelle Nachteile oder Schäden, die aus den im Buch gemachten praktischen Hinweisen oder Übungen resultieren, eine Haftung übernehmen.

Einleitung

Kooperation, Innovation und Motivation im Team gelingen am besten in einem weiten Umfeld von Gelassenheit. Wenn der Chef gelassen ist, können auch die Mitarbeitenden stressfrei arbeiten. Soweit die Theorie. Doch die Praxis in den Unternehmen sieht häufig ganz anders aus: Viele Führungskräfte erleben Stress, spüren die eigene Dauermüdigkeit und Erschöpfung.

Das Zuviel an operativer Hektik, die Einengung in das Korsett von Anweisungen und Vorschriften sowie das hohe Pensum an zu erledigender Arbeit wiegen schwer. Vielen Führungskräften fehlt die Kraft. Das Resultat: Psychische Erkrankungen und Angststörungen sind drastisch gestiegen. Grund genug, sich mit Empowerment zu beschäftigen.

Im Außen ändern sich die Rahmenbedingungen: Alte Business-Modelle werden infrage gestellt, Prozesse sollen digitalisiert und verändert werden. Das Neue ist noch nicht erreicht, und dennoch soll das Alte fehlerfrei funktionieren. Dieses Spannungsfeld erzeugt Unsicherheit, Stress und Angst bei den Mitarbeitenden. Statt noch schneller in kürzerer Zeit mehr zu erledigen, dürfen Führungskräfte innehalten, um das wirklich Wesentliche in der Arbeit erkennen zu können.

Es gibt eine große Lücke zwischen dem, was die Wissenschaft weiß, und dem, wie das Business immer noch funktioniert. Unter Empowerment verstehen wir all die Strategien und Maßnahmen, die die Autonomie, Selbstbestimmung und Selbstwirksamkeit im Leben von Menschen oder Gemeinschaften erhöhen und es ihnen ermöglichen, ihre Interessen zu vertreten.

Mit diesem Buch möchten wir Licht in das Dunkel bringen und dazu beitragen, dass Führungskräfte mit authentischer Gelassenheit und Leichtigkeit die eigene Leistungsfähigkeit und die von Teams und Unternehmen stärken können, um Empowerment zu gestalten. Aufbauend auf den Erfahrungen auf Basis des Prinzips von Gesunder Führung (Schröder, 2013) möchten wir Führungskräften die komplexen Zusammenhänge anschaulich und multiperspektivisch darstellen, um bessere Leistungsfähigkeit zu ermöglichen.

Der Inhalt dieses Buches fördert und stärkt eine gelassene innere Dialogfähigkeit bei Führungskräften. Unsere Intention ist es, jenseits von erzwungener Positivität und Daueroptimismus an Ressourcen anzudocken und so eine neue innere Haltung zu entwickeln, die dazu beiträgt, im Team eine stressfreie und gesunde Arbeitskultur zu gestalten. Gelassenheit und Entschleunigung helfen, stresserzeugende Verhaltensweisen zu verlassen und Teams kokreativ und beziehungsorientiert zu führen.

Mitarbeitende leisten häufig nicht das, was sie leisten könnten, weil sie durch starre Strukturen und fehlender Einflussfähigkeit eingeengt und frustriert werden. Immer noch betrachten Unternehmen Menschen als Kostenfaktoren, die eine Funktion zu erfüllen haben. Das fängt an mit Worten wie Personalbeschaffung, Stellenbeschreibung und Organigramm und hört nicht auf mit engmaschigem Controlling und permanentem Monitoring.

Damit liegt der Fokus auf harten Fakten wie Wissen, Können und Erfahrung sowie einem ausgeklügelten Monitoring- und Kontrollsystem. Die menschliche Seite wird jedoch nicht ausreichend genutzt. In Meetings werden Tagesordnungspunkte abgehakt, aber es gibt kaum Möglichkeit für eine echte Begegnung und einen kokreativen Austausch. Die Folge: Die Kommunikation verstummt. Dabei sind die Beziehungsfähigkeit und Verbundenheit im Team maßgebliche Stellhebel für Führungserfolg und Produktivität.

Die Corona-Pandemie zwingt Unternehmen, Teams und Individuen in eine echte Transformation, denn die Wucht des Wandels ist enorm. Die alten Dimensionen von effizienzgetriggerten Standards und Zeitknappheit funktionieren nicht mehr. Es handelt sich nicht um einen kleinen Change-Prozess, sondern um neue Formen von Arbeit und der Gestaltung von Bedingungen, wie Führung sinnhaft, wirkungsvoll und stimmig gelingt. Höchste Zeit, umzudenken und sich Gedanken zu machen, wie die menschliche Seite im Business-Alltag effektiver und sinnstiftender genutzt werden kann. Mit der inneren Haltung der Führungskräfte fängt es an.

Die Frage ist nicht, was Führungskräfte *machen* müssen, um erfolgreich zu führen, sondern wie Führungskräfte in Zukunft *sein* müssen, um die Kreativität und Verbundenheit in Teams heben zu können. Die Krise gibt uns die Gelegenheit, aktiv zu entscheiden, ob wir so weitermachen wie bisher oder ob wir durch eine andere Haltung und einen anderen Führungsstil neue Formen lebendiger Produktivität etablieren. Dazu bedarf es eines Umdenkens im Führungsstil, der die innere Haltung der Führungskräfte in den Fokus stellt. Es geht eben nicht nur um eine Entschleunigung, um Stress zu vermeiden, sondern um ein grundlegend anderes Verständnis für sich selbst und die Art des Miteinanders.

Ein anderer wichtiger Aspekt ist das persönliche Energiemanagement von Führungskräften. Ohne Kraft keine Führungskraft. Als Menschen brauchen wir einen dynamischen Lebensrhythmus zwischen Anspannung und Entspannung. Dieser ist die Voraussetzung für einen besseren Umgang mit Stress und hohen Belastungen. Wir möchten Impulse für Entspannung, Loslassen und Bewegung geben, um diesen Recovery-Rhythmus lebendig zu machen.

Energie ist ebenfalls wichtig im Team. In einer energetisierten Beziehungskultur gelingt es, stressfreier zu führen. Neue Denkmuster, neue Rituale und Gewohnheiten können helfen, eine gesündere Arbeitsatmosphäre und ein Umfeld zu schaffen, in dem Mitarbeitende Teil der Lösung sind und nicht Teil des Problems. Führungskräfte müssen Modalitäten ermöglichen, die gezielt Stress abbauen, um die physiologische Grundlage für Kreativität, Innovation und eine beziehungsorientierte Zusammenarbeit zu schaffen.

Dieses Buch zeigt konkrete Wege auf, wie Führungskräfte durch Reflexion ihrer eigenen Haltung eine stressfreie und sinnstiftende Kultur der Begeisterung gestalten können. Es richtet sich an Führungskräfte im Business. Durch Fallbeispiele, konkrete Hinweise und Vorstellung von Tools erfahren Sie, dass Empowerment die Voraussetzung für Kreativität und Erfolg in Teams sind.

Dieses Buch basiert auf dem systemischen, ressourcenorientierten und gleichsam entwicklungsfördernden Mindset (innere Haltung) von Führungskräften. Ist die innere Haltung von Führungskräften von Gelassenheit geprägt, kann das eigene Handeln und die Zusammenarbeit in Teams verbessert werden. In einer gelassenen Haltung eines jeden Mitarbeitenden liegt der Unterschied: nicht *gegen* etwas zu kämpfen, sondern sich *für* eine sinnvolle Arbeit und ein gesundes Miteinander im Team einzusetzen. Führungsaufgabe ist es, einen echten Teamspirit möglich zu machen.

Dazu braucht es einen Reset im Sinne eines Neuanfangs im Kopf. „Reset" ist die Entscheidung, an- und innezuhalten, Dinge ganz anders zu beleuchten und einen Neubeginn zu starten. Damit fangen wir direkt an. Jetzt.

Dem Reset folgt ein 8-Stufen-Plan zur Entwicklung von mehr Power für Sie als Führungskraft. Dieser Führungsansatz ermöglicht es, eine Teamkultur zu schaffen, die kooperativ ist und Diversität und Heterogenität nutzt. Schritt für Schritt kommen Sie auf ein neues Niveau.

Dies ist kein wissenschaftliches Lehrbuch in substantivierter Sprache mit Fußnoten und zig Quellenverweisen auf Studien und internationalen Publikationen. Wer sich für das wissenschaftliche Fundament und für das empirische Vorgehen unseres Handelns näher interessiert, der findet im Literaturverzeichnis hervorragende Quellen zum Vertiefen. Um nur einige zu nennen, möchten wir auf die Arbeiten Aaron Antonovsky (1979) zur Salutogenese und Gesundheitsprävention, Hartmut Rosa (2016) zu Resonanz, Storch, Cantieni, Hüther & Tschacher (2017) zum Embodiment, Stephen Porges (2001, 2003) zur Polyvagaltheorie, Peter Levine (1998, 2005) zur Traumatherapie (1998) sowie Martin Seligman (2005, 2012) zu Happyness und Wellbeing verweisen.

Wir möchten Ihnen aus unserer langjährigen Erfahrung aus der Praxis im Business Impulse geben und Ideen vermitteln, wie ein neues Team erfolgreich geführt werden kann. Eine neue Kultur lässt sich nicht stringent planen oder minutiös vorgeben – sie kann sich nur entwickeln. Dieses Führungsprogramm ist eine Einladung zu einer gelingenden Neuentwicklung, die eine kraftvolle Bewegung nach vorn auslöst. Die positive Haltung dahinter ist ansteckend – genau wie Corona! Nur, dass sie gesund erhält und stark macht, statt krank zu machen.

Wir wünschen Ihnen dabei viel Freude.

Dr. Jörg-Peter Schröder und *Natalia Blank*
Rheinhessen, Oktober 2022

Reset – spielerisch mit Möglichkeiten experimentieren

„Das gute Gelingen ist zwar nichts Kleines, fängt aber mit Kleinigkeiten an.“
Sokrates (griechischer Philosoph, um 470–399 v. Chr.)

Heute ist der erste Tag im Neuland Ihrer Möglichkeiten, sich selbst ganz und anders zu führen. Die Entscheidung für einen Neuanfang geht ganz leicht, wenn wir uns auf uns selbst einlassen. Und mit uns selbst und den Dingen im Außen experimentell umgehen.

Neueste wissenschaftliche Erkenntnisse zur Bewusstseinsforschung machen Mut, dass wir uns frei machen können von biografischen Zwängen und gesellschaftlichen Konditionierungen. Wir können uns wandeln und verändern, wann immer wir dies *wollen*. Die Kapitel dieses Buches sollen Impulse für die persönliche Metamorphose geben. Sie dürfen einfach Neues ausprobieren und sich dabei selbst ganz und anders erfahren.

Dazu dürfen Sie Ihre Uhr auf Neuzeit einstellen und sich selbst auf Neustart programmieren. Da es zum Glück keine Neuformatierung unseres „Gehirnlaufwerks“ durch einen Befehl „delete *.* “ gibt und auch keinen Knopf mit der Aufschrift „Zurück auf Werkseinstellung“, können Sie Ihr Verhalten und Ihre Einstellung nur in kleinen Schritten anders lenken. Genau das werden wir gemeinsam machen.

Wir drücken die Stopptaste für den rastlosen Geist und ermöglichen sowohl einen Blick auf das große Ganze als auch eine Innenschau.

Selbstentwicklung ist kein Kippschalter oder ein linearer Prozess. Vielmehr verläuft diese Reifung in Stufen, in denen Führungskräfte ihren eigenen Potenzialraum erweitern können. Dieses Führungskräfte-Programm vermittelt Ihnen in 8 Stufen, wie Führung im Alltag so gestaltet werden kann, dass sie Spaß macht und stressfrei Mehrwert erzeugt. Dabei sollen Sie in eine neue Balance kommen dürfen, weshalb wir unseren Empowerment-Ansatz „Leadership in Balance“ (Schröder, 2013) nennen.

Mitarbeitende erfahren durch Sie als Führungskraft, wie das, was dem Einzelnen schwerfällt, gemeinsam mit Leichtigkeit gelingt. In einem Rahmen von Weite, Empathie und menschlicher Zugewandtheit können Führungskräfte ihre Mitarbeitenden empowern. Die französische Redewendung „Avec plaisir“ – also „mit Vergnügen“ – bringt es prima auf den Punkt.

Das Verstehen der Istsituation bedeutet nicht nur, die Stressfaktoren zu analysieren, sondern auch die Gefühle und Bedürfnisse aller Beteiligten zu betrachten. Es geht darum, die Antennen für Befindlichkeiten auszufahren und zu schärfen. Bei sich selbst – und für die Mitarbeitenden im Team.

Empowerment auf drei Ebenen

Empowerment nach dem Prinzip von „Leadership in Balance“ bedeutet authentische und sinnstiftende Einflussnahme auf Mitarbeitende, um gemeinsame Werte und Mehrwert entstehen zu lassen. Empowerment ist eine Ermächtigung, sich selbst und andere in die Kraft und Wirkmächtigkeit zu führen.

Sie entspricht einem dynamischen Prozess wechselseitiger Beeinflussung, der durch Lernprozesse auf den Ebenen der Mitarbeitenden (Zellebene), der Teams (interzellulär) und der Organisation (transzellulär) einer steten Veränderung unterliegt. Bestmögliche Effekte von Führung werden möglich, wenn das Verhalten der Mitarbeitenden und die Verhältnisse des Unternehmens interdependent berücksichtigt werden. Das bedeutet, mit weitem Blick auf die Mikrostrukturen im Inneren sowie auf die Verzahnung der Ebenen der Mitarbeitenden (Zellen), der Teams, Abteilungen (Gewebe) und dem Unternehmen (Organismus) im Äußeren zu schauen.

Dabei befinden sich Führungskräfte in einem Spannungsfeld von Individuation, unternehmerischen Rahmenbedingungen und gesellschaftlichem Konsens. Aus dem Wechselspiel der Ebenen und einer synergetischen Balance aus harten Fakten und weichen Faktoren ergibt sich eine gesunde und sinnhafte Schaffenskraft für das Unternehmen. Die wechselseitigen Interaktionen von Individuum, Team und dem Unternehmen gilt es, systemisch zu betrachten, um Führung ganzheitlich auszurichten. Wirksam wird dieses 8-wöchige Empowerment-Programm für Führungskräfte auf drei Ebenen:

Individuum: Auf der Ebene der Zelle wird das Individuum als Mikrowelt, den Menschen, die Führungskraft (intrazelluläre Ebene/Ich-Welt) betrachtet. Wie können Sie als Mensch persönlich wachsen, sich selbst empowern und schnell von Stressphasen und Belastungen erholen? Auf der individuellen Ebene geht es um Sie als Mensch und Persona. Es geht um Ihr Selbst, Ihre Präsenz, Energie und Balance. Dazu ist es wichtig, dass Sie authentisch im Hier und Jetzt agieren und achtsam und liebevoll mit sich selbst umgehen. Wir werden daran arbeiten, wie es gelingt, die eigene Resilienz zu stärken, sich auf das Wesentliche zu fokussieren und Ihre Emotionen ressourcenorientiert und gut balanciert zu steuern. Leistungsbereitschaft setzt Sinnhaftigkeit und innere Stimmigkeit voraus. Der immer häufiger gehörte Begriff „Purpose“ beinhaltet dieses: Es bedeutet Sinn und Zweck eines Unternehmens; der Anspruch von Purpose ist, dass das, was das Unternehmen tut, der Gesellschaft zugutekommen soll. Wir werden reflektieren, was Sie als Führungskraft antreibt, was Energie vermittelt und Sie zu Höchstleistungen beflügelt. Letztlich ist dieser individuelle Part eine Einladung zu einer Entdeckungsreise zu sich selbst. Selbstentwicklung wird möglich, wenn wir mit größerem Abstand und mehr Gelassenheit auf die Dinge schauen und unser Verhalten uns selbst gegenüber und gegenüber der Umwelt verändern.

Team: Auf der Ebene des Gewebes/Organs betrachten wir die Führung eines Teams, einer Abteilung, eines Bereichs in einer Organisation oder einem Unternehmen. Diese Ebene stellt die Beziehungsebene zwischen den Zellen dar (interzelluläre Ebene/Du-Welt). Inhalte sind die sozialen Komponenten und die Interaktion zwischen den Mitarbeitenden. Das heißt wir fragen, wie Sie als Führungskraft andere inspirieren und empowern können, damit sich die Art und Weise des Miteinanders im Team verändert.

Auf dieser *Teamebene* geht es um Ihre Performance in der Führung eines oder mehrerer Teams. Klare Ziele helfen, sich selbst und das Team zu motivieren und zu inspirieren. Klarheit ist wichtig, um Lösungen für komplexe Probleme und richtige Entscheidungen zu finden. Durch guten Teamspirit wird eine neue Bewegung erzeugt.

Dieser Empowerment-Ansatz ermöglicht einen beziehungsorientierten und menschenzugewandten Führungsstil. Empathie, Wertschätzung, Vertrauen und Übertragung von Verantwortung sind relevante Aspekte, um die Zusammenarbeit und die Beziehungsebene auf ein höheres Niveau zu führen (vertiefend dazu Blank, 2011). Mitarbeitende sind in der eigenen Kraft, wenn sie sich einbringen dürfen und von der Führungskraft gesehen fühlen. Eine sinnstiftende Verbundenheit mit kokreativer Kraft gelingt nur in Gelassenheit und in guter Beziehung miteinander. Der Erfolg dieses Führungsstils erzeugt Begeisterung im Team und ermöglicht Höchstleistungen. Daher kommt der resonanten Kommunikation als Führungsinstrument eine besondere Bedeutung zu, d.h. der Kommunikation, bei der die Zwischentöne des Gesprochenen, das, was man nonverbal aussendet, sind genauso wichtig wie der Inhalt des Gesagten. Das setzt voraus, dass Sie auch kritische Punkte ehrlich und konstruktiv ansprechen und kontinuierlich Feedback geben.

Unternehmen: Die Ebene des Organismus beinhaltet Ihre Einflussfähigkeit als Führungskraft in der Gesamtorganisation, im Unternehmen mit dessen Auswirkungen auf die Makrowelt der Gesellschaft und der Welt, in der wir leben und die wir mitgestalten (transzelluläre Ebene/Wir-Welt). Gemeint ist die innerhalb bestimmter Leitplanken praktizierte Beteiligung und Einbindung der Mitarbeitenden, um die übertragenen Aufgaben maximal eigenständig und eigenverantwortlich bewältigen zu können.

Als Führungskraft sind Sie Botschafter eines Kulturveränderungsprojekts in Ihrem Unternehmen. Auf der *Unternehmensebene* fragen wir danach, wie Sie Ihre Gestaltungsfähigkeit als Influencer nutzen, um die Unternehmenskultur proaktiv zu beeinflussen und so die Gesamtorganisation zu empowern. Dazu braucht es Inspiration und die Vermittlung einer zukunftsgestaltenden Perspektive durch das Setzen von Leitplanken des Handelns in der Gesamtorganisation. Führen durch Vorbild ist dabei essenziell. Mitarbeitende spüren schnell, ob es sich um Lippenbekenntnisse oder echtes Handeln aus Überzeugung und Herzblut handelt.

Die Ebenen von Empowerment sind in **Abbildung 0-1** dargestellt.

Zusammenfassen möchten wir dies so:

- Grow as a person
- Inspire as a leader
- Act as an influencer

Empowerment stellt sich ein, wenn es mehrschichtig, ganzheitlich und interprofessionell entwickelt und gelebt wird. Wertschätzung und

Selbstmanagement	• Mindset (innere Haltung) • Persönliche Reflexion des eigenen Verhaltens • Gesundheitsbewusstsein • Gesunder Lebensstil • Balance der Lebensqualität
Gesunder Führungsstil	• Reflexion des eigenen Führungsverhaltens • Auswirkungen von Führungsverhalten auf Leistungsbereitschaft, Performance • Haltung gegenüber den anderen
Botschafter des Kulturveränderungsprozesses	• Tieferer Sinn • Gemeinsame Werte • Kompetenzmodell • Führungsgrundsätze • Strategien, Methoden und Techniken von Change-Prozessen • Rollen der Führungskraft • Gesundes Empowerment als Führungsaufgabe

Abbildung 0-1: Ebenen von Empowerment

Vertrauen bilden strategische Einflussgrößen für den Erfolg von Teams in Unternehmen. Interprofessionelle Team-Workshops ermöglichen es, neue, gemeinsam erarbeitete Ziele dynamisch und eigenverantwortlich zu erreichen.

Gemeinsam werden wir in aller Gelassenheit die Risiken und Nebenwirkung von schlechter Führung und ungesunder Arbeitskultur hinterfragen. Gelassenheit heißt dabei nicht, unproduktiv zu sein. Vielmehr ist sie eine Frage der inneren Haltung.

Wenn wir von innerer Haltung (Mindset) sprechen, meinen wir damit eine Einstellung oder Denkweise, die aus dem Zusammenwirken von Körper, Geist und Seele entsteht. Wir reduzieren uns nicht auf unseren Verstand.

Und wenn wir von Teamspirit sprechen, meinen wir mehr als Wellbeing, Lust und gute Laune. Spirit beinhaltet auch eine höhere Ebene des Bewusst-Seins. Doch dazu später mehr.

Was es braucht, sind Gelassenheit, Mut, Klugheit, Klarheit und das Zutrauen, Dinge zu hinterfragen, und das Vertrauen, dass es gelingen wird, wenn wir es anders machen. Angestrengt zu arbeiten, kennen und können die meisten Führungskräfte. Doch das spielerische und leichte Arbeiten meist nicht. Das heißt konkret, dass wir uns auf etwas Neues einlassen, ohne die Absicht, es zu kontrollieren. Ergebnisoffen dürfen Sie sich für neue Möglichkeits(t)räume öffnen.

Journaling als Reflexionshilfe

Als Führungskraft gelassen und stark in Führung zu gehen, ist ein Prozess. Für Ihre Selbstreflexion ist es sinnvoll, wenn Sie Ihre Gedanken und Gefühle zu allem, was Ihnen einfällt, aufschreiben, ebenso Ihre Erfolge, sodass Sie den roten Faden Ihrer ganz persönlichen Erfolgsstory entdecken können. Das macht Spaß, motiviert und ermöglicht gelebtes Self-Empowerment.

Mit dem Schreiben können Sie sich besser erspüren, besser verstehen und neu entdecken. Das Schreiben manifestiert die Veränderung Ihrer persönlichen Reise zu sich selbst. Diese Form der Selbsterkundung begleitet Sie zum Mittelpunkt Ihres Seins – zu Ihrem Selbst und zu Ihrer Kernkompetenz. Und wenn Sie über längere Zeit schreiben, können Sie auch Veränderungen bei sich feststellen. So wird das Schreiben zu einem guten Veränderungs- und Weiterentwicklungsindikator.

Kaufen Sie sich ein schönes Notizbuch, und schreiben Sie jeden Tag hinein, was Ihnen in den Sinn kommt. Natürlich können Sie dafür auch Ihr Notebook nutzen, wenn Ihnen das Schreiben mit der Hand nicht zusagt. Notieren Sie Ihre Gedanken, Ihre Gefühle, Ihre Bedürfnisse. Von der Stimmungsfrequenz sollte es eher ein liebevolles Jubel- als ein sorgenvolles Jammerbuch werden. Fokussieren Sie sich auf das Positive.

Achten Sie auf jeden kleinen Veränderungsschritt, den Sie täglich machen, um sich selbst besser wahrzunehmen und für sich selbst ein Freund oder eine Freundin zu sein. Reflektieren Sie, was Sie selbst dazu geleistet haben. Achten Sie aber auch auf das, was Ihnen in den Schoß fällt, auf die Dinge, für die Sie nichts geleistet haben. Jeder Eintrag ist ein Beitrag zu Selbstreflexion und ein Schritt auf dem Weg aus der erlernten Hilflosigkeit. Seligman spricht von den „Three Good Things“. In dem Modell geht es um Glücksgefühle und Wellbeing: Jeden Abend werden drei Dinge, die am Tag glücklich gemacht wurden, reflektiert und aufgeschrieben. Wichtig ist in diesem Übungsverfahren, dass die eigene Rolle und der Grund, warum man sich so gefühlt hat, reflektiert werden (Seligman & Csikszentmihalyi, 2000; Seligmann, 2005; Seligman, Steen, Park & Peterson, 2005).

Das Schreiben ist auch eine Eingangstür zu den Tiefen des Selbst. Die einen nennen es „Morgenseiten schreiben“, die anderen „Tagebuch führen“, wir nutzen den Begriff „Journaling“.

Im Gegensatz zu einem chronologisch gegliederten Tagebuch, in dem Einträge von Ereignissen notiert werden, ist das Journaling eine Form der absichtslosen Selbstbeobachtung und Selbstbegleitung. Sie können mit sich selbst in einen aktiven Dialog treten, indem Sie Ihrer inneren Stimme Gehör verleihen und das, was Sie wahrgenommen haben über die Leichtigkeit des Seins oder den Frust mit dem Leben, aufschreiben. Sie laden sich liebevoll ein, mit sich selbst ins Gespräch zu kommen. Hören Sie zu und hören Sie hin, was Ihnen wichtig ist.

Das Journaling ermöglicht eine lebendige Erfahrung im Jetzt. Gehen Sie in Verbindung mit sich selbst. Durch diese Form der Selbstbegegnung erschaffen Sie Räume, in denen sich das Leben durch neue Betrachtungswinkel verändern kann. Dabei dürfen Sie Ihren Kopf, Ihr Herz und Ihr Bauchgefühl zu Wort kommen lassen.

Beim Schreiben geht es weniger um stilistisch oder grammatikalisch korrekte Sätze, sondern um die Wiedergabe dessen, was in Ihnen spontan an Antworten einfällt, wenn Sie sich mit Ihrem ganz persönlichen Erfolgreichsein beschäftigen. Zücken Sie Ihr Empowerment-Notizbuch und nehmen Sie sich täglich einfach ein paar Minuten Zeit – nur für sich allein. Überlegen Sie, welche Tageszeit dafür sinnvoll ist. Es ist hilfreich, wenn Sie sich selbst jeweils morgens und abends Zeit schenken, um zu schreiben. Ein paar Minuten, das kann jeder Mensch in sich selbst investieren.

Nutzen Sie das Schreiben als einen Prozess kreativer Inspiration auf dem Weg zum anstrengungsfreien Erfolg. Das Journaling ist ein Puzzlestein dazu, das Potenzial unserer innewohnenden Weisheit wiederzuentdecken und zu entfalten. Wie tief Sie in Ihrer Selbsterkundung gehen, dürfen Sie selbst entscheiden.

Aller Anfang ist leicht. Wer nichts ändert, ändert nichts. Also dürfen Sie anfangen, es ganz und anders zu machen. Der Erfolg des Empowerments beginnt mit Selbsterkenntnis, empathischer Zugewandtheit und Selbstwirksamkeit. Machen Sie sich auf den Weg einer Selbsterkundung. Sie müssen nur den ersten Schritt dazu machen. Kommen Sie in Bewegung. Tun Sie es. Fangen Sie an. Und zwar ganz einfach und ganz leicht.

Seien Sie präsent.
Seien Sie echt.
Seien Sie Sie selbst.

Der 8-Stufen-Plan – Drehbuch statt Rezeptblock

„Was im Kochbuch steht, ist das eine,
was im Topf passiert, ist etwas ganz anderes.“
Jörg-Peter Schröder

In diesem Buch stellen wir Ihnen unser Empowerment-Programm vor, mit dem Führungskräfte leistungsfähig, gesund, energetisiert und gelassen in Führung gehen können; es fokussiert die Aspekte Reflexion, Energie, Eigenverantwortung und Resonanz. Das Programm besteht aus 8 Stufen, die keinen vertikalen Aufstieg beinhalten, sondern vielmehr als Ebenen der Entwicklung anzusehen sind.

Die Stufen der persönlichen Entwicklung einer Führungskraft möchten wir anhand folgender Fragen multiperspektivisch beleuchten:

- Wohin geht für Sie die Reise?
- Auf welcher Stufe der persönlichen Entwicklung bewegen Sie sich gerade?
- Wie schauen Sie als Führungskraft auf die Dinge und wie bewerten und beurteilen Sie sie?
- Was sehen Sie als Führungskraft und gibt es möglicherweise blinde Flecken?
- Welche Hinderungsgründe und Widerstände tauchen auf, die Ihrer Entwicklung im Weg stehen?
- Was braucht es, um so zu werden, dass Sie frei aufspielen können und gesund wachsen können?

Dieses achtsamkeitsbasierte Lead-and-Grow-Programm haben wir seit vielen Jahren im Rahmen einer Facilitator-Ausbildung konzipiert, die die Stärken und blinden Flecken von Führungskräften ermittelt und analysiert.

In den letzten 25 Jahren, in denen wir Führungskräfte begleitet haben, ist uns deutlich geworden, dass gut gemeinte Vorschläge, Handlungsvorgaben und Anweisungen eben nicht so einfach umgesetzt werden, sondern dazu führen, dass die Führungskräfte blockieren, Widerstand aufbauen oder, wie es ein Geschäftsführer eines mittelständischen Unternehmens ausdrückte: „bockig“ werden. Warum? Weil man ihnen haargenaue und enge Vorgaben gemacht hat, anstatt sie einfach machen zu lassen. Ein Commitment für ein Projekt lässt sich nicht anordnen – es setzt Engagement der Mitarbeitenden voraus. Ein echtes Sich-Einbezogenfühlen erzeugt Empowerment und Leistungsbereitschaft.

Unser 8-Phasen-Empowerment-Programm ist keine Bedienungsanleitung für Führungskräfte, es gibt keine Rezepte oder Anweisungen, vielmehr vermittelt es Impulse und Reflexionen für Ihr eigenes, Ihr ganz persönliches Führungsdrehbuch. Dieses Drehbuch ist als eine Art Leitfaden und als eine Einladung zur Selbsterkundung gedacht. Wir wollen nicht *über* Führung reden, sondern eine tiefergehende Erkundung Ihrer Selbstführung auf unterschiedlichen Ebenen ermöglichen.

Sie sind der Regisseur Ihres eigenen Lebensplans. Sie dürfen Ihr Leben in Eigenverantwortung gestalten, um stark in Führung zu gehen. Wichtig ist es dabei, immer wieder das große Ganze in den Blick zu nehmen, statt nur auf Details zu schauen. Mit diesem integrativen Modell von Empowerment stellen wir Ihnen praxistaugliche Methoden und Übungen vor, die auf wissenschaftliche Erkenntnisse aus der Medizin, Physiologie, Immunologie, Neurophysiologie, Biologie, Psychologie, Hypnotherapie und Resilienzforschung basieren.

Integrativ heißt für uns, dass wir einerseits harte Fakten zu den Themen Stress, Sicherheit und Gelassenheit erläutern, andererseits Softskills vermitteln, wie z. B. Wahrnehmungen, Einstellungen, Werte, Motive, Emotionen, Bedürfnisse, soziale Fähigkeiten, emotionale Intelligenz, innere Antreiber und Glaubensmuster.

Wie bei einem Boxen-Stopp erhalten Sie im jeweiligen Kapitel Unterstützung, Ihr persönliches Dynamikum aufzubauen, um mit neuer Führungs-Kraft und Vitalität ganz gelassen und entspannt durchzustarten. Am Ende eines Kapitels machen wir einen kleinen Puls-Check: Mit Fragen zur Selbstreflexion können Sie sich das Gelesene noch einmal vergegenwärtigen.

In diesem Buch möchten wir Ihnen das Fundament unseres Wirkens und die Essenz unserer Erfahrung vermitteln. Diese maßgeschneiderte Leadership-Strategie hat in vielen Unternehmen Veränderungen bewirkt. Unternehmensentwicklung setzt persönliche Selbstentwicklung der Führungskräfte voraus. Dieses Empowerment-Programm macht Spaß, bringt Führungskräfte wieder in die Kraft und steckt an. Genau wie Lachen, Gähnen oder auch Jammern.

Wenn Sie sich auf das Experiment einlassen, könnten Sie mit nur 8 Stufen zum Führungserfolg gelangen. Nutzen Sie die Impulse, die Ihnen den Führungsalltag erleichtern, Energiesysteme boostern und eine gesunde Lebens- und Selbstführung ermöglichen.

R U ready?
Los gehts. Machen wir uns auf den Weg!

1 Stufe 1: Start von innen – authentisch und sinnhaft klar *sein*

„Wir sehen entweder den Schmutz auf der Fensterscheibe, oder die Dinge, die jenseits der Fensterscheibe liegen, niemals jedoch die Fensterscheibe selbst."

Simone Weil (Philosophin, 1909–1943)

Auf der ersten Stufe des 8-Stufen-Programms schauen wir mit wachem, freiem Kopf und weitem Herz auf das, was jetzt gerade ist.

Los gehts! Wer nicht vom Weg abkommt, bleibt auf der Strecke. Doch was bedeutet dieser Satz konkret? Viele Führungskräfte haben unendlich viele Projekte, zu viele Meetings und überhaupt keine Zeit. Sie sind so busy, hoch agil, totally committed, nach außen stets supergut drauf und immer im Stand-by-Modus für jeden erreichbar. Trotz vieler Meetings und echter Anstrengung haben sie nach einem langen Arbeitstag das Gefühl, sie kommen zu nichts. Vor lauter Funktionieren und Abhaken von Punkten auf der täglichen To-do-Liste bleiben sie selbst auf der Strecke. Mit Auswirkungen auf die eigene Kraft und die Leistungsfähigkeit im Job. Endstation Depression.

Grund genug für eine Veränderung. Eine Veränderung beginnt mit dem ersten Schritt, der Reflexion. Selbstreflexion ist die Voraussetzung für Gesundheit, Führungskraft, Klarheit und einen gesunden Teamspirit. Wir starten damit heute an diesem ersten Tag. Dabei dürfen Sie sich Zeit und Raum nehmen. Das bedeutet tatsächlich, den Druck und die Geschwindigkeit herauszunehmen. Schnell und unter Druck zu arbeiten, können die meisten Führungskräfte. Doch beschwingt und in Gelassenheit neue Möglichkeitsräume zu nutzen, können die wenigsten.

Nehmen Sie sich in aller Ruhe eine Tasse Tee, Kaffee oder ein Glas Wasser. Nach einem tiefen Atemzug beginnen wir.

1.1 Time-out-Ritual

Ganz entspannt und operativ entschleunigt halten wir also an und inne. Was ist jetzt? Es geht um Orientierung, Klarheit und um eine persönliche Positionsbestimmung. Ein Team-Time-out-Ritual ermöglicht ein Innehalten. Dieses dient der Orientierung und schafft Klarheit und Fokus. Eine solche kurze Auszeit ermöglicht Selbstreflexion und ein Andocken an Ihre persönlichen Ressourcen.

Aus der Medizin können wir dazu einiges lernen: Die WHO hat weltweit verbindliche Regeln und Checklisten aufgestellt, wie Risiken bei Operationen vermieden werden können. OP-Teams führen vor einem Eingriff ein solches Team-Time-out-Ritual durch. Der „Springer" liest die wichtigsten Gefahren der nun folgenden Operation vor. Dann sammeln sich die operierenden Ärztinnen in Stille, bevor der Operateur mit dem Skalpell den ersten Schnitt am Patienten ausführt.

Time-out-Rituale in Form einer Kurzbesinnung sind sinnvoll, um einen Zugang zu den unbewussten Aspekten und zu den inneren Ressourcen zu ermöglichen. Wenn wir mit unserer inneren Quelle in Berührung sind, eine gute Anbindung an unsere eigenen Kräfte haben und in unserer eigenen Mitte sind, dann können wir

Spitzenleistung erbringen. Wenn wir von uns abgespalten sind, werden wir nicht bei unserer inneren Quelle sein können. Eine Meditation im Sinne eines Time-out-Rituals kann sehr bereichernd sein und unsere Effektivität steigern.

Um Besprechungen effektiv und professionell durchführen zu können, nutzen wir in Organisationen diese Time-out-Regel vor Beginn des Meetings. Das funktioniert online genauso gut wie im Präsenzformat.

Übung „Time-out: an- und innehalten"

Vor Beginn des Meetings kommen Sie als Team zusammen und halten gemeinsam kurz an- und inne. Wenn Sie wollen, können Sie das stehend in einem Kreis tun oder im Sitzen an ihrem jeweiligen Sitzplatz vor der Besprechung. Vielleicht schließen Sie die Augen, lassen die Arme ganz entspannt hängen und stellen sich vor, wie es wäre, wenn diese Besprechung erfolgreich verliefe. Stellen Sie sich weiter vor, wie es sich anfühlen würde, wenn Sie einen wirklichen Beitrag in der folgenden Besprechung leisten würden. Jenseits einer spirituellen Dimension geht es vor allem um Achtsamkeit, darum, die momentane Grundstimmung zu spüren und die eigene Präsenz in Stille wahrzunehmen.

Präsenz ermöglicht Wachheit und Klarheit, um als Führungskraft handlungsfähig zu sein. Das Time-out-Ritual ermöglicht ein innerliches Erwachen, um die innere Haltung, um Verhaltensweisen und Gewohnheiten zu reflektieren. Je klarer, wacher und präsenter Teams sind, desto erfolgreicher sind sie.

Etliche Organisationen – angefangen von kleinen Unternehmen bis zur Staatskanzlei eines Bundeslandes – haben angefangen, Meditationsgruppen einzuführen oder gar einen Andachtsraum einzurichten. Mitarbeitende treffen sich einmal oder mehrfach in der Woche, um gemeinsam zu meditieren, Stille zu erfahren oder zu beten.

Worauf bei der Time-out-Regel geachtet werden sollte:

- Was ist jetzt gerade?
- Bin ich wach und ganz präsent?
- Was fühle und spüre ich genau jetzt?
- Was ist meine Rolle, Kompetenz und Verantwortung in dieser Besprechung?
- Haben wir eine klare Agenda für diese Besprechung?
- Welches wäre für mich in diesem Meeting ein optimales Ergebnis?
- Haben wir ein gemeinsames Verständnis und eine gemeinsame Ausrichtung?
- Sind wir miteinander gut im Kontakt?
- Was muss sich jetzt sofort ändern, damit wir erfolgreich sind?
- Was wird in einem Jahr durch dieses Meeting anders sein?
- Welchen Beitrag bin ich bereit zu leisten, damit dies gelingt?

Früher erfuhren wir bei Führungsworkshops in Unternehmen noch Bedenken, ob sich die Investition in Stille und Besinnung lohnt. Mittlerweile ist die Bereitschaft für Meditationen, geführte Fantasiereisen und Trance-Induktionen sogar in der toughen männerdominierten Businesswelt sehr hoch. Die konsequente Anwendung dieser Rituale bringt spürbare Erfolge, eine bessere gemeinsame Ausrichtung und das Gefühl, gemeinsam an einem Strang zu ziehen.

1.2 Reflexion von Haltung, Verhalten und Verhältnissen

Führungskräfte sollen Orientierung geben und Klarheit vermitteln. Das funktioniert jedoch nur, wenn sie selbst klar sind und eine Orientierung für sich selbst gefunden haben. Selbstreflexion ist einer der wichtigsten Schlüsselfaktoren erfolgreicher Führung.

In einer Untersuchung (Lincke et al., 2013) wurden die arbeitsplatzbedingten psychosozialen Belastungen von Lehrkräften in Baden-Württemberg mit dem „COPSOQ-Lehrkräfte"

(Copenhagen Psychosocial Questionnaire, verfügbar unter https://www.copsoq.de/) gemessen; das ist ein von der unabhängigen Freiburger Forschungsstelle für Arbeits- und Sozialmedizin (FFAS) weiterentwickelter und geprüfter Fragebogen. Er enthält einen allgemeinen Teil für alle Berufe und einen spezifischen Teil für Lehrkräfte. Den Kern bildet das arbeitswissenschaftliche Modell einer Ursache-Wirkungs-Beziehung zwischen der Arbeitssituation (Belastungen) und dem Zustand des arbeitenden Menschen (Belastungsfolgen bzw. Beanspruchungen). Die wichtigsten Parameter für höhere Arbeitszufriedenheit in Organisationen sind danach in dieser Reihenfolge

- hohe Führungsqualität,
- hohe Bedeutung der Arbeit,
- zu geringe oder fehlende Work-Life-Integration,
- hohes Gemeinschaftsgefühl,
- niedrige Lärm- und Stimmbelastung.

Der wichtigste Anknüpfungspunkt für eine Verbesserung der Arbeitszufriedenheit ist aus unserer Sicht die Steigerung der Führungsqualität. Gängige Autoren, wie Goleman, Boyatzis und MeKee (2002), Nerdinger, Blickle und Schaper (2014) und Bass und Riggio (2006) untermauern diese Auffassung. Die innere Haltung (Mindset) der Führungskräfte in der Kombination von Eigenverantwortung und Selbstreflexion sind Schlüsselfaktoren für erfolgreiche Veränderungsprozesse.

In vielen unserer Coachings und Teamworkshops berichteten Führungskräfte, dass sie kaum Zeit für strategische Überlegungen und wirklich wichtige Gespräche hätten. Außerdem fiele es ihnen schwer, in den Besprechungen wirklich präsent zu sein und empathisch zuzuhören. Grund genug, die Reflexion zu schärfen.

Bitte beantworten Sie dazu einige Impulsfragen:

- Präsent zu sein, heißt für mich: ...
- Reflektieren hat für meinen Führungserfolg folgenden Stellenwert: ...
- Mich selbst zu reflektieren und eigene Bedürfnisse wahrzunehmen, heißt für mich: ...
- Was glaube ich, was meine Kernfunktion als Führungskraft ist? ...
- Was glaube ich, was wirklich eine Wirkung erzielt? ...
- Aufmerksames Zuhören gelingt mir am besten, wenn: ...

Selbstreflexion ist mehr als das Verstehen, wie Glaubenssätze, innere Antreiber, kulturelle Prägungen usw. zusammenhängen. Es ist eine Innenschau, die den Kontakt zum Selbst ermöglicht. Im Coaching bin ich vielen Füh-

Fallbeispiel Jens Petersen

Seit circa einem Jahr kämpfte Jens Petersen gegen das erstaunliche Gewicht seiner Schwermütigkeit an. Sein Büro, das bis ganz oben voll war mit den Sedimenten seiner letzten 20 Schaffensjahre, wurde jetzt plötzlich nur noch von dieser dunklen Schwere durchzogen, die ihn so lähmte. Irgendwie kam es Jens Petersen so vor, als habe er sich die Seele verrenkt, und zwar gewaltig. Eine diffuse Antriebs- und Lustlosigkeit hatte dem 51-jährigen Bauingenieur eines großen Bauunternehmens in Frankfurt den Stecker aus der Lebensbatterie gezogen. Eine fürchterliche Starre, die unüberwindlich schien. Ihm kam es so vor, als fiele er in ein tiefes Loch – ein unendlicher Abgrund tat sich auf. Im Wust der Dringlichkeiten des ganz normalen Alltagswahnsinns war ihm der Blick für das Wesentliche verloren gegangen. Schlimmer noch, er hatte das Gefühl, sich selbst verloren zu haben. Dabei wurde er immer starrer und eingeengter. Seine Beweglichkeit war futsch. Eine Neuorientierung stand an, doch festgefahren in der Struktur war keine Orientierung möglich. Erst durch die gezielte Unterstützung im Coaching kam wieder Licht in das Dunkel. Jetzt konnte er sich und die Dinge neu und anders sortieren. Schritt für Schritt kam er in Bewegung und wieder bei sich selbst an.

rungskräften begegnet, die persönlich in eine Erschöpfungsdepression gerutscht sind, weil sie zwar im Außen gut funktioniert haben, dabei jedoch ihr Selbst verloren haben.

Der erste Schritt, um aus der Tretmühle herauszukommen, ist, das Hier und Jetzt zu akzeptieren. Wenn wir nicht alles im Außen ändern oder anders haben wollen, sondern einfach das akzeptieren, was gerade ist, nimmt es die Anstrengung aus der Situation heraus. Und zwar direkt. Das heißt konkret, sich selbst zu versprechen: Heute werde ich das Leben, die Welt, die Gesellschaft, die Firma, für die ich arbeite, die Situationen und die Menschen genauso akzeptieren, wie sie sind.

Zwei Zeiten können wir in unserem Leben nicht beeinflussen: das Gestern und das Morgen. Diese Zen-Weisheit macht uns deutlich, dass wir nur und genau in diesem Augenblick etwas ändern können. Die wirkliche Wirklichkeit ist immer genau jetzt. Wenn wir in Gedanken noch in der Vergangenheit oder bereits in der Zukunft sind, sind wir nicht mehr in der Präsenz. Nur im Hier und Jetzt sind Veränderungen möglich.

Wenn Sie sich im Business über einen Mitarbeitenden ärgern oder frustriert sind, dürfen Sie akzeptieren, dass Sie verärgert oder frustriert sind. Im nächsten Schritt können Sie sich bewusst machen, dass Sie nicht auf diese Person oder auf die Situation reagieren, sondern auf Ihre eigenen Gefühle hinsichtlich dieses Mitarbeitenden oder des jeweiligen Ereignisses. Es sind Ihre persönlichen Gefühle. Und für diese können Sie niemand anders zur Verantwortung ziehen. Wenn Sie dies erkannt haben, dürfen Sie die Verantwortung dafür übernehmen, was Sie gerade fühlen, spüren und empfinden.

Mit einem kleinen Frequenzwechsel® ändern wir die Ärgerenergie in Handlungsenergie: Die Wirklichkeit ist eine Sache der Interpretation, Bewertung und Beurteilung einer Situation. Alle Probleme enthalten ein Samenkorn von Lösungsansätzen. Die Betrachtungsweise, dass im Problem bereits der Lösungsansatz liegt, macht aus jeder ärgerlichen Situation eine Gelegenheit, etwas Neues zu gestalten. Hinter jeder noch so schwierigen Aufgabe steht eine verborgene Bedeutung – wir müssen sie nur erkennen.

Diese Reflexion, die Akzeptanz der Situation und die Übernahme der Verantwortung für die eigenen Gefühle sind Schlüsselfaktoren persönlicher Entwicklung. Führungskräfte dürfen ihre Wahrnehmung schärfen, wie sie die Dinge sehen. Wenn wir die Dinge nicht mehr beurteilen und anders bewerten, können Erwartungen nicht mehr enttäuscht werden. Weder die der anderen noch die der eigenen.

1.3 Innerer Kompass und Einflussfähigkeit

Orientierung ist eine wichtige Führungsaufgabe. Die Corona-Pandemie hat nicht nur Geschäftsprozesse verändert, sondern auch Verhaltensmuster in neue Bahnen gelenkt. Ein Bereichsleiter sprach im Coaching über einen Gruppenleiter: „Der ist vom Weg abgekommen und ist irgendwo falsch abgebogen." Eine spannende Aussage. Und Sie? Auf welchem Weg befinden Sie sich gerade? Was ist Ihr innerer Kompass? Wonach richten Sie Ihr Handeln aus?

Entspricht die Landkarte noch der neuen Lebenswirklichkeit? Wo sind Sie vom Weg abgekommen? Welche neuen Wege sind möglich? Welche Veränderungen stehen an? Bitte beantworten Sie dazu folgende Fragen:

- Haben Ihre Glaubens- und Verhaltensmuster aus der alten Welt noch eine Gültigkeit für die Neuzeit?
- Lassen sich Ihre antrainierten Verhaltensmuster noch 1:1 auf die Neuzeit übertragen?
- Was wollen Sie in Zukunft verändern?
- Was ließe sich ganz einfach weglassen?
- Wo ist die Grenze Ihrer Einflussfähigkeit?

Dass Sie die Grenze Ihrer Einflussfähigkeit erkennen und anerkennen, ist wichtig. Eine sehr engagierte Personalchefin eines Verlages drückte es im Coaching so aus: „Ich habe meine Grenze erkannt und habe alle Unterlagen zu innovativen Projekten, die ich in den letzten Jahren angeregt oder unterstützt habe und die in den Mühlen der trägen Bürokratie ins Leere gelaufen sind und die voraussichtlich auch weiter ausgesessen und sabotiert werden, einfach in den Müll geworfen. Das war sehr schmerzhaft – hat aber für mich eine Neuorientierung ermöglicht. Jetzt konzentriere ich mich nur noch auf ein wichtiges Thema: die Reflexion des Mindsets von Führungskräften im Unternehmen. Das hat den größten Impact auf die Veränderung der Unternehmenskultur." Die Akzeptanz der Situation hat ihr geholfen, nicht mehr angestrengt gegen die Rahmenbedingungen zu kämpfen und sich neu zu fokussieren.

1.4 Vom Verstehen zum Verständnis

Die Fähigkeit zum inneren Dialog durch Selbstreflexion zu stärken, ist für Führungskräfte ein wichtiger Führungsfaktor. Dazu bedarf es, sich selbst zu kennen und zu verstehen. Folgende Fragen können hilfreich sein, sich selbst einzuschätzen:

- Wer bin ich?
- Was macht mich aus?
- Wie ticke ich?
- Wie ticken die anderen?

Eine Führungskraft drückte sich so aus: „Ich behandle jeden gern ungleich." Weil Typen unterschiedlich ticken, macht es Sinn, genau hinzuschauen und zu differenzieren. So wie sich Menschen in ihrer Persönlichkeit unterscheiden, unterschieden sich auch ihre Lebensmuster.

Die möchten wir beispielhaft an einer Depression verdeutlichen: Eine depressive Verstimmung kann sich unterschiedlich äußern.

- Variante 1: Eine Führungskraft stellt fest, dass das angestrengte Strampeln im eigenen Hamsterrad keine Erfüllung bringt. Jetzt fühlt er sich leer und erachtet die Situation als sinnlos. Hier geht es um Sinnhaftigkeit.
- Variante 2: Eine andere Führungskraft fühlt sich im Korsett der Führungsanweisungen und Monitoring-Auflagen kontrolliert, gehemmt, ohnmächtig und der Situation trotz Prokura hilflos ausgeliefert. Der Fokus liegt auf der Einengung der Handlungsfreiheit.
- Variante 3: Eine dritte Führungskraft, die bisher als Hans Dampf in allen Gassen unterwegs gewesen ist, erlebt eine Erschöpfungsdepression, weil sie sich zwar um alles, jedoch nicht mehr um sich selbst gekümmert hat. Hier liegt das Augenmerk auf fehlender Selbstempathie und Selbstfürsorge.

Diese drei Persönlichkeiten erleben eine Depression. Der Weg daraus ist jedoch völlig unterschiedlich, da sich die Ursachen, soziokulturellen Kontexte und die persönlichen Wertesysteme unterscheiden. Daher darf die Depression bei allen drei Führungskräften nicht mit der gleichen Methode behandelt werden, sondern es muss genau hingeschaut werden, welche Bedürfnisse und Befürchtungen bei jedem Einzelnen vorhanden sind. Das ist keine Therapie, sondern ein präventiver Ansatz.

Schauen wir also genauer hin.

1.5 Purpose driven – intrinsische Motivation und Berufung

Die Motivation eines :Menschen verändert sich über die Zeit. Auch in den Unternehmen. Im alten Motivationsmodell herrschte der Glaube, dass Motivation über monetäre Anreize und Sanktionen funktioniert. Als Resultat entstand jedoch meist nur angestrengte Mittelmäßigkeit. Seit einigen Jahren haben Unternehmen begonnen, das Motivationssystem in der Organisation mit transformationaler Führung auf eine neue Ebene zu heben. Transformationale Führung bedeutet, so zu führen, dass die Werte und Einstellungen der Mitarbeitenden in Richtung übergeordneter Ziele transformiert werden. Ihnen wird also Sinnhaftigkeit ihrer Arbeit vermittelt, und es wird ihnen ermöglicht, einen

Beitrag zu etwas Höherem zu leisten. Damit steigt ihre intrinsische Leistungsbereitschaft.

Das Verstehen von Sachzusammenhängen löst noch keine Handlungsbereitschaft aus. Erst das Andocken an persönliche Werte ermöglicht intrinsische Motivation. Eine wichtige Aufgabe für Führungskräfte ist es, den Sinn unseres Tuns zu vermitteln. Es ist sinnvoller, die Haltung „Was bringt's mir?" zu vermitteln als die Haltung „Wie kann ich helfen?".

Die Sinnfrage betrifft auch die Führungskraft selbst: Bei jedem runden Geburtstag stellt sich vielen Führungskräften in der Lebensmitte im Rückblick auf das vergangene Jahrzehnt die Frage nach der Sinnhaftigkeit des eigenen Handelns und wie mit dem Rest des Lebens umgegangen werden soll. Besonders bei den „Boomern", also der Generation der Jahrgänge 1955 bis 1969, erleben wir häufig ein echtes Bedürfnis nach einem tieferen Sinn des Seins.

Die einen gehen dazu in ein Kloster, die anderen pilgern auf dem Jakobsweg. Seminare zu den Themen „Follow your bliss", „Finde Deinen Weg", „Purpose", „Sei Du selbst", „Upgrade yourself" usw. greifen dieses Thema auf.

Purpose bedeutet Berufung. Steve Jobs hat es so ausgedrückt: „If you are working on something exciting that you really care about, you don't have to be pushed. The vision pulls you." Mit diesem Mindset lassen sich Mitarbeitende begeistern. Der Psychologe Mihaly Csikszentmihalyi hat es so ausgedrückt: „Purpose aktiviert die volle Lebensenergie." (Csikszentmihalyi, (2012). Studien haben gezeigt, dass Reichtum allein nicht ausreicht, um die volle Lebensenergie für eine Sache zu aktivieren. Eine Kompensation für eine geleistete Arbeit in Form von Geld ist wichtig, jedoch offenbar nicht hinreichend für die Motivation. Das sehen wir darin, dass sich immer mehr Menschen ehrenamtlich engagieren. Ein Hauptabteilungsleiter eines großen Unternehmens sagte im Coaching, dass er nebenberuflich unentgeltlich in einem Hospiz arbeite, in dem er viel mehr erhalte als das Geld in seinem Job.

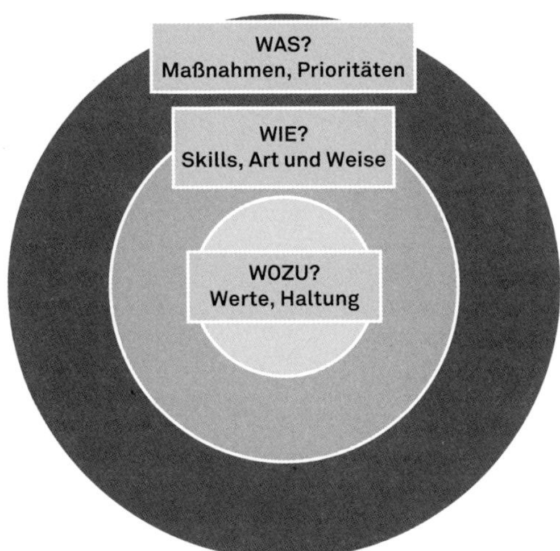

Abbildung 1-1: Ebenen der Motivation von Mitarbeitenden. Die wichtigste Frage für Handlungsmotivation ist die nach dem Wozu, dem Sinn des Tuns.

Beim Purpose gibt es das „inner calling", also der innere Ruf, der einen in eine Richtung zieht. Vergegenwärtigen Sie sich Ihr persönliches Wertesystem. Welche Werte sind Ihnen wirklich wichtig? Welcher Wert hat für Sie den höchsten Wert? Für den einen ist die Gesundheit der höchste Wert. Für den anderen ist es die persönliche Freiheit. Jemand anderes entscheidet sich vielleicht für Sicherheit. So wie Menschen typologisch unterschiedlich ticken, so variieren auch ihre persönlichen Werte und die Ausrichtungen des Wertesystems.

Fakt ist: In vielen Organisationen wird häufig lediglich auf der Maßnahmenebene gearbeitet: Was wollen wir machen, was müssen wir ändern? Es werden Ziele erarbeitet und vereinbart, wer was bis wann machen soll. Dabei wird zu wenig auf das Wie – also die Art und Weise der Umsetzung – geachtet. Der wichtigste Punkt für intrinsische Motivation ist jedoch die Frage nach dem Wozu (siehe **Abb. 1-1**).

Das Wozu dockt immer an unseren Purpose an. Wenn die Sinnhaftigkeit einer Handlung geklärt ist, geschehen das Wie und das Was ganz leicht. Handlungsbereitschaft entsteht von innen heraus, ganz ohne Anstrengung und ohne Druck von außen. Hilfreich ist die Klärung folgender Fragen:

- Was sind meine wirklichen Potenziale, meine Talente und Qualitäten?
- Was treibt mich an?
- Was erscheint mir wirklich sinnvoll?
- Was ist für mich wertvoll?
- Was ist für mich wert*e*voll?
- Welche Werte sind für mich handlungsrelevant?
- Wozu mache ich das überhaupt?
- Wie kann ich meine Talente und Potenziale verwirklichen?
- Was geht leicht?
- Wo möchte ich mich engagieren?
- Nicht wogegen kämpfe ich, sondern wofür bin ich bereit zu kämpfen?

Zu der Frage, wozu ich bereit bin zu kämpfen, hier eine Übung:

Übung „Mache ich mit?"

Bitte stellen Sie sich folgende Frage, wenn Sie morgens auf der Bettkante sitzen, bevor Sie aufstehen: Mache ich heute noch mal mit …

- in diesem Leben?
- in dieser Partnerschaft?
- in dieser Familie?
- in dieser Organisation?
- in dieser Gesellschaft?
- in diesem Land?

Falls Ja, haben Sie für sich eine Entscheidung für den heutigen Tag getroffen, akzeptieren die Umstände und können Ihre Energie dafür einsetzen.
Falls Nein, haben Sie ebenfalls eine Entscheidung getroffen. Sie akzeptieren die Umstände nicht und werden Ihre Energie nicht dafür einsetzen. Jetzt dürfen Sie sich Gedanken über Alternativen und deren Konsequenzen machen.

1.6 Innere Stimmigkeit und Authentizität

Viele Führungskräfte spüren, dass sie sich in einem Spannungsfeld zwischen äußeren Rahmenbedingungen und inneren Wertemaßstäben und Konditionierungen befinden. Die Vorgaben, Erwartungen, Konditionierungen durch Schule und Ausbildung sowie Bemessungsgrundlagen im Business führen zu leistungsorientierter Konformität und Zielerfüllung.

Doch dies betrifft nur die Funktion und Position. Die inneren Maßstäbe für unsere Entscheidungen betreffen die Frage, ob unser Handeln auch stimmig für uns ist. Dazu ist es wichtig, sich folgende Fragen zu stellen:

- Bin ich authentisch?
- Erscheinen mir die äußeren Vorgaben als richtig und für mich wesentlich?
- Bin ich mir selbst treu oder erfülle ich nur eine Rolle?
- Erlebe ich eine Stimmigkeit meines Handelns mit meinen inneren Überzeugungen?
- Bin ich mit meinem Handeln ein Nutzen für die Welt?
- Welchen Beitrag möchte ich gern leisten?

Hier stellt sich die Frage, inwieweit Ihre Antennen geschärft sind, Sie also echte Sensibilität für Stimmigkeit entwickelt haben. Treffen Sie als Führungskraft Ihre Entscheidungen aus tiefer innerer Überzeugung oder aus Pflichtgefühl? In dem Moment, in dem wir aus einem Gefühl von Integrität, Authentizität und Stimmigkeit handeln, sind wir in unserer Kraft und fühlen uns energetisch beschwingt. Ein Störgefühl taucht immer auf, wenn wir uns selbst gegenüber fremd fühlen und eigene Bedürfnisse überspringen. Die Gründe sind vielfältig: der Wunsch nach Anerkennung, Erfolg, Wohlstand, Harmonie und Zugehörigkeit.

Dem Burnout liegen häufig unerfüllte Bedürfnisse zugrunde, die verdrängt wurden, um zu funktionieren. Die Abwehr solcher Bedürfnisse erzeugt Widerstand und kostet Kraft. Dieses Kämpfen gegen sich selbst zieht Energie ab und führt mittelfristig in die Erschöpfung. Es braucht eine Erweiterung des Blickwinkels und eine Abkehr von herkömmlichen Bewertungs- und Beurteilungsmaßstäben. Dann können Führungskräfte erkennen, dass sich hinter der Orientierung an die Business-Realität eine tiefere und weniger laute Dimension verbirgt: das wahre Selbst. Genau dieses Selbst gilt es wieder zu entdecken, um in die Kraft zu kommen.

Zu Ihren Führungsaufgaben gehört auch, ein gutes Vorbild für die Mitarbeitenden zu sein. Machen Sie das, was Sie selbst sagen, weil es Ihnen und Ihrem Wertesystem entspricht? Wie wichtig ist Ihnen das Thema? Wie ernst ist es Ihnen bezüglich der Umsetzung? Seien Sie ein Vorbild und gehen Sie selbstfürsorglich mit sich um.

Mitarbeitende schauen ganz genau, ob der Chef das selbst vorlebt, was er sagt, oder ob es sich um antrainierte Redewendungen handelt. Authentisch zu *sein*, erzeugt Glaubwürdigkeit im Führungsalltag.

Klären Sie für sich und mit Ihren Mitarbeitenden folgende Fragen:

- Bin ich gut bei mir?
- Wann bin ich außer mir?
- Gehe ich selbstfürsorglich mit mir um?
- Was ist meine Rolle?
- Bin ich authentisch in meiner Rolle und in meiner Person?
- Was ist meine stärkste Kompetenz?
- Was genau ist meine Verantwortung?
- Wo empfinde ich Spannung?

Um bei sich zu sein, ist es hilfreich, sich immer wieder die Frage zu stellen, was genau jetzt passiert und was Sie jetzt am meisten brauchen: Ruhe, Empathie, Abstand, Sicherheit, Freiheit etc.?

Unklarheit erzeugt Stress und Unsicherheit. Machen Sie sich klar, welche Wirkung Sie erzeugen wollen. Innere Klarheit für sich persönlich zu entwickeln, hilft, Klarheit im Team zu schaffen.

1.7 Neue Gewohnheiten bahnen

Eine kognitive Überlastung im Business-Alltag führt schnurstracks in die Stressfalle. Und die Gelassenheit ist futsch. Ziel ist es, die Perspektive zu weiten und innerlich weit zu bleiben, auch wenn die Situation anstrengend oder das Projekt als belastend wahrgenommen wird. Spielerisch mit den Dingen umzugehen, fällt vielen Führungskräften sehr schwer. Dazu dürfen wir unsere Gewohnheiten verändern.

Schauen wir uns dazu einen Fotoapparat an. Für die Belichtung des zu fotografierenden Objekts können Sie die Blende und die Zeit einstellen. Und Sie können das Objekt von unterschiedlichen Perspektiven betrachten, um zu einem guten Foto zu kommen. Das schafft neue Einsichten. Dies lässt sich hervorragend auf den Führungsalltag im Business übertragen: Haben Sie die Situation aus verschiedenen Perspektiven betrachtet? Wie stark haben Sie das Projekt belichtet? Wie eng sind Blende und Fokus? Wie viel Zeit haben Sie zur Verfügung?

Der Mindset-Change ermöglicht es, die alten Muster von Zeitknappheit, Hektik und Enge zu überwinden. Wie wäre es, wenn Sie sich, Ihrem Team und dem Projekt mehr Möglichkeitsräume schenken würden? Wie wäre es, wenn Sie *anders* an das Projekt herangehen, statt es *besser* machen so wollen?

Warum sich nichts ändert, wenn *Sie* sich nicht ändern, werden wir gemeinsam reflektieren. Eine Vorständin einer Bank brachte es im Coaching auf den Punkt: „Immer habe ich versucht, die Umstände zu verändern. Stets fühlte ich mich getrieben, hatte keine Zeit, war permanent ungeduldig und genervt. Und am Abend völlig erschöpft und sauer. Doch nichts ändert sich, bis wir uns selbst ändern. Als ich diesen Satz verstanden hatte, habe ich angefangen, die Dinge anders zu betrachten, mich ernst zu nehmen und spielerischer an die Dinge heranzugehen."

Spannenderweise hat diese Führungskraft gelernt, besser für sich selbst zu sorgen und liebevoller mit sich selbst umzugehen. Doch Veränderungen brauchen Zeit. Und ein Update für Ihr Gehirn. Um Dinge anders zu machen, dürfen wir umlernen.

Mit Babyschritten beginnen. Anregen möchten wir, eine Morgenroutine und Abendroutine in Ihren Arbeitsalltag einzubauen. Und zwar jeden Tag. Es geht darum, neue Gewohnheiten aufzubauen. In ganz ganz kleinen Babyschritten.

Die Herausforderung ist, dass diese „new habits" Zeit brauchen, bis sie so selbstverständlich sind wie das tägliche Zähneputzen. Studien belegen, dass diese Neubahnung im Gehirn, also die Zeit, bis diese neuen Gewohnheiten zur Routine geworden sind, zwischen 21 und 66 Tagen braucht.

Statt stetig auf ein Ziel zu starren, können wir Dinge ganz bewusst anders machen. Probieren Sie es aus. Vertrauen Sie sich, wagen Sie es, ergebnisoffen etwas Neues auszuprobieren, etwas, das Sie interessiert und auf das Sie wirklich Lust haben. Jeden Tag eine kleine neue Erfahrung zu machen, die Sie bestärkt und bestätigt, lässt auch die selbst gesteckten Grenzen im Kopf erweitern.

Das Ziel muss für Sie motivierend und sinnhaft sein. Statt angestrengtes Erfüllen-*Müssen*, geht es um das Erfüllen-*Wollen*, das Erzeugen eines Verlangens, Neues auszuprobieren. Es ist effektiver, ein Annäherungsziel (hin zu einem Ziel) zu definieren statt eines Vermeidungsziels (weg von einem Ziel). Ein Annäherungsziel ist mit einem positiven Gefühl verbunden. Sie haben darauf wirklich Lust und können sich darauf leicht einlassen. Ein Vermeidungsziel hingegen, wie z. B. „Ich muss abnehmen" oder „Ich muss aufhören zu rauchen", erzeugt meist einen inneren Widerstand. Denken Sie dabei nur an all die Neujahrsvorsätze, die spätestens nach 5 Wochen verflogen sind. Weil sie eben nicht die eigenen inneren Ziele gewesen sind.

Angenommen, Sie könnten sich neu erfinden. Was wäre Ihr größter Wunsch dabei? Was zieht Sie wirklich an? Von welchen Ihrer Verhaltensweisen möchten Sie mehr haben, von welchen weniger? Was könnte ein erster Schritt in die Konkretisierung sein? Viele Führungskräfte wissen sehr viel – und setzen davon jedoch nur wenig um. Wenn es dann nicht sofort klappt, kommen Selbstzweifel auf, die dazu führen, dass sie das gesamte Projekt verschieben oder beenden. Häufig haben Schriftsteller das Problem einer Schreibhemmung. Sie schaffen es einfach nicht, etwas zu schreiben. Was könnte ein Minischritt sein? Oder was wäre der kleinste Schritt, der aus dem Problem herausführt? Vielleicht einfach einen Satz zu schreiben? Oder nur ein Wort? Oder gar nur das Dokument zu öffnen und zu lesen? Ein kleiner Schritt kann viel verändern.

Wichtig ist, dass Sie eigenverantwortlich handeln. Die Vergangenheit – ob sie nun gut oder schlecht war – ist vorbei und lässt sich im Nachhinein nicht ändern. Aber Sie leben jetzt und heute. Jetzt können Sie Verantwortung übernehmen – über Ihr Leben, über das, was Sie tun, und das, was Sie sich vornehmen. Sie sitzen nicht hinten im (Lebens-)Bus, sondern vorn am Steuer. Sie steuern Ihr Leben und setzen Ihre Ziele – mit allen Konsequenzen. Wir können unsere Einflussfähigkeit Tag für Tag steigern, indem wir uns neu und anders ausprobieren. Wichtig ist, dass wir positive Triggerpunkte finden, die die Wahrscheinlichkeit erhöhen, dass wir die neuen Gewohnheiten umsetzen. Möglichkeiten und Ideen gibt es dazu viele. Wir möchten lediglich ein paar Beispiele geben, was Führungskräfte ausprobiert haben:

Tipps zum Aneignen von neuen Gewohnheiten

Reservieren Sie feste Uhrzeiten: Morgens um 6:30 Uhr mache ich meine Morgenmeditation und schreibe in meinem Journaling-Notebook meine Morgenseiten. Da bin ich ungestört. Abends übe ich um 20:30 Uhr für ein paar Minuten einen Handstand. Handstand zu üben, stärkt meine Körperkoordination und ermöglicht einen Perspektivwechsel.

Um die Umsetzung zu erleichtern, möchten wir folgende Anregungen geben:

- Nutzen Sie einen Reminder in Form eines Klebezettels am Badezimmerspiegel, auf dem steht, warum Sie das machen, was Sie machen.
- Installieren Sie ein motivierendes Hintergrundbild auf Ihrem Desktop oder auf Ihrem Smartphone, das Sie unterstützt, die neue Verhaltensweise durchzuführen. Das kann ein Wort oder ein Satz oder ein schönes Bild sein.
- Den für Sie wichtigsten Punkt setzen Sie ganz oben auf Ihre To-do-Liste. So erinnert Sie dieses Thema jedes Mal daran, wenn Sie auf diese Liste schauen. Seien Sie kreativ bei der Nutzung einer Erinnerungshilfe: Es kann auch ein Foto, eine Collage, ein bedruckter Kugelschreiber, eine Kaffeetasse oder ein Poster sein.

Sicher haben Sie weitere gute Ideen und Tricks, um den für Sie richtigen Trigger zu finden. Wichtig dabei ist, dass es Ihr persönlicher Erinnerungsanker ist.

Wichtig ist das Dranbleiben an der Implementierung des neuen Verhaltens. Eine klitzekleine Veränderung einer Gewohnheit kann Großes bewirken. Dabei geht es nicht um angestrengte Disziplin, sondern um Konsequenz. Tag für Tag. Konsequent zu sein, ist Ihre persönliche Entscheidung.

In der japanischen Kampfkunst Karate werden Katas geübt. Katas sind eine Art Schattenkampf gegen einen imaginären Gegner. Dazu werden komplexe Techniken in Form von Tritten und Schlägen oder Abwehrtechniken in verschiedene Richtungen in einer klar definierten Choreografie angewandt. Ein wirkliches Können einer Kata auf hohem Niveau bedeutet nicht nur das Beherrschen der Technik, sondern auch und vor allem die kontinuierliche Verbesserung des Timings und ein tiefes Verinnerlichen durch häufiges Üben.

Übertragen auf den Führungsalltag bedeutet dies, dass Prozessoptimierung und kontinuierliche Verbesserung Herausforderungen sind, die mit kleinen Schritten beginnen. Sich jeden Tag auf ein kleines Experiment an der Wissensgrenze einzulassen, erfordert Motivation. Mittelfristig erweitert es den Handlungsspielraum und die Führungswirksamkeit.

Bitte stellen Sie sich folgende Fragen:

- Welches neue Muster will ich ausprobieren?
- Was ist mein erster Schritt?

Und fahren Sie mit folgenden Fragen fort, nachdem Sie den ersten Schritt getan haben:

- Was habe ich erwartet?
- Was ist eingetreten?
- Was habe ich daraus gelernt?

Eine neue Haltung und neue Verhaltensweisen lernen wir am besten, wenn wir sie erfahren, d. h. wenn wir sie fühlen und körperlich spüren. Fangen Sie klein an. Gerhard Schöne hat es treffend ausgedrückt: „Du musst nicht die ganze Wüste wässern, nicht gleich die ganze Welt verbessern, nur die eine Blume hüten, das ist der Sinn.“

Wenn-Dann-Regeln. Konkrete Selbstverpflichtungen einzugehen, gelingt uns leichter, wenn wir Wenn-Dann-Regeln gezielt nutzen. Wir alle wissen, dass es gar nicht so leicht ist, eigene Verhaltensmuster zu verändern, denn eingeschliffene Muster sind stark. Durch effektive Methoden gelingt es, es einfach und leicht zu machen: Bei guten Vorsätzen reicht die Absicht, etwas ändern zu wollen, häufig nicht aus, da die Umsetzung nicht konkret erfolgt. Forscher nennen dies die Intentions-Verhaltens-Lücke. Um diese zu schließen, bieten sich ganz konkrete Umsetzungspläne auf Basis von Wenn-Dann-Regeln an. Wissenschaftler nennen dies „Implementation Intentions“. Durch die Benutzung der Wenn-Dann-Regeln kommt es nach Erfahrungen von Peter Gollwitzer zu einem Automatismus bei der Umsetzung der Absicht.

Setzen Sie sich dazu ganz konkrete Ziele, um gutes Energiemanagement zu betreiben. Und setzen Sie dann die Wenn-Dann-Methode ein.

Ein Beispiel: Wenn ich in Gedanken fahrig und unkonzentriert bin, dann hilft es mir, wenn ich eine Pause mache, eine Kleinigkeit esse (z.B. Obst) und frische Luft schnappe (Sauerstoff im Kopf), in dem ich eine Runde um den Block gehe (Bewegung schafft Beweglichkeit). Je konkreter Sie diese Ziele formulieren, desto leichter gelingt die Umsetzung. Hier ein Beispiel für eine Regel, die sich eine Führungskraft für sich aufgestellt hat: „Wenn ich ein anstrengendes Onlinemeeting hatte, gönne ich mir eine 5-minütige Auszeit."

Überlegen Sie sich bitte, was Sie sich persönlich vornehmen wollen. Seien Sie dabei ganz konkret. Überlegen Sie sich auch Hindernisse, die Sie davon abhalten könnten, Ihr Vorhaben umzusetzen. Formulieren Sie dazu auch eine Wenn-Dann-Regel. Ein Beispiel: Wenn sich nach der ersten Besprechung eine weitere nahtlos anschließt, gönne ich mir anschließend einen 15-minütigen Spaziergang. Schreiben Sie Ihre persönlichen Wenn-Dann-Regeln auf. Das hilft.

Übung „Meine Wenn-Dann-Regeln"

Um an mir und meinen Veränderungswünschen dranbleiben zu können, stelle ich für mich folgende Wenn-Dann-Regeln auf:

Wenn ________________________________,
dann ________________________________
Wenn ________________________________,
dann ________________________________
Wenn ________________________________,
dann ________________________________

Vertrag mit sich selbst. Langfristig ist es eine wichtige Aufgabe, immer wieder den notwendigen Abstand zu uns selbst, zu anderen Menschen, zu unseren Aufgaben und der Arbeit zu erhalten. Dadurch lässt sich vorbeugen, dass sich das Spannungsfeld zwischen eigenem Anspruch, äußeren Anforderungen und mangelnder Abgrenzungsfähigkeit weiter verschärft. Ziel ist es, nicht weiter in den Alltagsstrudel hineinkatapultiert und zum hilflosen Opfer zu werden. Das Herstellen des notwendigen Abstands ist entscheidend für ein Andocken an uns selbst und so auch für den Umgang mit Belastungssituationen, die in eine Erschöpfung münden könnten. Proaktive Präventionsmaßnahmen und praktische Copingtechniken können helfen, in Zukunft mit derartigen Situationen besser umzugehen und eine Balance von Körper, Seele und Geist herzustellen. Der Neubeginn ist jetzt – von hier an darf es ganz und anders weitergehen.

Veränderungen gelingen, wenn wir Dinge konkretisieren. Absichtserklärungen sind häufig zu allgemein gehalten. Schließen Sie einfach mit Ihnen selbst einen Vertrag ab. Wählen Sie dabei ein erreichbares Ziel, formulieren Sie es konkret und bringen es auf Papier. Legen Sie die Messlatte lieber etwas tiefer an, denn es soll ja nicht anstrengend werden. Statt „Ich gehe ab heute jeden Tag 30 Minuten Joggen" formulieren Sie vielleicht „Ich gehe jeden Tag 15 Minuten an die frische Luft". Wenn Sie dies wirklich wollen, sind 15 Minuten pro Tag machbar. Bei jedem Wetter.

Wenn Sie mögen, können Sie abends einen kleinen Check durchführen, wenn es um die Reflexion der Umsetzung geht und ob Sie dieses Ziel erreicht haben. Falls Sie Ihr Ziel nicht erreicht haben: War es das richtige Ziel? War es wirklich Ihr Ziel? Welche Herausforderungen glauben Sie, haben Sie daran gehindert, das Ziel zu erreichen?

1.8 Puls-Check für Führungskräfte

- Wann ist für Sie Auszeit?
- Nennen Sie fünf Dinge, die Sie im Arbeitsalltag stören. Welche davon können Sie ändern?
- Was können Sie anders machen, damit es Sie nicht so sehr belastet?
- Was können Sie tun, um alte Handlungsmuster zu durchbrechen?

- Wie halten Sie inne?
- Wie gewinnen Sie Abstand?
- Was bringt Sie zur Ruhe?
- Kennen Sie Ihre Schwächen?
- Kennen Sie Ihre Stärken?
- Was können Sie delegieren?
- Was ist Ihr persönliches Ziel?
- Ist Ihr Tagesablauf gut für Ihre persönliche Produktivität?
- Wie können Sie sich Freiräume schaffen?
- Was spornt Sie an?

1.9 Auf den Punkt gebracht

Führung beginnt von innen. Mit Selbstreflexion. Authentisch und sinnhaft klar zu *sein*, ist die Voraussetzung für Teamentwicklung und Unternehmensentwicklung. Dieses Leading-from-the-inside-out-Prinzip gelingt, wenn Führungskräfte Klarheit über die Istsituation und eine Orientierung für sich selbst haben. Eine klare Haltung zu den Dingen hilft, dass sich Erwartungen erfüllen.

Die innere Haltung (Mindset) entscheidet: Bin ich offen, neugierig und mutig?

Ein Time-out-Ritual hilft, sich selbst für den Tag und die nächste wichtige Tätigkeit zu fokussieren. Es ermöglicht ein Innehalten. Dieses dient der Orientierung und schafft Klarheit und Transparenz. Eine solche kurze Auszeit ermöglicht Selbstreflexion, ein Andocken an Ressourcen und das Erkennen der eigenen Bedürfnisse und die der Mitarbeitenden.

Das Fokussieren auf das wirklich Wesentliche hat einen viel positiveren Effekt auf die erfolgreiche Durchführung eines Projektes als das Rennen im Hamsterrad der unerfüllten Aufgaben. Ein Mindset-Change bringt Weite. Einfach mal einen Schritt zurückgehen und die Situation von außen betrachten. Mit Akzeptanz entdecken Sie ganze neue Möglichkeitsräume.

Ihr innerer Kompass weist Ihnen den Weg; Ihre Fähigkeit zum inneren Dialog ermöglicht eine Orientierung in Ihren Vorhaben.

Finden Sie den Sinn in dem, was Sie tun, wachsen Sie über sich hinaus, und finden Sie heraus, was Ihnen Kraft gibt und Ihnen wirklich wichtig ist. Das Zauberwort heißt Purpose. Wenn wir für eine Sache wirklich brennen, löst dies eine starke Bewegung aus.

Seien Sie ganz Sie selbst, im Hier und Jetzt, finden Sie Ihre Mitte. Achten Sie darauf, dass Ihre Handlungen mit Ihren Überzeugungen übereinstimmen, seien Sie authentisch. Gehen Sie achtsam und liebevoll mit sich um. Eine authentische Führungskraft ist bei sich und verbiegt sich nicht in einer Rolle.

Durchbrechen Sie alte Denkmuster, indem Sie in Babyschritten neue Rituale schaffen und Gewohnheiten bahnen. Nutzen Sie Impulse, die Ihnen den Führungsalltag erleichtern und eine gesunde Lebens- und Selbstführung ermöglichen. Das Bilden neuer Gewohnheiten kann helfen, sich selbst neu auszuprobieren und somit neue Möglichkeitsräume zu schaffen.

2 Stufe 2: Loslassen und Gelassenheit

2.1 Pausen einlegen

„Die wichtigste Zeit ist der Augenblick.
Der wichtigste Mensch ist der, mit dem wir es gerade zu tun haben.
Das wichtigste Gefühl ist die Liebe, mit der wir den Menschen begegnen.“
Meister Eckhart (Philosoph, 1260–1328)

Fallbeispiel Heiko Münster

Heiko Münster hat es schwer: Als Leiter der Unternehmenskommunikation einer großen Versicherungsgesellschaft hat er eine harte Woche mit strammen Terminen und gefühlt unendlich vielen Besprechungen. Und immer kommt noch etwas oben drauf. Eine Reorganisation des Unternehmens steht an. Zwei Standorte sollen zusammengeführt werden. Ein neues IT-System soll eingeführt werden, das die Betriebsabläufe komplett verändert. Viele Mitarbeitenden sind verunsichert. So muss er überall Brände löschen. Die Nackenschmerzen während der Meetings sind für ihn fast unerträglich. Ärgerlich, dass er aus Versehen auf seine Brille getreten ist, sodass er vorübergehend mit der alten Brille mit den schwächeren Gläsern arbeiten muss. Das hat seine Spannungskopfschmerzen noch mehr verstärkt.
Doch Heiko ist ein tougher Typ. Harte Schale – weicher Kern? Von Weichheit ist jedoch nichts zu spüren. Er macht einfach immer weiter und zieht sein Pensum durch. Schon wieder keine Zeit zum Sport. In den letzten 2 Jahren hat er fast 20 Kilo zugenommen. Doch er kann sich nicht aufraffen. Nach einem langen Tag im Büro gönnt er sich zu Hause noch zwei bis drei Gläser Rotwein und schläft dann bei der Netflixserie auf dem Sofa ein. Wütend machen ihn seine Schlafstörungen: Ab 3 Uhr nachts wacht er immer wieder auf. Ständig schwirren ihm die Gedanken über die noch unerledigten Dinge durch den Kopf. Zusätzlich zur Dauermüdigkeit und Erschöpfung kommen Ängste hinzu: „Schaffst du das Pensum überhaupt noch? Kannst du bei der Geschwindigkeit noch mitgehen? Sind die Erwartungen der neuen Geschäftsleitung überhaupt zu erfüllen?“ Früher gelangen ihm die Dinge ganz locker und leicht. Doch in den letzten 2 Jahren hat er sich immer mehr verkrampft, sich in die Themen verbissen und kämpft sich durch den Tag. Das kostet Kraft.

Wieso muss alles so anstrengend sein? Gute Frage. Jedoch ohne Lösung. Sprüche wie „Mach dich mal locker“ oder „Lassen Sie mal los“ sind wenig hilfreich, denn diese Aspekte sind Teil des Problems. Es geht also nicht darum, das Symptom abzustellen, sondern ein tiefes Verständnis zu entwickeln, wie sich Gelassenheit und Lockerlassen einstellen können.

Wir möchten Sie einladen, sich fehlerfroh ans Werk zu machen, die hohen Erwartungen, Bewertungen und Beurteilungen loszulassen und mit müheloser Gelassenheit weiterzugehen. Es braucht Zeit und Raum, sich dem Empfinden von Sinnhaftigkeit zu öffnen, die sich hinter dem Leistungsstreben und Perfektion verbirgt. Loslassen ist ein Schlüsselfaktor dazu. Einfacher gesagt als getan. Hilfreich ist es, die persönliche Spannungsfrequenz auf Gelassenheitsniveau zu bringen. Loslassen und Gelassenheit nehmen sofort die Anstrengung heraus. Im hypnosystemischen Coaching haben uns viele Klienten berichtet, dass sie eine Form von Schwerelosigkeit empfunden haben.

Statt starr und stur Vorgaben oder Pläne minutiös einzuhalten und Ziele verbissen durchzuziehen, dürfen wir das Loslassen auf einer körperlichen Ebene spürbar machen. Durch das Erzwingen von Lösungen kommt es meist zu weiteren Problemen. Dabei nimmt die körperliche Verkrampfung immer weiter zu. Stressfaktoren reduzieren die Leistungsfähigkeit.

Ziel der Stufe 2 unseres 8-Stufen-Programms ist es, zu vermitteln, dass Loslassen und Gelassenheit die Voraussetzungen für kreatives Arbeiten sind.

Es lohnt sich, den Begriff „lassen" zu reflektieren: Welche Dinge können wir sein lassen, loslassen, durchlassen, einlassen, hineinlassen, herauslassen?

Ich war auf dem Weg in die Camargue und sah ein Schild über der Autobahn: „Une pause – ça repose". Genial einfach. Hören Sie auf zu fahren, machen Sie eine Pause. Das Gegenteil von Weitermachen ist Loslassen und eine Pause einlegen. Sofort hören die Anstrengung und die Verkrampfung auf. Das macht uns freier und beweglicher. Studien belegen, dass Menschen, die häufiger pausieren, leistungsfähiger sind.

Eine Pause unterbricht die angestrengte Routine und öffnet den Möglichkeitsraum jenseits des hektischen Business-Alltags, wir gewinnen Abstand. Eine Pause ist eine Zeitinsel und ermöglicht einen Kurzurlaub vom *Müssen*. Pausen erzeugen einen Zwischenraum, eine Lücke zwischen zwei Aktivitäten, zwei Zuständen. Wir sind in einem „in between", in dem wir tief durchatmen können und den Alltag durchlüften und durchlässiger machen können. Viele fühlen sich in den Netzen der Organisation gefangen. Dabei sind gerade die Löcher an einem Netz das Wichtigste. Diese Durchlässigkeit ermöglicht, dass wir nicht zu starr werden.

Das An- und Innehalten in der Pause ermöglicht eine persönliche Reflexion: Statt immer nur vom selben mehr zu machen, kann die Frage aufkommen: Könnte es nicht auch anders weitergehen? Die Pause setzt eine Zäsur zwischen den Aktivitäten und öffnet die Luke in kreative Möglichkeiten. Denn genau dann und nur dann, wenn unser Hirn eine Pause einlegt, kann es das machen, was es am besten kann: kreative Ideen sprudeln lassen.

Pausen machen uns klar, dass noch nicht Schluss ist, sondern nur Pause. Und sie machen Mut: Obgleich etwas zu Ende gegangen ist, wird etwas anderes danach weitergehen. Im Business, wie im Leben. Das Spannende ist, dass es anders weitergehen darf.

Unternehmensberatungen haben es jahrzehntelang gepredigt, dass durch Beschleunigung und Steigerung der Effizienz mehr erreicht werden kann. Das stimmt in vielen Fällen. Für Kreativität gilt das Gegenteil. Je schneller wir rennen, je kleinteiliger und enger der Terminkalender vollgepackt wird, desto eher geht uns die Puste aus. Das Leben wird dann zu einem Kampf gegen die Zeitnot. Allein das Gefühl von Zeitnot nimmt uns schon die Luft zum Atmen und macht uns eng. Effektiver ist es, den rechten Augenblick zu erwischen und die Zeit sinnvoll zu nutzen. Das gelingt nur, wenn wir diese auch genießen können und Pausen machen.

Im Stakkato der Effizienz stehen Pausen im Business-Alltag unter Rationalisierungsdruck. Doch genau das Nach-, Quer- und Vorausdenken funktioniert eben nicht auf Knopfdruck. Um innovativ und kreativ zu sein, braucht es den Weg vom fokussierten Denken zu mehr Tagträumerei. Das gelingt nur durch Abschalten. Pausen sind dazu eine sinnvolle Technik.

Im Workshop sagen wir immer am Anfang: Langsamer gehen, um schneller anzukommen. Vielleicht jeder wieder bei sich selbst. Leichter gesagt als getan, denn in einer Gesellschaft, die auf Effizienz und Tempo setzt, wird ergebnisoffenes Trödeln, Dösen, Tagträumen als absolute Zeitverschwendung angesehen.

Bei Feldenkrais-Übungen sind die Pausen das Wichtigste: Der Körper soll nicht über seine Grenzen gehen. Pausen ermöglichen die Schärfung unserer Wahrnehmung und lassen uns eigene Bedürfnisse wieder spüren. Schenken Sie Ihren Gedanken Auslauf und machen Sie eine Pause. Genießen Sie diese Zeitinsel, bevor Sie sich auf die nächste Aufgabe stürzen.

Vielleicht nehmen Sie diese Zeilen zum Anlass, das Buch auf die Seite zu legen, um das Gelesene auf Sie wirken zu lasen. Machen Sie also jetzt eine Pause!

Übungen gegen Stress: „Anti-Stress-Goodies in der Pause"

Tun Sie sich ab und zu etwas Gutes und versüßen Sie Ihr Leben zuckerfrei mit einem kleinen Anti-Stress-Goodie. Klein bedeutet circa 20 Sekunden – mehrmals täglich genießbar:

- Gehen Sie zum Fenster und öffnen Sie es weit. Strecken Sie Ihre Arme zur Seite und atmen Sie ruhig tief ein und aus. Wichtig ist, dass Sie langsam und entspannt ein- und ausatmen, wenn Sie zu schnell ein- und ausatmen, besteht die Gefahr einer Hyperventilation. Die frische Luft verleiht Ihrer Kreativität und Ihrem Hirn Flügel.
- Wenn Sie in Ihrem Bürostuhl sitzen, kippen Sie diesen nach hinten, legen Sie die Füße hoch und schließen Sie kurz die Augen. Jetzt stellen Sie sich vor, wie Sie sich einen leckeren Tee aufgießen und diesen dann genüsslich trinken. Dann öffnen Sie Ihre Augen und machen einfach das, was Sie sich gerade vorgestellt haben.
- Setzen Sie sich aufrecht hin und lassen Sie Ihre Schultern nach hinten kreisen. Die Arme hängen ganz locker am Körper. Stehen Sie auf und stellen sich auf die Zehenspitzen. Dabei recken Sie sich und strecken die Arme nach oben und greifen mit den Fingern, soweit es geht, nach oben. Nehmen Sie dann die Arme wieder herunter, stehen Sie normal auf Ihren Füßen und lassen Ihre Arme und Ihren Oberkörper ganz genüsslich von links nach rechts und von rechts nach links hin- und herschwingen.

2.2 Was ist wirklich essenziell?

Eine Abteilungsleiterin eines mittelständischen Vertriebsunternehmens beschrieb die eigene Situation als hilflos und ohnmächtig. „Ich hatte so viel um die Ohren, dass mir schwindelig wurde. Erst der Hörsturz, dann der Tinnitus. Um mich herum war alles so laut, dass ich meine innere Stimme nicht mehr gehört habe. Da war nur noch das Blinken von Deadlines, das Abhaken von dringlichen Punkten auf der unendlich langen To-do-Liste, die Angst, zu versagen, und der unerträgliche Piepton im Ohr. Dieser Piepton klang wie Sirenenalarm. Ein Abbild meiner Notsituation." In der Hektik des Führungsalltags hatte sie das Wesentliche aus den Augen verloren: sich selbst.

Um zu wissen, was wir loslassen können, müssen wir erst herausfinden, was wirklich wesentlich, was essenziell ist. Stellen Sie sich bitte dazu folgende Fragen:

- Was ist mir wirklich wichtig?
- Was ist nice-to-have?
- Was kann weg?
- Was ist essenziell zum Überleben?
- Worauf können wir bewusst verzichten?
- Was ist Luxusgut?
- Was kann ich loslassen? (Mich selbst?)
- Worauf möchte ich mich einlassen?
  - auf meine Glaubenssätze?
  - auf meine Ängste?
  - auf das Neue?
- Wie viel Kontrolle braucht es für gesunde Führung?
- Was können wir als Team loslassen?
- Was müssen wir im Unternehmen selbst machen – was können wir an Dienstleister verlagern?

Mit den Fragen eröffnen sich neue Betrachtungsweisen. Es geht nicht um eine Bewertung oder Beurteilung und auch nicht um eine Risikobewertung. Es geht erst einmal um neue Perspektiven und um eine andere Art des Hinschauens.

2.3 Abstandsfähigkeit und Weite

„Manchmal ist es gut, wenn man nicht ganz dicht ist."
Jörg-Peter Schröder

Gerade in Stress- und Belastungsmomenten fühlen sich viele Führungskräfte eingeengt und verstrickt mit der Situation. Ihr Blickwinkel wird zu eng. Sie sind dicht. Dichter Terminkalender, dichte Mitarbeiterbesprechungen, dichter Kundenkontakt – keine Zeit. Im Coaching sage ich im Spaß, dass es prima ist, wenn man nicht ganz dicht ist. Ein voller Terminkalender ist Gift für Innovation und Kreativität.

Engstirnige Kollegen verkennen die Chance, die in flüchtiger Begegnung und beiläufiger Beobachtung schlummert. Sie werden eng, wenn sie sich zu sehr an den Dingen festbeißen. Wenn es gelingt, loszulassen und Abstand zu schaffen, ermöglichen wir uns eine neue Perspektive. Wir wechseln den Standpunkt und unser Blickwinkel erweitert sich. Wenn wir unsere angestrengten Gedanken von der Leine lassen, werden unsere Neurone im Gehirn angeregt, zu sprießen und sich neu zu verknüpfen.

Viele Führungskräfte, die erfahren haben, dass es mit dem „Schneller – Höher – Weiter" nicht weitergehen kann, haben angefangen, sich um sich zu kümmern: Atemübungen, Meditation, Zen-Rituale, autogenes Training, Yoga, ostasiatische Kampfkünste, Spaziergängen in der Natur oder Trance-Induktionen. Das Waldbaden erfährt einen Hype, die Wellness-Industrie boomt und Zen-Kloster haben Hochkonjunktur. Sogar einige Unternehmensberatungsgesellschaften haben mittlerweile den Mehrwert von Well-Being als Mehrwert verstanden. Das Üben von Achtsamkeit an einem stillen Platz macht es möglich, herunterzukommen, sich selbst wieder zu spüren, Energie zu tanken, um dann mit Frische an der eigenen Kernkompetenz anzudocken.

2.4 Business-Fasten®

Für viele Führungskräfte ist der Terminkalender rappeldicht, die E-Mail-Box ist knallvoll, ein Meeting folgt dem nächsten. Ganz abgesehen von den vielen Rückrufen, unerledigten Rücksprachen und den zu erstellenden Berichten und Präsentationen. Am Ende des Tages gehen sie erschöpft nach Hause mit dem Gefühl, nichts geschafft zu haben.

Wie wäre es also mit einer Meeting-Abstinenz? Dazu möchten wir eine Analogie zum Essen servieren: Die meisten Europäer essen zu viel, zu oft, zu wenig achtsam, sie schlingen das Essen viel zu schnell herunter. Abspecken tut gut. Also ran an den Speck. Die Hausärztin des Vertrauens verschreibt möglicherweise eine Fastenkur. Auf dem Essensplan stehen Süppchen, Gemüse, Früchte und Wasser. Mehr nicht.

Das Fasten ist eine gute Zäsur, die Dinge zu verändern. Dazu haben wir das Business-Fasten® als Programm für Führungskräfte entwickelt. In diesem Programm geht es nicht darum, nur vorübergehend weniger zu essen und danach weiterzumachen wie bisher, sondern bewusst *anders* zu essen, die Ess- sowie Lebensgewohnheiten langfristig zu verändern. Dabei bezieht sich das Wort „essen" nicht allein auf die Nahrungsaufnahme, sondern auf jedwede Aufnahme von Informationen. Denn auch diese müssen verdaut werden.

Was bedeutet das für die Führungskräfte und die Arbeitskultur im Business-Alltag? Zunächst einmal, das Wort „Fasten" neu zu definieren. Die einen nennen es „Shake out in business", die anderen „Digital Detox". Das fängt bei der Ernährung an und hört nicht bei der Priorisierung der To-do-Liste von Führungskräften auf. Probieren Sie es aus, wie durch kreatives Weglassen Neues entstehen kann. Zudem kann durch das Einschlagen völlig neuer Wege ein ganz anderes Verständnis von Wachstum entstehen.

Es geht uns nicht um Verzicht, sondern um eine Erweiterung der Möglichkeiten durch neue Blickwinkel. Das bedeutet nicht, Askese zu üben und auf Spaß im Leben zu verzichten, sondern Neues auszuprobieren, und zwar anders. Statt „Verzicht“ trifft es das Wort „Vertiefung“ viel besser. In sich hineinhören, an sich selbst andocken, etwas tiefer graben, um den eigenen inneren Schatz zu finden.

Business-Fasten® neu definiert:

Was passiert, wenn Sie Folgendes weglassen oder darauf verzichten? Beispiele:

- Was passiert, wenn ich mich selbst weglasse, wenn ich auf mich selbst verzichte?
- Was passiert, wenn ich die E-Mail weglasse, auf eine Antwort verzichte?
- Was passiert, wenn ich das Meeting auslasse, darauf verzichte?
- Was passiert, wenn ich meine Achtsamkeit weiterhin weglasse, auf eine gute Wahrnehmung verzichte?
- Was passiert, wenn ich den Sport weglasse, auf Kraft und Ausdauer verzichte?
- Was passiert, wenn ich den Alkohol weglasse, darauf für ein paar Wochen verzichte?
- Was passiert, wenn ich das Fleisch weglasse, darauf für eine gewisse Zeit verzichte?
- Was passiert, wenn wir das Meeting mit einer Schweigeminute beginnen lassen, um uns zu sammeln und in die Präsenz zu bringen?
- Was kann ich weglassen, da es keinen Mehrwert bringt? Die Nachspeise im Lokal? Apropos Dessert: Was ist der Mehrwert eines zweiten Stück Kuchens?

Der Tagesbedarf an Kalorien ist abhängig von Größe, Gewicht, Alter, Bewegung und der individuellen Belastung. Mit zunehmendem Alter sinkt der tägliche Kalorienbedarf. Das steht in vielen Büchern und das weiß auch jede Führungskraft. Doch beim jährlichen medizinischen Check-up von Führungskräften finden wir häufig folgenden Status: Übergewicht, Übersättigung, Übersäuerung, Überzuckerung, Nahrungsmittelallergien. Zwischen Normalgewicht, Übergewicht und wirklichen Gesundheitsproblemen liegt ein sehr breiter Speckgürtel unterschiedlicher Verhaltensweisen und Einstellungen.

Was heißt das im übertragenen Sinne für den Business-Alltag? Wer voll ist mit raffiniertem Zucker, kann keine raffinierten Konzepte für das Business erstellen. Eine ausgewogene Ernährung ist ein Puzzleteil im Gesamtbild von erfolgreicher Führung.

Informationen können auch toxisch sein. Wie immer ist alles eine Frage der Menge: In kleiner Menge kann ein Gift, wie z. B. Botox, Gutes bewirken. In hoher Dosierung wirkt es tödlich. Informationen erzeugen einen Mehrwert, wenn eine Handlung aus der Information abgeleitet werden kann. Doch wie viele Informationen sind völlig ohne Mehrwert und lösen Informationsüberflutung, Stress und das Gefühl von Inkompetenz aus, da so viele Informationen gleichzeitig nicht mehr verarbeitet werden können?

Ein kleiner Blick auf die Fakten: In der b4p-Trendstudie analysiert die Gesellschaft für integrierte Kommunikationsforschung (2018), wie Mitarbeitende zum Thema „Digital Detox“ stehen. Über 60 % der Deutschen tragen ihr Smartphone immer bei sich. Knapp 70 % aller Mitarbeitenden checkt vor dem Zubettgehen noch einmal letzte Nachrichten auf dem Smartphone. Das Gefühl der permanenten Erreichbarkeit ist für 25 % der Führungskräfte anstrengend und stresserzeugend. Dennoch lesen über die Hälfte aller Führungskräfte Nachrichten per SMS, Whatsapp oder Social Media sofort. Das Nicht-Abschalten-Können scheint mehr als nur ein Problem des Zeitmanagements zu sein.

Ein Aspekt von vielen Menschen ist die Angst, etwas zu verpassen. Das Phänomen wird „Fear of Missing Out“ („FOMO“) bezeichnet. Knapp 14 % verbinden das Gefühl, etwas im Internet oder in den sozialen Netzwerken nicht mitzubekommen, mit emotionalem Stress. Dahinter liegt möglicherweise eine tiefere Angst, nicht dazuzugehören, oder gar das Gefühl, ausgegrenzt zu werden. Auch die rasant sich entwickelnde Digitalisierung aller Arbeitsprozesse erzeugt eine Sorge, nicht mehr den Erwartungen entsprechen zu können. Schnell entsteht eine Angst, den Anschluss zu verpassen oder gar zu scheitern.

2.5 Neuordnung – mental und digital gut aufgeräumt

Eine mittelständische Vertriebsdirektorin sagte im Coaching, dass es ihr sehr wichtig sei, dass alles seine Ordnung hat. Sie bezog dies auf ihren Kleiderschrank, ihre Wohnung, ihr Büro, vor allem aber auf ihren Kopf.

Das Buhlen um Aufmerksamkeit durch ein ständiges Piepen und Klingeln irgendwelcher Messenger-Dienste, Social-Media-Plattformen und E-Mail-Programmen lassen Führungskräfte im hektischen Alltag in den digitalen Kontrollverlust schliddern. Diese ständige Ablenkung erzeugt eine mentale Überlastung; der Mensch erlebt Unruhe und Stress, er hat das Gefühl, permanent hinterherzulaufen, statt auf dem Laufenden zu sein. Das schlechte Gewissen, den täglichen Anforderungen nicht mehr gewachsen zu sein, wird immer größer.

Bei vielen wütet ein Gedankenkarussell im Kopf, das auch nachts nicht stillhält. Einschlaf- und Durchschlafstörungen sind die Folge. Am Ende kollabiert das Nervensystem und Burnout oder Depression macht sich breit.

Wer sich jedoch auf das Wesentliche konzentriert, schafft Raum und Zeit für dieses Wesentliche. So lassen sich die anflutenden Anforderungen als auch die eigenen Gedanken neu sortieren. Eine sinnvolle Reduzierung von gedanklichem Overload ist daher eine wichtige Selbstführungsaufgabe. Dieses Thema ist nicht *dringlich*, für die eigene Führungs-Kraft jedoch sehr *wichtig*.

Geplapper im Kopf abstellen. Häufig treibt uns unsere innere Stimme an, ständig etwas zu machen oder zu erledigen. Permanent sind wir dabei, Dinge zu analysieren und zu verstehen, um noch besser zu performen. Ein Wirtschaftsprüfer sagte, dass er täglich über 75 000 Gedanken im Kopf hätte. Doch die Menge an anflutenden Informationen aus zig Informationsquellen sind kaum mehr zu bewältigen und zermürben die Führungskraft. Was in Projektmanagement-Seminaren als Multitasking verkauft wird, ist in Wirklichkeit der Katapult in den Burnout.

Daher dürfen Sie die Stopptaste für den rastlosen Geist drücken und in die Stille gehen. Meditation und Achtsamkeit sind hilfreich, das Geplapper im Kopf abzustellen. Für manche fühlt es sich wie ein Befreiungsschlag an. Die Startrampe in die mentale Freiheit gelingt, wenn wir Achtsamkeit regelmäßig praktizieren, wenn wir uns also dazu entscheiden, viel bewusster zu leben.

Übung „Gedanken loslassen"

Setzen oder legen Sie sich bequem hin und machen bewusst einige Atemzüge. Wenn Sie möchten, können Sie Ihre Augen schließen. Nehmen Sie jetzt wahr, dass Ihnen Gedanken durch den Kopf gehen. Versuchen Sie nicht, zwanghaft die Gedanken fernzuhalten, denn das bringt nichts. Unser Gehirn produziert ständig irgendwelche Gedanken. Stattdessen erlauben Sie den Gedanken, da zu sein, nehmen aber innerlich Abstand zu ihnen. Sie lassen sie einfach kommen und gehen. Sie können sich das so vorstellen: Sie schauen von einer Autobahnbrücke nach unten und sehen die fahrenden Fahrzeuge. Die Autos sind Ihre Gedanken, sie dürfen kommen und gehen. Aber Sie steigen nicht in sie ein. Das heißt, Sie beschäftigen sich nicht mit dem Thema des Gedankens, Sie halten nicht an dem Gedanken fest. Einsteigen in den Gedanken sähe so aus: „Ich habe vergessen, Frau Schotter anzurufen. Oh je, wird sie verärgert sein? Morgen sollte ich sie gleich kontaktieren. Ach, das geht ja nicht, sie hat morgen Urlaub ..." Und Abstand zum Gedanken geht so: „Da ist ein Gedanke" oder „Da ist ein Gedanke über die Arbeit".

Primär bedeutet es, in der körperlichen Wahrnehmung zu bleiben und negative Gedanken einer Körpererfahrung zuzuordnen. Beispielsweise können Sie durch Selbstbeobachtung genau beschreiben, wo Sie im Körper die Wut spüren, wenn Sie an eine bestimmte Situation denken. Ohne Bewertung und Beurteilung sollen Sie nun sich selbst beobachten, ohne die äußeren Gegebenheiten verändern zu wollen. Die Körperwahrnehmung hilft enorm dabei, im Hier und Jetzt zu sein. Lebenskunst oder Lebensfrust beginnen mit der Wahrnehmung.

Neue Wege im Umgang mit sich selbst beginnen mit dem absichtslosen Wahrnehmen. Wenn wir uns selbst liebevoll beobachten, ohne etwas von uns zu wollen, sind wir nicht mehr so verstrickt mit der Situation und können mit mehr Abstand anders auf das Ereignis sehen. Die neue Perspektive erlaubt es, das Ganze zu sehen anstatt nur die Puzzleteile.

Je geringer der Abstand zu den Dingen und zu uns selbst ist, desto eher werden wir zu Spielbällen unserer Gefühle. Durch eine freundliche Distanz gegenüber der Situation, den anderen und zu sich selbst gelingt es, ein aufmerksamer Beobachter seiner selbst zu sein, ohne zu werten. Das bringt uns aus der Verstrickung heraus. Loszulassen und sich selbst Beobachter zu sein, ist dabei die höchste Form des Sich-nicht-Einmischens – egal, was gerade passiert. Diese Art der Wahrnehmung nimmt den Druck aus einer Situation heraus. Sie können das hervorragend üben, indem Sie Ihre Achtsamkeit und Wahrnehmungsfähigkeit schulen.

Gedankenknäuel entwirren, Überflüssiges weglassen. Führungskräfte sind es gewohnt, mit Deadlines zu arbeiten. Doch auch gedankliche „Todesstreifen" (wörtliche Übersetzung von Deadlines) – also das Wissen darum, dass zum Zeitpunkt X etwas erledigt sein muss – erzeugen Stress und belasten die Seele. Sie machen innerlich eng und führen in die Verspannung. Nutzen Sie eine positive Formulierung, wenn Sie sich ein terminliches Ziel setzen, welches für Sie keinen Druck erzeugt.

Ordnung und Klarheit setzen ein, wenn wir Überflüssiges löschen. Das heißt nicht, dass wir sämtliche Ordner auf dem Notebook oder in der Mailbox aufräumen sollen, sondern uns die Frage zu stellen, was wir wirklich brauchen. Und was wegkann. Stellen Sie sich folgende Fragen:

- Ist dieses hier für meine Arbeit relevant?
- Kann ich auf dieses hier verzichten?
- Schaue ich dort überhaupt noch einmal hinein?

E-Mail-Fasten, Social-Media-Abstinenz oder das Abschalten von Whats App oder anderen Apps ist kein Entzug. Es soll lediglich entschlackt werden. Probieren Sie es einfach mal aus, an einem Tag in der Woche der Versuchung zu widerstehen, dauernd Nachrichten zu checken. Das Reagieren auf externe Reize kostet Zeit – Ihre Lebenszeit. Lassen Sie lieber Ihren kreativen Gedanken freien Lauf. Vielleicht in dem sie in ein schönes leeres Buch eigene Ideen aufschreiben?

2.6 All You Need is Less – Selbstfürsorge vom Feinsten

2.6.1 Sechs Ballast-Sandsäcke

Wer kennt das nicht? Das Gefühl, mal einen Gang runterschalten zu müssen, um Abstand von den eigenen Aufgaben und Nöten zu finden und dadurch mehr Klarheit zu gewinnen. Um sich durchdachter zu organisieren, den Ballast des bürokratisierten Führungsalltags abzuwerfen, mal wieder ein Teambuilding zu machen ... Doch viele denken: In der Hektik des Alltags gibt es einfach keine Chance, dies umzusetzen – ganz im Sinne des Spruchs „Ich habe keine Zeit, Segel zu setzen; ich muss rudern". Insbesondere als Unternehmerin oder als Führungskraft sind die To-do-Listen riesig. Pflichtbewusst kämpfen sie sich durch eine Unmenge an Aufgaben, beißen die Zähne zusammen, ziehen ihre Sache durch, und vor lauter Aktionismus verlieren sie den Fokus auf das Wesentliche. Pflicht verpflichtet. Mit Risiken und unerwünschten Nebenwirkungen.

Übermäßiger Aktionismus steigert eben nicht den Impact im Unternehmen, sondern lediglich die Stressrate und die Gefahr eines Herzinfarkts. Den Nährboden für Erschöpfung legt häufig nicht nur die Arbeit, sondern legen auch und vielleicht vor allem wir selbst, indem wir eine überzogene Vorstellung von Arbeit haben und unrealistische Anforderungen an uns stellen. Wer als Powerworker nur noch lebt, um zu arbeiten, überspringt meist eigene Bedürfnisse – und das geht auf Dauer nicht gut.

Daher greift es auch zu kurz, einzig an eine bessere Selbstorganisation zu denken, wenn wir versuchen, mehr Zeit für das Eigentliche im Job zu finden. Natürlich ist es per se sinnvoll, überflüssige Meetings abzuschaffen, auf cc-Mails zu verzichten oder auch Arbeitsorganisations-Apps zu benutzen. Doch die meisten Effizienzprogramme, die uns entlasten sollten, strengen uns ihrerseits an: Wir investieren jetzt Zeit und Energie für diese Programme, sodass wir uns weiterhin im Hamsterrad drehen.

Selbstorganisationsmaßnahmen und Selbstoptimierungsprogramme fokussieren darüber hinaus auf das Abstellen eines Defizits. Das führt häufig zu Abwehr: Auf unbewusster Ebene erzeugen der Blick auf ein Defizit und das Schon-wieder-etwas-Müssen (nämlich sich selbst besser organisieren, um effizienter zu sein) einen Widerstand. Zusätzlich zu der vielen Arbeit und der Bemühung um bessere Selbstorganisation belasten wir uns jetzt mit dem Kampf gegen diesen Widerstand. Mit unserem 8-Stufen-Programm halten wird diesem Kampf *Leichtigkeit* entgegen.

Ein wirklich hilfreicher – aber häufig übersehener – Andockpunkt ist eine neue, gesunde Haltung zur Arbeit und zu sich selbst.

Um mehr Zeit zu haben, sich kraftvoller und zufriedener zu erleben und damit vielleicht sogar mehr zu leisten, gilt es, „einfach nur" einige ungute Einstellungen abzustellen. Damit einhergehend werfen wir einige überflüssige Jobs und Anstrengungen über Bord. In den Workshops arbeiten wir an Folgendem: Besser einfach – einfach besser. Ganz einfach.

Mit anderen Worten: *Less is all you need*. Sie müssen dabei nicht alle Ihre Verhaltensmuster infrage stellen. Doch ist es sinnvoll, zumindest einmal am Fundament zu rütteln, um zu schauen: Hat das, was mir früher einmal wichtig war, heute überhaupt noch eine Bedeutung? Und hilft es mir weiter? Oder schadet es sogar? Und wenn es schadet: Warum miste ich es nicht aus?

Weniger und gleichzeitig erfüllter zu arbeiten, bedeutet nicht Laisser-faire, sondern im Gegenteil: Mit der Haltung „Less is more" kann eine Kultur der Begeisterung entstehen. Gefragt ist eine innere Haltung, die für jede Einzelne sowie für das Team als Ganze ein gesundes Arbeiten ermöglicht, ein Arbeiten mit Freude, Kreativität und Teambewusstsein. Und dazu braucht es den Blick auf jene Dinge, die wirklich zählen. Der US-amerikanische Hochschullehrer und Selbsthilfeberater Stephen Covey (1997, 2014) drückte es so aus: „Es ist das glühende Ja im tiefsten Innern, das es uns leicht macht, Nein zu weniger wichtigen Dingen zu sagen" (S. 110).

In vielen Führungskräfteworkshops wird daran gearbeitet, wie Organisationen schlanker gemacht werden können und schneller gearbeitet werden kann. Häufig wird jedoch am Symptom gearbeitet. Es geht eben nicht um ein *Weniger* an Maßnahmen, sondern um eine innere Haltung des *Weglassens*. Was könnten Sie als Führungskraft ganz einfach weglassen? Blödes Gequatsche? Selbstvorwürfe? Angst vor dem Rausschmiss aus dem Unternehmen? Das Gefühl, nicht genug geleistet zu haben? Ihr schlechtes Gewissen?

Es gibt kein „delete *.*", „shutdown -h", „format c:" oder „zurück auf Werkseinstellungen". Keine Neuprogrammierung. Jedoch sind neue neuronale Verschaltungen möglich. In der Neurophysiologie hat sich die Erkenntnis durchgesetzt, dass unser Gehirn bis ins hohe Alter formbar und wandlungsfähig ist. „Plastizität" des Gehirns lautet hier das Zauberwort. Und mit wandelbarem Gehirn ist auch Änderung von Verhalten möglich.

Das Neue darf sich zeigen. In der hektischen Arbeitswelt kommt es besonders darauf an, unaufgeregt im Zentrum der eigenen Kraft zu bleiben und seine Ressourcen sinnvoll einzusetzen. Das gelingt nur, wenn sich Führungskräfte von unnötigem Ballast befreien und das Wesentliche vom Unwesentlichen trennen. Devise: Less is all you need. Der Ansatzpunkt zu mehr „Less" ist eine gesunde Haltung zu sich und zu seiner Umwelt.

Selbstempathie, Selbstfürsorge, Selbstwertschätzung und die Schulung des Mitgefühls für andere sind dabei Schlüsselfaktoren. Für ein Brennen ohne auszubrennen empfiehlt sich – je nach individueller Polung – das Abwerfen von sechs Ballast-Sandsäcken:

2.6.2 Ballast 1: Selbstanpeitschen und übertriebenes Pflichtgefühl

Bei vielen Führungskräften – und besonders häufig beobachtet bei Frauen – nagt ständig das Gefühl „Ich genüge nicht". Die Reaktion: unaufhörlich eine Schippe drauflegen. Bedingt durch vorgegebene Ziele, wirtschaftliche Verpflichtungen und dem schlechten Gewissen, allem nicht ausreichend gerecht zu werden, wird nicht nur krampfhaft am Funktionieren-Müssen festgehalten, sondern sich selbst noch mehr und noch mehr abverlangt. Nach dem Motto: „Genug ist nicht genug."

Daher haben wir das mal ganz locker umformuliert und sagen den Führungskräften im Coaching: „Genug mit Nie-Genug". Wir sind davon überzeugt: Man sollte in seiner Arbeit aufgehen und nicht untergehen. Das hat viel mit Loslassen zu tun. Und das gilt für die drei Ebenen Körper, Team und Unternehmen.

Für alle übereifrigen Selbstzweifler gilt: Raus aus dem Machen und Müssen, rein ins Dürfen und Wollen. Die Muße ist als Ressource zu verstehen. Einfach einmal dazusitzen und die Gedanken frei schweifen zu lassen und (scheinbar) nichts zu tun oder abends beim Fernsehen abzuschalten, ist ein trancehaftes Regenerieren und damit keine zeitökonomisch wertlose Tätigkeit. Das schlechte Gewissen von Powerworkern, die abends abgeschafft nach Hause kommen, sich dann auf dem Sofa eine Netflixserie anschauen und gleichzeitig dafür tadeln, dass sie nichts Sinnvolleres tun, gehört verbannt. Wer sich selbst tadelt, macht sich wütend und schadet seinem Selbstwertgefühl. Und irgendwann kann dies in einer Depression enden.

Empathische Selbstreflexion ist der erste Schritt aus dem Anpeitschungs- und Schuldsystem: sich beobachten, ohne zu bewerten. Und sich klarmachen: Das schlechte Gewissen und das permanente Selbstantreiben stehen häufig für ein von den Eltern oder aus der Schulzeit internalisiertes Leistungsmuster, das später weiter fortgeführt wird. Wir erleben Leistung als Pflicht. Nun gilt es, aus dem Pflichtgefühl auszusteigen. Diese Ent-Pflichtung setzt voraus, dass wir dieses Muster überhaupt erst erkennen. Erwarten Sie nicht, dass Sie Ihre Gewissensbisse einfach ablegen können. Dafür sind sie schon zu lange antrainiert. Aber sie können verblassen. Ein erster Schritt dahin ist, neue Verhaltensmuster anzulegen.

Aus der Neurophysiologie ist bekannt, dass sich Verhalten neu bahnen lässt, indem alte Muster in den Hintergrund treten und neue erlernt werden. Wirksam ist, das alte Muster nicht mehr zu füttern mit Gedanken wie „Verdammt, du schaust schon wieder YouTube-Videos! Check lieber noch mal die Mails!", sondern neue, dem Wohlbefinden dienlichere Gedanken zu denken: „Ich darf mich treiben lassen", „Ich darf die Zeit verplempern und mir Muße erlauben". Wir gießen also nicht weiter Öl ins Feuer der Anstrengung, sondern umgekehrt, wir pushen das Neue, die Leichtigkeit und Freiheit. Mit der Zeit verstärkt sich so die neue Verschaltung und wird zu einem neuen Muster.

Etwas tun zu dürfen, nimmt uns aus dem angestrengten *Müssen* raus. Ja, wir müssen ein Ticket lösen, um mit der Bahn zu fahren, wir müssen die Steuererklärung abgeben, wir müssen den Bus kriegen, um pünktlich zur Arbeit zu kommen, wir müssen ein Passwort eingeben, wenn wir unseren Kontostand checken wollen. Und sterben müssen wir auch.

Doch etwas zu dürfen oder etwas zu wollen, statt zu müssen, macht vieles viel leichter. Wie fühlt sich für Sie der Unterschied an zwischen „Ich muss noch das Mitarbeitende-Jahresgespräch führen" und „Ich will mich gut auf das Mitarbeitende-Jahresgespräch vorbereiten"?

Beim Wollen ist eine andere Präsenz und Kraft spürbar, beim Müssen meldet sich ein innerer Widerstand und die Motivation sinkt. Kleine Kinder lernen das Laufen ganz ohne Druck und Müssen. Einfach so. Weil sie Lust auf das Laufen haben.

Ein gutes Bild für eine innere Erlaubnis ist die Margarine „Du darfst". In dieser Werbung aus den 80er-Jahren hieß es: „Lecker essen ohne schlechtes Gewissen." Genau das dürfen Führungskräfte: mehr Genuss zulassen statt krampfhaft funktionieren. Wenn der Modus in Richtung Erlaubnis und damit mehr Leichtigkeit verändert wird, entkrampft sich die Situation. Spürbar wird es vielleicht daran, dass die Nackenverspannungen weniger werden.

Das gilt auch für Unternehmen: Im Hinblick auf Beweglichkeit sind starre Strukturen und Prozesse eher einschränkend als fördernd für Mitarbeitende. Auch die Betongebäude von Unternehmen spiegeln nicht gerade ein hohes Maß an Beweglichkeit. Statt die Zeit damit zu vergeuden, weiterhin Abgrenzungen und Zuständigkeiten zu fixieren, wäre es im Team sinnvoll, überflüssige Dinge einfach wegzulassen. Das Loslassen von beschwerlichen Altlasten kann eine neue Bewegung ermöglichen. Altlasten sind z. B.:

- Regeltermine, Jour fixes
- Klassisches Reporting
- Engmaschiges Monitoring
- Feste Arbeitsplatzbeschreibungen
- Maßnahmenkataloge, Führungsleitlinien

Das gilt für die Führung im Team im Besonderen: Wie können Führungskräfte neue Räume ermöglichen, statt im Perfektionswahn zu ersticken? Wichtige Aspekte sind das überzogene Streben nach Perfektion. Unerreichbare Maßstäbe sind die Realität in vielen Unternehmen. Jede Führungskraft lernt: Ziele müssen realistisch, messbar und kontrollierbar sein. Jedoch wird die Aufmerksamkeit häufig nur auf das Messen und Kontrollieren gelegt. Kaum jemand hinterfragt, ob das Ziel überhaupt erreichbar ist. Das Süchtig-Sein nach immer mehr und noch mehr führt zu einer Ermattung und Ermüdung der Mitarbeitenden und laugt die gesamte Organisation aus.

Statt also Teams noch effizienter zu organisieren, hilft es, den Blickwinkel zu verändern und zu ent-perfektionieren, loszulassen und sich auf das Neue einzulassen. Mehr Gelassenheit statt Daueranspannung ist das Motto.

Durch Fokussierung auf Perfektionismus und Fehlervermeidung werden Organisationen einfach zu langsam. Durch den Mut zum Unperfekten können Führungskräfte den Mitarbeitenden einen Rahmen ermöglichen, in dem sich diese auf einer kreativen Spielwiese ausprobieren dürfen. Dabei dürfen Führungskräfte auf zu starke Kontrolle verzichten. Denn Kontrolle steigert den Widerstand und damit die Motivation der Mitarbeitenden. Wenn ihnen ein iteratives Versuch-und-Irrtums-Vorgehen bei der Arbeit gestattet wird, statt Vorgänge in Standards festzulegen, bleiben die Mitarbeitenden im kreativen Fluss.

Um dem Drang zur Optimierung Einhalt zu gebieten, vermittelt die Führungskraft den Mitarbeitenden Mut zum Unperfekten und stellt zwei wesentliche Fragen:

- Good enough for now? – Ist dieser Vorschlag gut genug für den gegenwärtigen Augenblick oder fehlt etwas?
- Safe enough to try? – Sind wir uns sicher genug, dass wir es ausprobieren können? Oder gibt es schwerwiegende Einwände oder könnte ein gravierender Schaden entstehen?

Falls nein, kann das Team einfach loslegen. Im Anschluss wird gemeinsam evaluiert, welches Ergebnis erzielt wurde.

2.6.3 Ballast 2: Zeitdruck

Es führt zu nichts Gutem, sich jeden Tag um 7:30 Uhr müde und mit dem Blutdruck im Keller ins Büro zu zwingen, wenn man erst um 9:00 Uhr geistig wach wird und allmählich zur Leistungskraft findet. Den eigenen Biorhythmus auszuhebeln, bringt aus dem Takt und schadet. Jeder Mensch tickt unterschiedlich und hat unterschiedliche Ressourcen. Was notwendig ist für die eigene Balance, bedarf einer realistischen Selbsteinschätzung. Der eine braucht 9 Stunden Schlaf, der andere 4 – so ist das eben, daran gibt es nichts zu hadern und nichts zu verändern.

Aus Publikationen zur Chronobiologie wissen wir, dass es weder durch Lichttherapie noch durch die Gabe von Melatonin gelingt, aus einem Morgenmuffel einen Morgenmenschen zu machen. Menschen lassen sich nicht einfach umpolen. Auch im Team gibt es Eulen und Lerchen – und zum Glück noch ganz andere Vögel.

Zeit ist nicht nur relativ, sondern auch individuell unterschiedlich. Die Aufgabe der Führungskräfte ist es, die Arbeit so zu organisieren, dass sie der eigenen Zeitbiologie folgen können und jede Einzelne im Team ebenso. Dafür stellen sich alle folgende Fragen:

- Wann bin ich wach und präsent?
- Um wie viel Uhr bin ich am leistungsfähigsten?
- Wann fühle ich mich erschöpft?
- Wie viel Zeit brauche ich für die Erholung?
- Wann ist Pause?
- Wann ist Schluss?

Unter dem Diktat der tickenden Uhr haben viele das Gefühl für den eigenen Biorhythmus verloren. Wir müssen von der These „Zeit ist Geld“ wegkommen und ein neues Verständnis von Zeit erlangen, wir müssen uns wieder öffnen für Auszeiten.

2.6.4 Ballast 3: Perfektionismus

Das vorzeigbare Leben, wie es in den sozialen Medien suggeriert wird, treibt die Erwartungen an sich selbst nach oben, denn die anderen sind ja offenbar so erfolgreich – Stichwort „Instagramable Life“. Doch ist das Bild, das die anderen von sich zeigen, die ganze Wirklichkeit? Natürlich nicht! Und selbst wenn sie es wären: Müssen wir wirklich perfekt sein? Wozu dieser Anspruch?! Das Runterfahren der eigenen Erwartungen an sich selbst hilft, den gefühlten Zwang, etwas erfüllen und irgendwelchen Bildern gerecht werden zu müssen, rauszunehmen.

Topperformerin als Führungskraft, Topaussehen mit großartigem Outfit und gestähltem Körper, Topreisen mit hochinteressanten Locations, Topbildung, Topkultur- und Topkunstverständnis, Topengagement im gesellschaftlichen Bereich, Toppartnerschaft, Topmutter ... all das zusammen lässt sich nicht realisieren, und doch streben viele genau das an. Diese und andere Ansprüche gilt es zu hinterfragen und eine Werteanalyse zu machen: Was davon ist mir wirklich wichtig? Welche Ansprüche gehören in die Abstellkammer?

Viele Führungskräfte überfordern sich permanent selbst. Menschen mit hohem Perfektionsstreben sind deutlich gefährdeter als Menschen, die gelassener sind. Ursache überzogener Leistungsideale ist häufig geringer Selbstwert. Jemand, der nur Anerkennung und Aufmerksamkeit von den Eltern erhielt, wenn er etwas leistet, kann kein Selbstwertgefühl entwickeln, er wird auch in Zukunft alles tun, um Lob vom Vorgesetzten zu erhalten. Bis zum Umfallen. Die antrainierten Muster sitzen tief: „Ich bin preußisch pflichtbewusst erzogen worden und lege großen Wert auf Pünktlichkeit und Perfektion“, sagte mir ein Geschäftsführer im Coaching. Um die eigenen Bedürfnisse und Potenziale mit den Anforderungen im Arbeitsleben in Einklang zu bringen, braucht es Achtsamkeit und Zeit.

Wie denken Sie über sich selbst? Ist Ihre Haltung Ihnen selbst gegenüber wertschätzend und liebevoll? Denken Sie besser über sich. Steigern Sie Ihren Selbstwert. Was hilft Ihnen, die eigene Stimmung nach oben zu fahren? Häufig hilft es, die Wahrnehmung auf positive Dinge zu lenken. Die Wahrnehmung führt – das Gefühl folgt. Statt sich Sorgen zu machen, können Sie sich überlegen, wofür Sie Dankbarkeit empfinden. So schauen wir auf das Positive statt auf Defizite. Nehmen Sie sich Zeit für die Änderung Ihrer Gedanken.

Ist es heutzutage überhaupt noch zeitgemäß, weiterhin gestresst durchs Leben zu hetzen? „Nein" müsste man antworten: Achtsamkeit, Entschleunigung, Selbstfürsorge ist mittlerweile in aller Munde. Dennoch ist der Managementalltag vom Highspeedtempo geprägt. Offenbar hat das Umdenken noch nicht die Praxis erreicht. Daher ist es *jetzt* eine gute Zeit, die eigenen Antreiber zu verstehen und sie loszulassen. Nehmen Sie sich die Zeit für die Reflexion, genießen sie dabei ganz entspannt einen Tee oder ein kristallklares Wasser.

Welche dieser Antreiber kennen Sie von sich selbst? Oder von Ihren Kolleginnen? Wie wäre es, wenn Sie sich selbst die Erlaubnis gäben, um anders auf die eigenen Antreiber zu schauen? Dazu möchte ich Ihnen in folgender **Tabelle 2-1** ein paar Beispiele geben:

Den inneren Antreiber verstehen

- Sei immer perfekt!
  - Hab alles unter Kontrolle und mache ja keinen Fehler.
  - Alles muss 100 % gut und fertig sein.
- Streng dich immer an!
  - Wenn du noch eine Stunde dranhängst, wirst Du es vielleicht schaffen.
  - Wenn du keine Pause machst und noch viele Überstunden, dann wird es schon schiefgehen.
- Sei immer anderen gefällig!
- Wenn du immer Ja zu allem sagst, lieben dich viele.
- Wenn du Aufgaben erledigst, für die eigentlich andere zuständig sind, bekommst du vielleicht ein Lob.
  - Wenn du nie Probleme oder Konflikte ansprichst, dann sind alle zufrieden mit dir.
- Beeile dich immer!
  - Lege immer sofort los und mache dir nicht zu viel Gedanken. Nur nicht nachdenken!
  - Was da liegt, muss sofort erledigt werden.
  - Überlege nicht, ob die Aufgabe auch später erledigt werden kann.
- Sei immer stark!
  - Führungskräfte sind immer stark.
  - Führungskräfte dürfen in der Männerwelt keine Schwäche zeigen.
  - Übernehme ruhig noch eine Aufgabe, du wirst das schon schaffen.
  - Du bist gut belastbar und kannst dich mit vielen Problemen anderer Menschen beschäftigen.
  - Sage ja nicht, dass es im Moment einfach zu viel ist.

2.6.5 Ballast 4: Sich mit anderen Vergleichen

Um zu sich selbst zu finden und seine eigenen wahren Ansprüche zu erkennen, hilft es, eine Angewohnheit aufzugeben, die sehr verbreitet ist: sich mit anderen zu vergleichen. Man ist unzufrieden mit sich und will so sein wie die anderen – dabei macht gerade das Sich-Messen an anderen noch unzufriedener. Es kultiviert innere Konflikte und schadet langfristig.

Bleiben Sie lieber bei sich selbst, schauen Sie auf Ihre eigenen Stärken und nicht auf die der anderen. Das heißt konkret: Ich lade mir nichts auf, was ich nicht kann oder was mich aufreiben könnte. Wenn andere neben dem Job noch zig Ehrenämter erfüllen, schön und gut. Aber wenn ich merke, dass meine Ressourcen aufgebraucht sind, brauche ich mir nicht noch privat die Aufgabe des Schatzmeisters im Yoga-Verein aufzuhalsen. Erst recht nicht, wenn ich nicht gut mit Zahlen umgehen kann.

Tabelle 2-1: Beispiele für die Erlaubnis für Antreiber

Antreiber	Erlaubnis
Sei immer perfekt!	• Du bist gut genug, so wie du bist. • Meist sind 90 % auch ausreichend!
Streng dich immer an!	• Tu es doch einfach, es wird viel leichter sein, als du denkst! • Du brauchst das Thema nicht mehr aufschieben! • Arbeit darf auch dir Spaß machen!
Sei immer anderen gefällig!	• Du darfst für dich sorgen! • Du wirst respektiert, wenn du auch mal Nein sagst. • Du sorgst für dich, wenn du konstruktive Konflikte führst!
Beeil dich immer!	• Nimm dir einfach die nötige Zeit! • Du darfst zwischen wichtig und dringlich unterscheiden! • Du darfst Aufgaben terminieren! • Terminierte Aufgaben musst du erst am Endtermin fertig haben.
Sei immer stark!	• Sei offen! • Es ist okay, wenn du deine Gefühle, Wünsche und Interessen ausdrückst! • Du darfst den anderen zeigen, dass es im Moment nicht geht. • Du darfst dir selbst Unterstützung holen!

Es geht darum, bei sich zu bleiben und sich selbst nicht im Außen zu verlieren. Konkret heißt es, die eigenen Bedürfnisse nicht zu überspringen und nicht – auf andere schielend – sich selbst fremdzugehen.

Nicht fremdgehen bedeutet auch, seine Energie und Stabilität nicht bei anderen zu suchen. Viele Menschen gucken auch deshalb so sehr auf andere, weil sie das Bedürfnis in sich tragen, sich bei anderen anzulehnen, als befände sich das Zentrum ihrer Schwerkraft anderswo als in ihnen selbst. Sie erwarten von ihrer Umwelt, dass sie ihnen liefert, was sie selbst nicht zu besitzen glauben: inneren Willen, Stärke, die Fähigkeit, zielgerichtet zu handeln, ja mitunter sogar das Leben selbst. Doch die größte Kraftquelle ist das eigene Zentrum. Jeder Einzelne von uns trägt eine Kraft in sich – und die gilt es freizulegen und anzuzapfen. Also: Less Ablenkung und Less Selbstirritation durch neidische oder sehnsüchtige Vergleiche.

2.6.6 Ballast 5: Wettbewerbsdenken

Eine andere Form des Vergleichens, das neben dem sehnsüchtigen, anlehnungsbedürftigen Vergleichen verbreitet ist, ist das sich abgrenzende Vergleichen: der Wettbewerb. Wir wollen besser sein als andere. „Grow or go" oder „up or out" sind berufliche Motivationsslogans aus internationalen Unternehmen, die den Wettbewerb befeuern. Sie folgen einem Jahrtausende alten Muster der Polarisierung, das das „Ich" und das „Du" trennt, das „Wir" und das „Ihr" unterscheidet. „Wir hier sind die Guten, Ihr da drüben seid die Schlechten." Das gilt für Klassenverbände, für Abteilungen, für Firmen, für sonstige Organisationen, für Länder. Doch konkurrierendes Messen führt zu Unzufriedenheit, Überdruss und Härte – nicht nur gegenüber denjenigen, mit denen wir uns vergleichen, sondern auch gegenüber den eigenen Bedürfnissen. Es hindert daran, aus der eigenen Kraft und nach den eigenen wirklichen

Wünschen zu leben und lähmt Entwicklung – und es hindert, die Potenziale von Zusammenhalt und Gemeinschaft zu erschließen. Also: Less Wettbewerb! Oder anders gesagt: „Wir sind mehr."

2.6.7 Ballast 6: Grenzüberschreitung

Bei sich und in seiner Energie zu sein, verlangt, eigene Grenzen zu erkennen. Der Ballast des automatischen Ja-Sagens gehört über Bord, stattdessen dürfen es öfter ein „Nein" und konkrete Stopp-Symbole sein, z. B.: „Ich sehe, dass Sie mir eine Terminanfrage für Mittwoch um 17:00 Uhr eingestellt haben. Das irritiert mich, denn sie wissen ja: Mir ist es wichtig, an diesem Tag zum Sport zu gehen. Ohne einen guten Ausgleich kann ich auch bei uns im Team nicht ausgeglichen und leistungsfähig sein. Daher bitte ich darum, dass wir das Meeting auf einen anderen Tag legen."

Stopp-Sagen heißt auch, sich selbst gegenüber zu akzeptieren, wenn eigene Grenzen erreicht sind. Beispiel: Wer krank ist, ist krank, und darf sich sagen: „Auch wenn die anderen jetzt meine Arbeit übernehmen müssen, brauche ich kein schlechtes Gewissen zu haben. Wenn ich vollständig genesen und erholt zurückkomme, bin ich auch wieder zu 100 % leistungsfähig – und fange dann unter Umständen den Ausfall eines anderen auf."

Die größte Grenzüberschreitung aber ist es, sich selbst zu verlieren. Eigentlich ist es doch ein beruhigender Gedanke: Man ist nie allein. Wenn sonst niemand mehr da ist, wenn keine Kolleginnen, keine Freunde helfen können, dann hat man wenigstens noch sich selbst – vorausgesetzt, man ist wirklich bei sich, kennt sich und lebt sich. Gerade in Stresssituationen ist diese Selbstvergewisserung sinnvoll. Hier helfen ein tiefer Atemzug und die Affirmation „Ich habe mich". Wer sich nicht hat, ist außer sich. Es ist gut, sich öfter vor Augen zu führen: „Ohne mich bin ich nichts. Und im Außen bin ich nicht bei mir." Mit dieser Gewissheit ist es leichter, gut für sich zu sorgen und nicht im Chaos des Führungsalltags zu versinken.

Üben Sie, Nein zu sagen. Ein Ja geht schnell über die Lippen. Ein gut reflektiertes Nein sorgt nicht nur für Ressourcenschonung, sondern vermittelt anderen gegenüber auch Klarheit und verbessert damit die Kommunikation.

2.7 Umgang mit Widerständen und Widersprüchen

Ein Unternehmen muss sich auf der einen Seite um das operative Geschäft kümmern, auf der anderen Seite Innovation und Kreativität leisten. Daraus ergibt sich ein Spannungsbogen. „Ambidextrie" steht für die Fähigkeit, widersprüchliche oder in einem Spannungsverhältnis stehende Handlungen parallel zu verfolgen.

Das Wort „Spannungsverhältnis" liest sich so einfach. Hat es aber in sich: Wenn der Vorgesetzte verspannt oder verkrampft ist, wird der anstehende Change-Prozess anstrengend und angstbesetzt sein. Kürzlich begleitete ich die Geschäftsleitung eines mittelständischen Unternehmens in einem Transformationsprozess. Die Firma stand vor einer großen Herausforderung: Es sollte ein Wechsel von konventionellen Mainframe-Rechnern zu cloudbasierten Interconnectivity-Plattformen und Open-Source-Programmierumgebungen stattfinden. Das bedeutete, Neuland zu erkunden. Smart Technology war die Richtschnur des Handelns für Morgen. Fertigungsabläufe sollten digitalisiert werden. Und es sollte zu Effizienzvorteilen für die Fertigung kommen. Der Druck auf die Führungskräfte stieg enorm. Der Widerstand in der Belegschaft gegen die geplanten Maßnahmen auch. Im Workshop mit den Führungskräften erörterten wir die wichtigsten Aspekte zu den Themen Leadership und Ambidextrie.

- Wie hoch ist meine Anspannung als Führungskraft?
- Wie hoch ist die Spannung und Verspannung im Team?

- Wie hoch ist die Anspannung im Team-Meeting?
- Welche Form von Entspannung ist möglich?

Für eine gute Diagnostik messen wir die Spannung Ihrer Führungskräfte im Unternehmen: Was würden Sie diagnostizieren, wenn man die Führungskräfte in Ihrem Unternehmen auf ihre Grundspannung untersuchen würde? Voll verspannt – oder total erschlafft? Das fängt bereits mit dem Tonus, also der Gespanntheit unserer Muskeln im Körper an.

Unsere Empfehlung dazu lautet: Verändern Sie Ihre Spannungsfrequenz und arbeiten Sie an Ihrer Leitfähigkeit (Führungsfähigkeit), um die internen Widerstände im Team zu senken. In der 7. Klasse wird in der Schule zum Thema Elektrotechnik das Ohm'sche Gesetz vermittelt. Das Ohm'sche Gesetz stellt den Zusammenhang zwischen Strom I, Spannung U und Widerstand R dar. Das Gesetz besagt, dass die Stromstärke I in einem Leiter und die Spannung U zwischen den Enden des Leiters direkt proportional sind. Die Formel $U = R \times I$ ist eine mathematische Darstellung dieses Gesetzes. Wenn wir nach R umformen, heißt das: Je höher der Widerstand in der Belegschaft, desto höher muss die Spannung sein, um die gleiche Stromstärke zu erzeugen. Bei gleichbleibender Spannung U und bei gleichmäßiger Erhöhung des Widerstandes R verringert sich der Strom I um 1/R. Das bedeutet, ein doppelt so großer Widerstand führt zu einer Halbierung des Stroms. Oder andersherum, eine Halbierung eines Widerstands führt zu einem doppelt so großen Stromfluss.

Wenn wir das Ohm'sche Gesetz also auf den Unternehmenskontext übertragen, bedeutet dies, dass der Innovationsstrom in Unternehmen durch den inneren Widerstand der Mitarbeitenden verringert wird. Eine unerwünschte Nebenwirkung ist, dass die notwendig höhere Spannung mit reflektorischer Verspannung der Mitarbeitenden mit steigendem Widerstand einhergeht.

Ein Mitglied der Geschäftsleitung einer Vertriebsorganisation äußerte sich im Coaching folgendermaßen: „Meine innere Verkrampfung äußerte sich in äußerer Verbissenheit. Nächtliches Zähneknirschen war für mich ein häufiges Symptom. Ich konnte nicht loslassen und habe mich immer weiter in Details festgebissen." Die Spannung der Mitarbeitenden manifestiert sich körperlich in Verspannungen: Nackenverspannungen, nächtliches Zähneknirschen, Magenschmerzen und Rückenschmerzen. Psychosomatische Symptome können als ein guter Parameter für den Widerstand in den Unternehmen verstanden werden.

Was bedeutet dies für das Thema Führung? In Workshops arbeiten wir mit Teams von Führungskräften daran, die Leitfähigkeit zu erhöhen und die Widerstände zu verringern. Der Führungsstil bestimmt die Leitfähigkeit und den Widerstand in Projekten. Führung heißt Leiten. Bei einigen muss die Leitung verkürzt werden. Bei einer Schulleiterkonferenz sagte eine Kollegin, dass uns Krisen nur härter und widerstandsfähiger machen. Doch sind wir nicht viel zu hart, eingesteift und verknöchert? Schauen wir uns nur die Überbürokratisierung in den Organisationen an. Das Wort „Resilienz" wird häufig mit der Erhöhung der Widerstandsfähigkeit in Verbindung gebracht.

Wir sind nicht der Auffassung, dass die Widerstandsfähigkeit und das Durchhaltevermögen erhöht werden müssen, da es genau das Gegenteil braucht: einen geringeren Widerstand. Je geringer der Widerstand und je höher die Gelassenheit, desto besser flutscht das Projekt. Das setzt wiederum voraus, dass die Führungskräfte selbst gelassen sind. Denn in der Anspannung wird nur Verkrampfung entstehen, was wiederum den Widerstand erhöht.

Es ist wissenschaftlich bewiesen, dass Ihr Gesprächspartner in einem Meeting Ihre Verspannung unbewusst wahrnimmt: Der vorgeschobene verkrampfte Kiefer, die gepresste Stimme, die Mimik und Gestik lösen im Gegenüber eine Alarmstimmung aus. Das vegetative Nervensystem ist auf Hochtouren. In einer solchen Unsicherheit fahren die Alarmsysteme hoch. Unbewusst nehmen Menschen die Anspannung der anderen wahr. Dafür sind die Spiegelneuronen im Gehirn verantwortlich: Das sind Nervenzellen, die uns das fühlen lassen, was wir bei unserem Gegenüber sehen.

Wie äußern sich Widerstände? Passive Aggression, Konflikte und Krankheitstage sind wichtige Parameter und können als Widerstand im Projekt eingeschätzt werden. Führungskräfte haben die Aufgabe, Sicherheit zu vermitteln. Das senkt den Widerstand und erhöht die Leitfähigkeit. Genau hier setzt der Frequenzwechsel® ein: raus aus der alten angestrengten Machen-Frequenz, rein in eine kokreative Gelingen-Frequenz durch Senkung des Widerstands.

Wie gelingt die Umsetzung einer gelassenen Haltung in Unternehmen, wenn wir den Aspekt Ambidextrie betrachten? Wir nutzen vier konkrete Ansätze:

1) Die Entwicklung einer neuen inneren Haltung bei den Führungskräften, die dieses Bewusstsein verkörpern und sinnstiftend vermitteln: Die innere Haltung der Führungskräfte beeinflusst den Teamspirit in Ihrer Organisation. Der Mindset-Change in den Köpfen der Topführungskräfte entscheidet, ob ein Transformationsprojekt tatsächlich erfolgreich sein wird. Zukünftig braucht es eine Haltung des Sich-Einlassens auf das Neue. Spielerische Experimentierfreude und Staunen, was alles geht und möglich ist. Der Inhaber eines mittelständischen Unternehmens sagte zu mir im Coaching: „In meinem Unternehmen habe ich eine große Entwicklungsabteilung mit 1500 Menschen – meine Mitarbeitenden!“ Diese Äußerung repräsentiert nicht das alte Kosteneinspardenken, sondern vermittelt das Potenzial, das es zu heben gilt.
2) Leading from the inside out: Ganzheitliche Verhaltensmaßnahmen werden in Schulungen für Führungskräfte und Mitarbeitende integriert. Ambidextrie lässt sich trainieren, damit Transformationen ermöglicht werden, die im Ergebnis leicht und anstrengungsfrei gelingen. Agile Methoden, Techniken und Tools sind wichtige Ausführungswerkzeuge zur Neuausrichtung von Unternehmen. Doch zuvor braucht es einen inneren Klärungsprozess auf der Ebene der Führungskräfte: Nicht die Methoden und Tools stehen im Vordergrund, sondern die Haltung der Unternehmensleitung und der Führungskräfte. „Leading from the inside out“ ist das Vorgehensmodell. Die Voraussetzung dazu ist eine innere Haltung, die Lockerheit und Gelassenheit ausstrahlt. Wir brauchen Führungspersönlichkeiten, die selbst ent-spannt sind. Erst dann wird es überhaupt erst möglich, das Potenzial von Menschen aus dem New-Work-Blickwinkel zu sehen, zu sehen, wie kokreativ gemeinsam Neues gestaltet werden kann. Der Umgang mit Widersprüchen und das Ansprechen persönlicher Bedürfnisse und Befürchtungen sind dazu wichtig. Und dazu braucht es einen intensiven Dialog auf der Beziehungsebene.
3) Steigerung der Resilienz, der Gesundheitsförderung und Salutogenese im Unternehmen: Damit sind nicht primär Maßnahmen im betrieblichen Gesundheitsmanagement gemeint. Sondern eine strategische Ausrichtung, wie gesundes Wachstum in Gelassenheit und ohne Anstrengung gelingt. Wichtig dabei ist, dass beispielsweise ein Training zu organisationaler Achtsamkeit eng mit Maßnahmen zur Steigerung der Agilität und Stärkung der Resilienz verknüpft werden muss.
4) Betrachtung des Unternehmens als Organismus, der durch gute Kommunikation stimmige Teambedingungen und intrinsisch motivierte Prozesse für eine organische Unternehmenskulturentwicklung schafft: Die Nutzung der Diversität und das Klären der gegenseitigen Erwartungen sind dazu essenziell. Stellen Sie sich folgende Fragen:
   - Was erwarte ich von mir selbst?
   - Was erwarten andere von mir?
   - Was erwarte ich von anderen?
   - Wie ist unser Teamspirit?
   - Wie gehen wir miteinander um?
   - Sind wir mutig und fehlerfreundlich?

- Sprechen wir Konflikte klar und deutlich an?
- Welches Klima herrscht in unserem Unternehmen?

2.8 Ach so! – Bewertung und Beurteilung verändern

Es ist, wie es ist. Punkt. Der Rest ist Interpretation. Ergebnisse und Erfahrungen bringen uns weiter auf unserem Weg der Weiterentwicklung. Dies begann bereits im Babyalter. Das 11-monatige Baby zieht sich überall hoch, versucht zu laufen, plumpst hin und steht wieder auf. Es fällt wieder hin und steht wieder auf. Immer und immer wieder probiert das Kind, zu laufen, bis es endlich freudestrahlend die ersten Schritte macht. Kein Kind käme auf die Idee zu sagen: „Das kann ich nicht, das lerne ich nie!“ Wir müssen es nur machen. Wenn es nicht gelingt, einfach wieder aufstehen. Irgendwann funktioniert es auch, wenn wir es wirklich wollen.

Sobald wir Dinge nicht mehr (negativ) bewerten, sondern staunend zur Kenntnis nehmen, scheitern wir auch nicht mehr. Wenn wir die Welt – und uns – neutral betrachten, dann erzeugt das Ergebnis unseres Handelns immer ein neutrales Resultat. Das hat mit Wahrnehmung, Erwartungen, Abstand und Bewertung zu tun. Ein schönes Motto könnte sein: Die Lage ist aussichtslos, aber nicht schlimm. Schlimm macht es nur unsere Bewertung. Das gleiche gilt für Fehler. Es gibt keine Fehler, sondern nur Ergebnisse. Diese bewerten wir dann in unserem Gehirn nach unserem Verständnis, filtern sie durch unsere guten und schlechten Erfahrungen, und heraus kommen sie als Fehler oder Erfolge. Fehler, Probleme und Konflikte sind dabei Wachstumschancen und Entwicklungsindikatoren – wenn wir sie nur richtig verstehen.

Wenn wir also den Betrachtungswinkel verändern, die Perspektive wechseln oder auf eine andere Frequenz schalten, ergibt sich eine Offenheit für Neues. Nur wer offen ist, findet das Unvorhergesehene. Ein aufgeschlossener, wacher, freier Geist schafft das mentale Fundament für kreative Impulse und unerwartete Einsichten. Dazu ist es wichtig, sich von gedanklichen Fixierungen zu lösen.

Ein typisches Beispiel: Welche Gedanken und welche Gefühle haben Sie bei dem Wort Arbeitslosigkeit? Fakt ist, dass es sich um einen Zustand handelt, bei dem Sie zurzeit kein Geld für eine Arbeit bekommen. In Deutschland nennt man dies „arbeitslos sein“. Und so klingt das auch. In den USA heißt dieser Zustand „in between jobs“. Wie klingt das für Sie? Es geht um einen Suchprozess, um eine Neuorientierung. Menschen bekommen Geld dafür, dass sie sich Gedanken darüber machen dürfen, was sie in Zukunft machen wollen.

Interessanterweise ist der Anlass gar nicht immer für die Entscheidung und das Verhalten prägend. Vielmehr ist die emotionale Bewertung ausschlagend, wie wir uns verhalten. Es liegt kein wirkliches Scheitern vor, sondern ein Gefühl des Scheiterns (siehe **Tab. 2-2**).

Zwei Dinge fallen ins Auge – das persönliche Können und das Wollen können in Lust oder Frust ausarten. Unser Können hängt von unserer Ausbildung, unserem Wissen, unserer Erfahrung und unseren Kenntnissen ab. Um dieses zu schulen, wird an der Befähigung gearbeitet.

Tabelle 2-2: Vierfeldermatrix von Zielerreichung und Zielsetzung

Auslösender Faktor	Ziel erreicht	Ziel nicht erreicht
Richtiges Ziel	Gefühl, erfolgreich zu sein: Die erreichte Leistung wird als Motivationsschub empfunden	Gefühl, gescheitert zu sein
Falsches Ziel	Gescheitert?	Gut gemacht?

Ganz anders beim Wollen. Hier geht es um die persönliche Bereitschaft, überhaupt etwas zu leisten. Die Bereitschaft ist nicht abhängig von Wissen oder einem Diplom. Einflussfaktoren sind persönliche Motivatoren, Sinnhaftigkeit, persönliche Werte, Zufriedenheit, Vertrauen, Respekt, Verständnis, Wertschätzung und das Gefühl, eingebunden zu sein.

Leider fokussieren viele Unternehmen immer noch darauf, was Mitarbeitende falsch machen, und zielen darauf ab, die Schwächen „auszubügeln". Das Resultat ist, dass der Misserfolg etwas geringer wird. Der Blick auf die persönlichen Stärken jedoch würde dazu führen, dass die Erfolge deutlich zunehmen könnten, da die Mitarbeitenden das machen, was ihnen wirklich liegt. Der Gallup-Engagement-Index 2020 zeigt, dass in Unternehmen der Fokus der Führungskräfte auf die Stärken des Mitarbeitenden entscheidend für das Engagement des Mitarbeitenden ist. Und die Bereitschaft ist ausschlaggebend für den Erfolg eines Unternehmens! Und auch unseres persönlichen Lebens. Tabelle 4-3 zeigt die vier Felder von Wollen und Können.

Unsere innere Bereitschaft ist ein maßgeblicher Antreiber. Wir dürfen also zwei Dinge hinterfragen – das Ziel und die eigene Einstellung (siehe **Tab. 2-4**).

Tabelle 2-3: Vierfeldermatrix von Wollen und Können

	Wollen	**Nichtwollen**
Können	• Leistung beflügelt – ausgeprägtes Erfolgsgefühl. • Ich kann etwas erreichen, was ich auch will. Dies steigert die Selbstwirksamkeit. • Motivation kommt von innen. • Lustprinzip: Ich mache, was ich will. • Die Arbeit ist ein Abenteuerspielplatz für Erwachsene. • Beispiel: Ein Pilot will Ausbilder werden auf einem Flugzeugtyp und wird es auch.	• Leistung wird als Anstrengung und Frust empfunden – kein Erfolgsgefühl. • Ich kann das, will es aber eigentlich gar nicht. • Motivation kommt von außen. • Frustprinzip: Ich mache nicht, was mir entspricht. • Für die Drecksarbeit bekomme ich ein Schmerzensgeld. • Beispiel: Ein Betriebswirt arbeitet erfolgreich im Controlling, hasst aber seine Arbeit und würde lieber einen Whiskey-Shop eröffnen.
Nichtkönnen	• Leistungsbereitschaft ist alles. • Ich kann (noch) nicht, was ich will, jedoch werde ich es lernen. • Motivation kommt von innen. • Prinzip der Neugierde und Lust. • Beispiel: Ein Hobbybastler will selbst Fliesen im Bad verlegen – es klappt aber nicht gut. Hier kann ein Kurs oder eine YouTube-Anleitung hilfreich sein	• Leistung ist eine frustrierende Qual. • Ich kann nicht, was ich nicht will. • Es gibt keine Motivation – es gibt eher ein Druck von außen. • Frustprinzip: Ich kann nix und bin nix. Der Selbstwert sinkt. • Beispiel: Eine Krankenschwester tut sich schwer mit dem Stress im Schichtdienst und es macht ihr auch keinen Spaß mehr – aber sie glaubt, dass sie es machen muss, weil sie denkt, dass sie keinen anderen Job bekommt.

Tabelle 2-4: Vierfeldermatrix von Ziel und Einstellung

	Das richtige Ziel	Das falsche Ziel
Die richtige Einstellung	Mit Spaß und Enthusiasmus machen Sie das, was Ihnen nach Ihren Potenzialen, Talenten und Fähigkeiten entspricht.	Sie können einige der Ziele erreichen, verschwenden aber viel Energie durch das Sich-Beschäftigen mit den falschen Themen. Die innere Ablehnung und der innere Widerstand sind hoch.
Die falsche Einstellung	Sie können Ihr Lebensziel nicht erreichen, wenngleich der Weg der richtige ist, da Ihre Einstellung falsch ist.	Das Leben ist für Sie keine Erfüllung, Sie werden es als Qual, als freudlos empfinden.

Wir fassen zusammen:

1) Es gibt eine Situation – und es gibt ein persönliches emotionales Erleben. Scheitern ist lediglich eine persönliche Bewertung eines Ergebnisses zu einer bestimmten Zeit. Mehr nicht. Wenn wir unsere Bewertung ändern, kann das gleiche Ergebnis – möglicherweise im Verlauf des Lebens – als ein Erfolg gewertet werden.
2) Das Gefühl, gescheitert zu sein, ist abhängig von den persönlichen Erwartungen, der eigenen Haltung und den individuellen Zielen.
3) Die Dinge anders zu sehen, setzt Reflexion, Abstandsfähigkeit und Akzeptanz voraus.
4) Es braucht einen anderen Blickwinkel, um den Erfolg hinter dem Scheitern zu erkennen. Dieses Verstehen kann der Impuls zu einer Persönlichkeitsentwicklung sein.
5) Unsere Bereitschaft hat einen maßgeblichen Einfluss auf das Erreichen von Zielen.

Unsere Gedanken erschaffen unsere Wirklichkeit und unser Leben. In unserer neuronalen Innenwelt inszenieren wir Wirklichkeit. Wir schrauben uns in Schreckensszenarien hinein. Das Drama im Kopf lässt sich jedoch auch abstellen, denn es bringt uns nicht in die Erfolgsspur.

Die Voraussetzung dafür ist, die Dinge wahrzunehmen, wie sie sind. Mehr nicht. Das Vermögen, den Wink des Schicksals wahrzunehmen und ihn richtig zu deuten, lässt sich trainieren. Dazu müssen Führungskräfte ihre Antennen für die Wahrnehmung schärfen.

Übung „Wahrnehmen“

Stellen Sie sich vor, dass Sie jedes Mal, wenn Sie sich über Ihre Kollegin oder Ihren Partner aufregen, laut schimpfen. Dies verbessert sicher weder Ihre Laune noch das Verhältnis zu Ihrer Kollegin oder Ihrem Partner. Stellen Sie sich weiter vor, dass Sie jedes Mal, wenn Sie über die Kollegin schimpfen, Ihre Armbanduhr vom linken Arm auf den rechten binden. Die Armbanduhr soll sie daran erinnern, dass Sie schon wieder geschimpft haben. Allein dadurch, dass Sie sich darüber bewusst werden, dass Sie meckern und dann Ihre Uhr wechseln müssen, führt dazu, dass Sie weniger schimpfen werden. Mittelfristig führt dies zu einer Veränderung des Bewusstseins und zu einer Änderung des Denkverhaltens. Irgendwann werden Sie weniger schimpfen – und auch weniger stark solche Gedanken hegen.
Sehr erfolgreich hat der Priester Will Bowen (2008) dieses Verfahren in seinem Buch „Einwand frei“ beschrieben, das ich sehr empfehle.

2.9 Puls-Check für Führungskräfte

- Was kann ich in Zukunft weglassen?
- Welchen Aspekt möchte ich vertiefen?
- Wovor habe ich Angst?
- Was hilft mir, mich der Fülle des Lebens anzuvertrauen?
- Wie schaffe ich es, mit meiner Aufmerksamkeit im Körper zu bleiben und Dinge im Außen zu beobachten?
- Wie schaffe ich es, meinen Körperscanner eingeschaltet zu lassen?
- An welcher seelischen Tankstelle kann ich wieder Energie auftanken?
- Wie kann ich mich entspannen?
- Welche Entspannungsverfahren entsprechen mir?
- Wann bin ich ganz präsent im Hier und Jetzt?

2.10 Auf den Punkt gebracht

Lassen Sie es gut sein – machen Sie eine Pause. Sie ist eine Stopp-Taste für den rastlosen Geist. Vor lauter Reizüberflutung wissen wir oft nicht mehr, wo uns der Kopf steht. Eine Pause ist wie ein Mini-Reset. Loslassen ist ein Schlüsselfaktor dazu.

Weniger ist mehr. So lässt sich entdecken, dass kreatives Weglassen Spielräume für Innovation entstehen lässt. Zudem kann durch das Einschlagen völlig neuer Wege ein ganz anderes Wachstumsverständnis erzeugt werden. Vielleicht entwickelt sich aus dem Verzicht auf Routine die Fülle neuer Chancen für die Wertschöpfung. Besser wären eine klare Orientierung, gelungene Kommunikation, Vertrauen und Spielraum! Probieren Sie es aus!

Nutzen Sie das Business-Fasten®, um mit weniger mehr zu erreichen. Lassen Sie Überflüssiges einfach los. Ordnung und Klarheit setzen ein, wenn die Gedankenstrudel entwirrt sind und das Wesentliche wieder sichtbar wird. Verzichten Sie jedoch nicht auf sich selbst und Ihre Lebensqualität.

Less is all you need. Schmeißen Sie überflüssigen Ballast über Bord. Folgende Aspekte dürfen Sie reflektieren:

- Less Selbstanpeitschen: Führungskräfte dürfen sich entpflichten und Gewissensbisse ablegen.
- Less Zeitdruck: Nutzen Sie Ihren eigenen Biorhythmus, statt starren Zeitvorgaben zu folgen.
- Less Selbstsabotage und Perfektionismus: Welche Ansprüche gehören in die Abstellkammer?
- Less Vergleichen: Das Vergleichen mit anderen Menschen schadet nur.
- Less Wettbewerbsdenken: Eine konkurrierende Haltung lähmt auf Dauer.
- Less Grenzüberschreitung: Bleiben Sie bei Ihren Ressourcen. Ein klares Nein kann Wunder wirken.

Verändern Sie die Spannungsfrequenz und senken Sie den Widerstand in Projekten. Mit weniger Verbissenheit und innerer Verkrampfung gelingt alles viel leichter. Führungskräfte haben die Aufgabe, Vertrauen innerhalb des Unternehmens zu schaffen und Sicherheit und Sinnhaftigkeit zu vermitteln. Das senkt die Widerstände im Projekt und erhöht den Innovationsfluss. Das setzt voraus, dass sie selbst entspannt und locker sind. Und sich auch trauen, sich auf etwas Neues einzulassen.

Seien Sie offen, Neues auszuprobieren. Schauen Sie genau hin und ziehen Sie keine voreiligen Schlüsse. Ohne Bewertung und Beurteilung haben wir mehr Platz für das, was ist.

Nutzen Sie Tools wie die Vierfeldermatrix von Wollen und Können sowie von Ziel und Einstellung, um Bedürfnisse, Hinderungsgründe und Scheitersituationen besser einordnen zu können. Schärfen Sie Ihre Antennen für die Wahrnehmung, für innere Antreiber und Glaubenssätze. So lassen sich blinde Flecken vermeiden und das Bewusstsein schulen.

3 Stufe 3: Emotionale Sicherheit und Verständnis schaffen

„Das Einzige, wovor wir Angst haben müssen, ist die Angst."
Franklin D. Roosevelt
(32. Präsident der USA, 1882–1945)

Im durchgetakteten Meeting werden häufig Tagesordnungspunkte abgehakt. Im einseitigen Sendemodus pushen Führungskräfte ihre Mitarbeitenden, was sie zu machen haben. Dabei werden die Fakten in den Vordergrund gestellt. Wir machen die Erfahrung, dass besonders in Onlinemeetings das persönliche Gespräch verstummt. Eingefrorene Gesichter, leere Augen – ein echtes Involvement findet nicht statt. Die Folge: Frustration.

Dieses Kapitel soll dazu beitragen, die Beziehung zwischen den Menschen durch Vermittlung von Sicherheit neu zu kalibrieren und die Möglichkeit zu echter Kommunikation und Resonanz zu schaffen. Diese Aspekte sind den wenigsten Führungskräften als Impact-Faktoren gelingender Führung bewusst. Hartmut Rosa (2016) hat mit seinem Buch zum Thema Resonanz den Grundstein für ein neues Verständnis ermöglicht.

In vielen Unternehmen wird über Resonanz geredet. Resonantia bedeutet Widerhall. Es geht um Echo, Nachhall, Nachklang und Mitschwingen. Wir kennen das vom Klavier: Das Anschlagen einer Taste führt dazu, dass alle Saiten, die mit dem angeschlagenen Ton resonieren, ebenfalls in Schwingung gebracht werden.

Übertragen auf den Führungsalltag bedeutet dies, dass Resonanz ein empathisches kokreatives Mitschwingen im Team erzeugt. In guter wie in schlechter Form. Denken Sie bitte dabei an eine Kollegin, die mit schlechter Laune und miesepetrigem Gesicht in Ihrem Team an einer Besprechung teilnimmt. Diese Stimmung überträgt sich auch auf andere Kollegen. Die Stimmung verändert sich. Ein Dur-Akkord klingt anders als ein Moll-Akkord. Fragen Sie sich:

- Wie sind Sie selbst gestimmt?
- Welche Stimmung strahlen Sie aus?

Wirklich wichtig sind nicht die Zahlen, Daten und Fakten, sondern wie wir miteinander umgehen. Werden die Menschen gehört und fühlen sie sich verstanden? Das beziehungslose und seelenlose Funktionieren im Korsett der Standards und Leitlinien der Unternehmen führt zu einem Versiegen der Motivation. Mitarbeitende klinken sich aus, statt sich einzulassen und miteinander einzugrooven.

Eine Besprechung wird häufig als verlorene Zeit eingestuft. „In der Zeit hätte ich auch arbeiten können", denken etliche Führungskräfte. Mitarbeitende spüren den Mehrwert der Zusammenarbeit häufig nicht (mehr). Echte Kokreation setzt einen Rahmen voraus, der Sicherheit vermittelt und gemeinsames Schwingen erlaubt.

Um das besser zu verstehen, lohnt ein kleiner Exkurs in den Aufbau des autonomen Nervensystems.

3.1 Polyvagaltheorie im Business sinnvoll nutzen

Viele Prozesse laufen in unserem Körper unbewusst ab. Unser autonomes Nervensystem sorgt für unsere Sicherheit, unabhängig davon, was gerade im Außen passiert und was wir gerade machen. Wir fühlen uns wohl, wenn dieses autonome Nervensystem in Balance ist. Wir können uns das autonome Nervensystem wie einen Schäferhund vorstellen, der als guter Wach- und Schutzhund ständig aufpasst und immer dann durch Bellen Alarm schlägt, wenn dem Körper im Außen eine Gefahr droht.

In der Physiologie lernten wir, dass das autonome Nervensystem aus zwei Systemen besteht, dem Sympathikus und dem Parasympathikus. Der amerikanische Wissenschaftler Stephen Porges von der Universität Illinois hat mit seinen Studien die bisherigen Annahmen über das autonome Nervensystem erweitert. Er hat gezeigt, dass sich der Parasympathikus in einen dorsalen (hinteren) und ventralen (vorderen) Vagusstrang teilt, die für unterschiedliche Aufgaben zuständig sind. Diese Unterteilung in einen vorderen und hinteren Vagusstrang hat zu der Polyvagaltheorie (poly = viel, Vagus = 10. Hirnnerv) geführt.

Stephen Porges (2001) teilt die Funktionsweise des autonomen Nervensystems in drei Stufen auf und hat dafür den Begriff der Neurozeption geprägt. Dieser Ansatz verdeutlicht, dass unser autonomes Nervensystem Sicherheit und Gefahr hauptsächlich durch Körper- und Sinnesempfindungen wahrnimmt. Diese drei Stufen sind insbesondere für ein Verständnis von Stress im Business-Kontext für Führungskräfte relevant:

Phase 1. Wenn der Parasympathikus aktiviert ist, sind wir entspannt und fühlen uns sicher. Unser Social-Engagement-System bestimmt in dieser Phase unser Verhalten. Wenn in diesem Zustand eine Herausforderung auftaucht, versuchen wir zunächst, diese auf soziale Art und Weise zu lösen – wir kommunizieren, kooperieren und bitten andere um Hilfe. Gefühlte Sicherheit ist die Voraussetzung für Wohlfühlen und entspanntes Leistungsvermögen.

Phase 2. Wenn die Situation stressiger wird und diese Lösungsversuche nicht ausreichen, wird der Sympathikus aktiviert. Im „Fight or Flight"-Modus funktionieren Kommunikation und Kooperation nicht mehr entspannt. Im Sinne einer Mobilisierung werden Ressourcen zur Verfügung gestellt und eine körperliche Bewegung initiiert. Die Reaktion kennen Sie sicher: Der Puls beschleunigt sich, der Blutdruck steigt, Sie beginnen zu schwitzen, die Atmung wird schneller, die Muskeln verändern ihren Tonus in Richtung Anspannung und die Stimme klingt höher und gepresster.

Stress, Belastungen, Sorgen, Konflikte am Arbeitsplatz und enormer Zeitdruck werden von unserem autonomen Nervensystem als Bedrohungen eingestuft. Diese Situationen führen zu einer akuten Stressreaktion – der Sympathikus wird aktiviert. Ihr autonomes Nervensystem funktioniert genauso, wie es soll: Es reagiert in ganz bestimmten Mustern auf gefühlte Bedrohungen. Um beim Bild des Schäferhundes zu bleiben: Er schlägt Alarm.

Im Businesskontext können diese jedoch nicht durch Mobilisierung im Sinne von körperlicher Bewegung gelöst werden. Die gestressten Mitarbeitenden sitzen weiter auf ihrem Stuhl – obwohl jetzt eine aktive Bewegung richtig und wichtig wäre.

Phase 3. Bei ständiger Belastung und im Dauerstress kann das autonome Nervensystem in den Erstarrungsmodus rutschen – der hintere Teil des Nervus vagus wird aktiviert. Droht dem Körper eine ernsthafte Gefahr, drosselt der Parasympathikus die Organsteuerung auf ein Minimalniveau. Das ist das primitivste aller Schutzsysteme. Das Sich-Totstellen bei Gefahr äußert sich als Erstarren oder Einfrieren. Sichtbar wird dies durch Bewegungslosigkeit, Kraftlosigkeit oder emotionales Ausschalten. Diese Reaktion ist typisch für ein Trauma. Weder Kommunikation noch Bewegung und Mobilisierung reichen aus, um aus der „Falle" herauszukommen. Ein typisches Symptom einer solchen

Erstarrung ist ein Blackout" in einer Prüfung. Das Herzrasen vor einer wichtigen Präsentation kann ebenfalls so eingestuft werden.

Fakt ist: Stresssignale, die unser Nervensystem empfängt, veranlassen unser autonomes Nervensystem zu Defensivreaktionen. Vor diesem Hintergrund lassen sich die Verhaltensweisen auf Stresssituationen im Führungsalltag besser einordnen. Depressive Phasen können als nachvollziehbare Erstarrungsreaktion auf zu lang andauernden Stress gewertet werden. Das Spannende dabei ist, dass es nicht darauf ankommt, was Sie selbst als stressig empfinden. Relevant ist nur, wie Ihr autonomes Nervensystem eine Situation bewertet.

Insbesondere bei Menschen, bei denen Stress und Belastungen extrem hoch sind, die also permanent im Overdrive-Modus sind, ist die Fähigkeit des automen Nervensystems, Entspannung herbeizuführen, stark eingeschränkt. Überall blinken Alarmlampen. Gefühlt geht es um Leben und Tod.

Wenn jemand eine starke Stresssituation, eine massive Belastung oder ein traumatisches Ereignis erlebt hat, kann in einer neuen Situation, die diese traumatische Erfahrung triggert, so reagieren, als ob er sich wieder in der traumatischen Situation befindet, da das Nervensystem in der Vergangenheit festhängt. Bereits beim geringsten Auslöser kann also der Kampf- oder Weglaufmodus getriggert werden. Ein Geschäftsführer eines IT-Unternehmens drückte es so aus: „Ich fühle mich permanent wie auf einem Segelboot auf hoher See in Seenot. Ich kämpfe mit den Wellen und gegen die Müdigkeit und habe ständig Angst, dass ich kentern könnte. Die Kräfte schwinden und es gibt keine Hilfe. Nachts kann ich kaum mehr schlafen, in Meetings erlebe ich Panikattacken." De facto war er nicht bedroht, aber er fühlte sich so. Mithilfe von Entspannungstechniken gelingt es, diese aufgebrachten Menschen wieder zurück in den gefühlten „sicheren Hafen" zu bringen.

Die gute Nachricht: Führungskräfte können lernen, zwischen stressbedingter Anspannung und Entspannung zu pendeln. Durch konkrete Entspannungsübungen gelingt es, Überlastung zu vermeiden und so trotz eines hohen Stresspegels im Business das eigene System zu regulieren. Wie bei einem Muskel lässt sich das autonome Nervensystem durch das Pendeln zwischen den Aktivierungszuständen trainieren, schneller zur Entspannung zurückzufinden. Die Stimulation des Vagus-Nerven ermöglicht ein Herunterfahren des Alarmzustands. Dies hat eine Auswirkung auf die persönliche Resilienz, die Power und die Selbstwirksamkeit.

Das menschliche Hirn reagiert auf Herausforderungen in der Weise, dass es die lebenserhaltenden Funktionen des Körpers aktiviert. Dazu gehört auch, Bindungsgefühle zu steuern: Für das Überleben des Menschen ist es wichtig, in einer sicheren Umgebung zu sein. Um dies herauszufinden, kommunizieren sie innerhalb ihrer sozialen Gruppe. Mitarbeitende machen dies im Unternehmen genauso. Die Vermittlung von Sicherheit ist daher eine wichtige Führungsaufgabe.

Wissenschaftliche Arbeiten haben belegt, dass es regulative Rückkopplungsmechanismen in Form von Feedbackschleifen zwischen Eingeweiden (Herz, Lunge, Darm, Nieren) und höheren Hirnstrukturen gibt. Die Feedbackschleife hat zwei Auswirkungen: Einerseits können Rahmenbedingungen im Job, die Arbeitsumgebung und die subjektiven Erfahrungen physiologische Zustände des Körpers beeinflussen. Andererseits können physiologische Zustände die Fähigkeit, im Job mit belastenden Herausforderungen umzugehen, einschränken.

Die Polyvagaltheorie ermöglicht es, soziales Verhalten aus einer anderen Perspektive zu betrachten. Die Theorie unterstreicht, dass der Spielraum für soziales Verhalten durch den physiologischen Zustand eingeschränkt wird. Sie zeigt auch, dass Mobilisierung und gezieltes Training sinnvolle Strategien sein können, um Angst- oder Stresszustände zu verlassen und leistungsfähiger zu werden.

Was bedeutet dies für die Führungskräfte? Stellen Sie sich vor, Sie leiten ein Assessment-

Center. Dabei spüren Sie, dass der Bewerber sehr aufgeregt ist. Nutzen Sie Ihre sozialen Fähigkeiten, damit sich der Bewerber in Sicherheit fühlen und sich beruhigen kann. Lächeln Sie ihn an, halten Sie freundlichen Blickkontakt, zeigen Sie zugewandte Gesten wie Kopfnicken, sprechen Sie ruhig und freundlich und lassen Sie die Besprechung in einem ruhigen, angenehmen Raum stattfinden.

Das führt nicht nur dazu, dass sich der Bewerber entspannt, sondern es lassen sich auch bessere Ergebnisse im Assessment-Center erzielen.

Die Gültigkeit der Polyvagaltheorie ist noch Gegenstand der Diskussion. Aus unserer Sicht ist sie ein wichtiger Impuls, wie es Führungskräften gelingt, aus einem Zustand von Daueralarmismus und Hypererregbarkeit wieder in die Entspannung und damit in die Power zurückzukehren.

3.2 Unsicherheit – Verunsicherung – Versicherung – Sicherheit

Unsicherheit und Verunsicherung fühlen sich für viele gefährlich an und führen schnell zu Sorge und Angst. Sie wollen Sicherheit, Gewissheit und brauchen die Kontrolle, dass sie alles im Griff haben. In Unternehmen werden dazu Szenarien durchgespielt, Presseauftritte von Geschäftsführerinnen werden durch das Vorwegnehmen möglicher Fragen und Antworten intensivst vorbereitet, nur um nichts falsch zu machen. Je besser die Vorbereitung, so die Annahme, desto höher die durch Kontrolle erzeugte Sicherheit. Doch meist entsteht durch ein solches Vorgehen nur Stress. Für andere braucht es keine große Vorbereitung: Sie reden aus dem Stegreif und genießen die Energie im Austausch miteinander.

Führungskräfte ticken unterschiedlich: Die einen planen den nächsten Karriereschritt oder den Umzug ins Ausland, greifen nach der Chance und machen es einfach. Andere zögern mit dem Wechsel in ein anderes Unternehmen. Eine Führungskraft sagte dazu im Coaching: „Der neue Job ist für mich wie ein ungedeckter Scheck. Ohne Sicherheiten mache ich nichts, das könnte bös enden." Ihr ging es um die Sicherheit, dass alles klappt und es nicht zu unvorhersehbaren Überraschungen kommt. Doch genau hier liegt der Trugschluss: Auch in der bisherigen Firma ist das Verbleiben keinesfalls sicher. Wenn Vorgesetzte ausgetauscht werden oder sich die Rahmenbedingungen ändern, verändert sich auch im jetzigen Unternehmen vieles oder alles. Auch das ist ein ungedeckter Scheck.

Wenn die wichtigste Grundlage für jede Entscheidung die Sicherheit ist, dann ist es auch nicht möglich, sich weiterzuentwickeln und persönlich zu wachsen. Denn wir machen einfach weiter wie bisher, verharren in der Komfortzone. Je unbekannter das Terrain, je größer die gefühlte Verunsicherung, desto mehr steigt der Wunsch nach Versicherungen. Jedoch gibt es im Leben keine Versicherung gegen jedwede Risiken und Unwägbarkeiten. Für all unser Handeln zahlen wir einen Preis. In Form von Versicherungsprämien. Möglicherweise aber auch in Form von nicht erlebten Qualitäten im Leben.

Sicherheitskonzepte seien der Garant für die Vermeidung von Arbeitsunfällen. Die Sicherheit geht vor – so steht es in vielen Broschüren. Die Sicherheit und die Gewährleistung von Schutz ist das Wichtigste. Dafür müssen Abstriche in der Kreativität gemacht werden. Schutzausrüstungen, Arbeitsschuhe, Schutzanzüge, Handbücher, Konzepte, Fehlervermeidungsvorschriften und Gefahrvermeidungsanweisungen prägen den Alltag. Dabei wird vergessen, dass wir nicht alles kontrollieren können. Wir können jedoch Bedingungen dafür generieren, dass Unfälle und andere Risiken bestmöglich vermieden werden. Zusätzlich braucht es einen bewussten Entschluss, ein Risiko einzugehen, eine Herausforderung anzunehmen, bei der so gut wie nichts sicher ist.

Die VUCA-World – die vier Herausforderungen der digitalisierten Arbeitswelt – macht ein Umdenken erforderlich. Das Business wird instabiler, flüchtiger und vor allem unerwarteter (Volatilität). Die Vorhersagbarkeit nimmt ab und die Planbarkeit wird unsicherer (Unsicherheit). Prognosen und bisherige Erfahrungen aus der Vergangenheit als Grundlage für die Ausgestaltung von Zukunft verlieren ihre Gültigkeit und Relevanz. In der VUCA-World werden die Probleme vielschichtiger und schwerer zu durchdringen (Komplexität). Ebenen verschieben sich und das Erkennen von Zusammenhängen wird unübersichtlicher. Die Anforderungen des New Work sind teilweise widersprüchlich und mehrdeutig (Ambiguität). Die alte Regel „one fits all“ gilt nicht mehr. Statt von der Stange braucht es individualisierte Lösungen. Die Aufteilung in Schwarz und Weiß reicht nicht mehr. Bunt ist gefragt. Sicher ist, dass nichts mehr sicher ist. Business-Modelle befinden sich in einer Phase ausgeprägten Wandels. Vielen Führungskräften raubt jedoch genau diese Unsicherheit den Schlaf und manchmal auch den letzten Nerv.

Sicherheit lässt sich nicht mit der Suppenkelle schöpfen. Eine positive Entwicklung von Geschäftsmodellen bedarf der Konfrontation mit Unsicherheit und Risiken. Früher sind Kinder auf Bäume geklettert. Das hat viel Spaß gemacht. Tarzan hat sich über die Liane von Baum zu Baum geschwungen. Heutzutage müssen die Klettergerüste ISO 9000 zertifiziert und vom TÜV abgenommen werden. Das ist ein wichtiger Beitrag zu Vermeidung von Unfällen. Dennoch ist es die Aufgabe von Führungskräften, Mitarbeitende nicht mit Angst und Sorge einzuschüchtern, sondern ihnen Zuversicht und Mut zu vermitteln, agil und mutig Neues auszuprobieren. Bei Führungskräften braucht es ein stabiles Selbstwertgefühl, um selbst mutig zu sein und zu führen.

Die Message an die Mitarbeitenden sollte nicht heißen: „Passen Sie auf, dass bloß nichts schiefgeht“, sondern „Trauen Sie sich, Neues auszuprobieren“. Die Haltung dahinter ist ein gelassenes, Vertrauen erzeugendes Angebot an die Mitarbeitenden, experimentell die eigene Selbstwirksamkeit zu stärken. Damit wird Sicherheit erzeugt.

In der fragilen Welt von New Work braucht es Risiken und Fehler, damit wir uns und das Unternehmen gesund weiterentwickeln können. Führungskräfte dürfen Neugier und Lust auf Neues vermitteln. Das heißt nicht, dass sich Mitarbeitende in Gefahr begeben sollen. Es geht lediglich um eine Einladung, die Komfortzone zu verlassen, um Neues auszuprobieren.

Bungee-Jumping, Motorrad-Fahren, Down-Hill-Biking, Fallschirmspringen, Drachenfliegen und Achterbahnfahren können viel Spaß machen. Das experimentelle Aufgeben von Sicherheit, um sie schließlich wiederzubekommen, ist ein echter Nervenkitzel. Diese Mischung aus Furcht und Hoffnung, dass es klappt, vermittelt Lust. Führungskräfte dürfen eine Haltung vermitteln, die eigenen Fähigkeiten in einem neuen Grenzbereich auszuloten, um sich neu und anders zu erfahren. Wenn es geklappt hat, verstärkt dies die Selbstwirksamkeit.

Umgekehrt kann zu viel Sicherheit auch Langeweile auslösen. Eine Führungskraft drückte sich im Coaching so aus: „In meinem voll klimatisierten Wohlstandscontainer fühlte ich mich im Büro innerlich wie abgestorben. Es gab keine starken Emotionen mehr, wofür ich wirklich brannte und die mich mein Leben spüren ließen. Alles war geregelt und lief in super smoothen Bahnen. Aber ohne Regung.“ Der motivationale Kick für ein Projekt wird sich nicht einstellen, wenn der weitere Weg schnurgerade vorprogrammiert ist. Unsere Erfolgskurve ist am steilsten, wenn neben der Hoffnung auf Erfolg auch die Gefahr des Scheiterns mitschwingt. Die intrinsische Motivation ist höher, wenn Unsicherheit mitspielt. Als Führungskraft können Sie vermitteln, dass nicht alles machbar ist und das Leben nicht sicher ist. Schaffen Sie Anreize für Mitarbeitende, sich auszuprobieren. Und bleiben Sie selbst dabei tiefenentspannt. Es wird schon klappen.

Risiken und Unsicherheit gehören zum Leben dazu. Es braucht auch verwegene mutige Unternehmerinnen und Führungskräfte und eben nicht nur Sicherheitsberater, die uns sagen, welche Gefahren eintreten und was wir dagegen tun könnten. Vorschriften, Anweisungen und Konzepte, die alles regeln, maßregeln und dadurch Eigenverantwortung und Gestaltungsspielräume einschränken, vermitteln nicht wirklich Sicherheit. Sie erzeugen Enge und Unsicherheit. Wenn die Angst im Sturm steht, können wir keine Tore schießen.

Um sicher in der Unsicherheit zu führen, braucht es vor allem Mut. Disruptive Veränderungen bedeuten eine Veränderung des Absicherungsdenkens hin zu mehr Erlaubnis. Das ausschließliche Schielen auf Sicherheit kann eigene Entwicklungsmöglichkeiten und Wachstumschancen stark einschränken. Das geht bei vielen lange gut: Bis zur Midlife-Crisis mit Anfang 50 Jahren, bei der sich die Sinnfrage stellt: Wozu mache ich das alles überhaupt? Was ist der Sinn? Insbesondere die Frage nach dem Wozu und dem Warum ist die Grundlage von Sinnhaftigkeit.

„Ich muss ja zufrieden sein", sagte ein Bereichsleiter einer Vertriebsorganisation auf die Frage, wie es ihm ginge. Doch zwischen Zufriedenheit und Langeweile liegt ein schmaler Grat. Was es in einer solchen Situation braucht, ist, auf uns selbst zu schauen und dem zu vertrauen, was uns als Mensch ausmacht und was uns stark macht. Unsicherheit kann eine enorme Triebkraft für Veränderung sein. Wenn wir nicht in Angst und Sorge, sondern mutig, entspannt und gelassen sind und mit Abstand auf uns selbst und die Dinge schauen können. Mutig zu sein, unterstützt uns, neue Möglichkeitsräume zu betreten, die außerhalb der bekannten (Un-)Komfortzone und jenseits der ausgetretenen Pfade liegen.

Nicht die Ereignisse in unserem Alltag sind das Problem, sondern das Getue, das unser Verstand um die Gegebenheiten des Lebens macht. Viele Führungskräfte wollen alles in den Griff kriegen. Es geht um Machbarkeit und um Kontrolle. Alles muss so organisiert und strukturiert werden, dass ja nichts passiert. Sie wollen die Trümpfe der Beherrschbarkeit in der Hand halten. Nicht mehr die Zügel in der Hand zu haben, ist für viele Führungskräfte schwer. Nicht nur in Change-Projekten. Das Abgeben von Macht wegen einer Reorganisation oder eines Hierarchieabbaus bringt bei manchem das gesamte Selbstbild ins Wanken. Vielen Führungskräften ist die eigene identitätsstiftende Position extrem wichtig. Wenn das wegbricht, wird es mulmig. Dahinter steckt häufig die Vermeidung von Ängsten, dass eben nicht alles beherrschbar erscheint. Um sich auf die Unwägbarkeiten des Lebens und der Unabwägbarkeit der Lebendigkeit einzulassen, bedarf es eines Gefühls an Sicherheit.

Ein großer Schritt zur Vermittlung von Sicherheit besteht darin, Kontrolle grundsätzlich zu erlauben. Sie müssen nicht alles loslassen, was Sie (wovor auch immer) schützen sollte. Sie dürfen z. B. bei einer Meditation oder einer Fantasiereise die Einladung zum Loslassen und zur Entspannung in Ruhe betrachten. Wieweit sie loslassen und entspannen, bestimmen Sie selbst. Auch hier dürfen Sie sich ausprobieren, in dem Sie den Grad des Loslassens und den Grad der Kontrolle situativ variieren.

Das Wort „Sicherheit" enthält das Wort „sich". Sobald ich mich habe und ganz bei mir bin, bin ich sicher. Daher ist es gut, wenn wir bei uns sind statt außer uns. Wichtig sind folgende Aspekte:

- Ich bin okay.
- Ich darf mir selbst zuhören.
- Ich darf so sein, wie ich bin.
- Ich darf das sagen, was mir wichtig und am Herzen liegt.
- Ich werde gehört. Mir wird zugehört.
- Ich darf ausreden.
- Ich darf eine Grenze aufzeigen.
- Ich darf Nein sagen.
- Ich darf für mich sorgen.

So gelingt es, in Eigenverantwortung den Grad des Loslassens selbst zu bestimmen – ohne dabei Unsicherheit zu verspüren.

Sicherheit zu vermitteln, ist eine wichtige Führungsaufgabe. Dazu ist es wichtig, den Mitarbeitenden zu verdeutlichen, dass sie sich Hilfe holen dürfen. Es ist okay, Folgendes zu äußern, wenn der Satz nicht in die Hilflosigkeit, sondern in die eigene Kraft führen soll:

- Da bin ich momentan überfragt. Daher werde ich mich schlaumachen, wie wir zur Lösung kommen.
- Ich weiß es derzeit nicht. Daher werden wir im Team beraten, wie wir vorankommen können.
- Ich brauche Unterstützung. Daher frage ich Kollegen um Hilfe, damit es schlussendlich klappt.
- Ich habe einen Fehler begangen. Das ist eine große Chance, die Dinge in Zukunft anders zu gestalten.
- Es tut mir leid. Hier müssen wir umdenken und anders handeln.

Jeder dieser Sätze drückt unser Menschsein aus und vermittelt Eigenverantwortung. Wir sind keine Roboter. Wenn wir anerkennen, dass wir ein fehlbarer Mensch sind, geben wir anderen die Erlaubnis, es auch zu sein. Wenn wir unsere eigene Maske ablegen und uns zeigen, wie wir wirklich sind, helfen wir anderen, sich auch authentisch zu zeigen. Wichtig ist nicht die Rolle, die wir spielen, sondern unsere Persona. Das Anerkennen unserer Nichtvollkommenheit ist ein erster Schritt in Richtung Selbst-Versicherung und Selbst-Vergewisserung.

3.3 Angst in Handlungsenergie verwandeln

Schatz des Lebens
Nur wenn wir in den Abgrund hinabsteigen,
finden wir die Schätze unseres Lebens.
Dort, wo du stolperst, liegt dein Schatz.
Genau die Höhle, die du dich fürchtest
zu betreten,
erweist sich als die Quelle dessen,
was du suchst.

Joseph Campbell (Professor und Publizist auf dem Gebiet der Mythologie, 1904–1987)

Das heißt konkret: Die Höhle, vor der wir uns fürchten, enthält den Schatz, den wir suchen. Angst kann ein guter Richtungsweiser für persönliche Entwicklung sein. Im Kontext von Stress, Belastungen, Erschöpfungszuständen und Burnout begegnen wir immer mehr Führungskräften, die Angst- und Panikzustände erleben. Angstvolle Überzeugungen machen uns unbeweglich und starr. Das Wort „Angst" ist häufig mit Enge assoziiert. Im Business kann es z. B. die Angst sein, Fehler zu machen, nicht gut genug zu sein, nicht mehr mithalten zu können, nicht mehr dazuzugehören.

3.3.1 Übung „Teamaufstellung"

Einstieg. Reflektieren Sie die unterschiedlichen Player Ihres inneren Teams. Rufen Sie dazu eine Teamsitzung Ihrer inneren Mannschaft zusammen. Sie leiten diese Teamsitzung. Jeder Spieler darf sich zu Wort melden. Dabei sind vor allem die Gefühle wichtig, die sich zeigen werden. Beschreiben Sie sie und bewerten Sie sie nicht. Jedes Statement ist wertvoll, da es die Selbsterkenntnis stärkt und die Reflexionsfähigkeit erweitert. Behandeln Sie also alle Spieler gleich: Das dient der Selbstwertschätzung und dem Respekt sich selbst gegenüber.

Fallbeispiel Sascha Sorgentief

„Mir schwirrt so viel durch den Kopf ... Ich weiß gar nicht, womit ich beginnen soll" – so ging es Sascha Sorgentief am 14. Juni um 11:23 Uhr. Er war einer dieser Powerworker, die wie ein Schweizer Uhrwerk funktionierten. Obwohl er beruflich sehr weit gekommen war – immerhin hatte er es bis zum Bereichsleiter in einem renommierten Unternehmen der Autobranche in Stuttgart gebracht und war gerade zum Prokuristen ernannt worden –, spürte er tief in sich, dass er ängstlich war. Er hatte das Gefühl, dass ihm die Energie durch die Finger rann, dass er verbissen kämpfen musste, um erfolgreich zu sein, er litt immer unter Maxi-

malstress und verspürte eine ungeheure innere Leere. Als er vor 13 Jahren in diesem Unternehmen angefangen hatte, war er noch begeistert, er sprühte vor Energie, war erfüllt von dieser Arbeit – mit voller Leidenschaft für den Rennsport und schnelle Autos. Jetzt, kurz nach seinem 45. Geburtstag, spürte er mehr seine Knochen und machte seine Arbeit mit professioneller Routine – aber ohne inneres Feuer – und mit immer mehr Angst ...
War das wirklich schon alles? „Life is a journey and not a guided tour", schoss es Sascha durch den Kopf. Noch hatte er die lehrbuchartige Faktenterminologie des letzten Conference-Calls im Ohr, als ihn diese Angst überkam. „Wie lange geht das hier noch gut?", durchzuckte es ihn „an diesem meinem 45. Geburtstag?". Inmitten der Informationsflut von E-Mails, WhatsApp-Nachrichten von seiner Assistentin mit Namen all der Personen, die unbedingt zurückgerufen werden sollten, und derer, die um eine persönliche Rücksprache baten, sowie den Bergen an Projekten in all den farbigen Hüllen auf seinem riesigen Schreibtisch hielt er an und inne. Für heute hatte er genug. Und dann auch noch die anstehende Reorganisation. Eine international renommierte Unternehmensberatung sollte dazu die Federführung übernehmen, die bei Sascha zu Schlafstörungen geführt hatte. Er war am Ende seiner Kräfte. Tausend Gedanken und ein brennender Wunsch beschäftigten seine Neuronen: raus aus dem Budenmief und intensiv und wieder authentisch leben.
Er lief wortlos durch sein Büro, suchte seine Tasche, schnappte sich die Autoschlüssel, ging zum Aufzug, fuhr in die Tiefgarage, sprang in sein Auto, knallte die Tür zu und fuhr los. Einfach weg. In Richtung Süden und dann immer geradeaus. Er musste sich wieder spüren und sich selbst wieder begegnen. Dieses Tempo bei der Höllenfahrt im Management konnte er so nicht weiter mitmachen. Irgendwo kurz vor Wolfratshausen bog er links ab. Vor ihm lagen wunderschöne Berglandschaften. Er hielt den Wagen an, schaltete den Motor ab und stieg aus. Er begann zu gehen. Genau genommen aber ging es ihn. Weiter und weiter. Er dachte über den heutigen Tag nach und an sein bisheriges Leben. An einer Wiese setzte er sich auf eine Bank, zog seine Schuhe und Strümpfe aus und spürte über die nackten Füße die Verbindung seines Körpers zur Erde. Er schloss die Augen, atmete tief ein und richtete seine Aufmerksamkeit nach innen.
Nachdem er bei sich angekommen war, rief er seine „innere Mannschaft" zusammen, mit der er sich zu einer Segeltour verabredete, um mal was ganz anderes zu machen.
Wind kam auf. Alle Spieler waren auf dem wunderschönen Boot. Die Wellen wurden höher und das Schiff schaukelte spürbar. Und als sie so zusammensaßen, stand plötzlich der „innere Krieger" auf und sagte: „Das Leben ist doch erst dann schön, wenn wir so spielen können, wie wir wirklich wollen, statt immer nur nach der Pfeife anderer zu tanzen." „Ja", sagte der Spaßvogel – „und außerdem ist das Leben doch dazu da, dass wir uns ausprobieren. Und überhaupt soll doch alles leicht gehen und Spaß machen. Je schwerer, desto falscher. Ganz einfach." Der Kritiker schaute ihn streng an: „Es geht nicht um Spaß, sondern um etwas sehr Ernstes." Der Sicherheitsbewusste ergänzte: „Wir müssen verhindern, dass wir angegriffen werden." Die Angst sagte: „Das mit der Reorganisation wird sicher ganz schlimm, wir müssen auf Nummer sichergehen." Der Krieger erwiderte: „Nur mit Sicherheitsdenken gewinnen wir kein Spiel. Außerdem macht dies keinen Spaß." Und mit Blick auf Sascha meinte er: „Ja, und du, Sascha, hast das Spielen völlig verlernt. Deshalb spielen wir mit dir. Und wir spielen dir gern ein paar Streiche. Das machen wir so lange, bis du etwas kapierst." „Was kapierst?", fragte Sascha, ohne zu werten. „Dass du dich nicht mehr verstellen musst und einfach so sein kannst, wie du nun mal bist." „Einfach so?", fragte Sascha. „Einfach so", sagte der Gelassene. „Mir liegt noch Folgendes auf dem Herzen", sagte der Faulpelz: „Du vergleichst zu viel und willst immer das, was die anderen haben. Du hast schon so viel und eigentlich alles in

dir – du brauchst nicht anderen hinterherzulaufen." „Um an uns selbst zu glauben, müssen wir nicht erst beweisen, dass der Weg des anderen falsch ist", sagte der Spaßvogel.

Beobachten, ohne zu bewerten. Nehmen Sie sich ein Blatt Papier, um den Verlauf des Gesprächs Ihrer inneren Teamaufstellung zu notieren. Wichtig ist es, die Unterschiedlichkeit und die Vielschichtigkeit der „inneren Mannschaft" zu verstehen, ohne sie zu bewerten. Dadurch wird sie zum Team und somit zur Weiterentwicklung fähig. Übertragen auf unsere eigene Persönlichkeitsentfaltung heißt das, stimmig zu kommunizieren, um dann kraftvoll handeln und stark in Führung zu gehen – und zwar im Einklang mit uns selbst wie auch entsprechend den Erfordernissen der jeweiligen Situation und der Umstände.

Teilpersönlichkeiten der Mannschaft verstehen lernen. Ergänzen Sie danach die Details bei der Kurzbeschreibung der Spieler. Das schult Ihre Wahrnehmung der unterschiedlichen Mitglieder Ihrer „inneren Mannschaft". Gehen Sie dabei noch einen Schritt weiter und stöbern Sie in ihrer Vergangenheit. Seit wann ist jeder in der Mannschaft? Wie hat sich seine Rolle möglicherweise auch verändert? Wie reagiert das Team auf die Vorschläge einzelner Spieler? Bringen die Player sinnvolle Anregungen ein oder stören sie? An wen erinnern Sie die Spielercharaktere? Möglicherweise haben Sie ganz konkrete Assoziationen, etwa: „Bei dem Krieger muss ich immer an meinen Cousin oder an meinen Chef denken, die ziehen die Dinge gnadenlos durch."

Betrachten Sie die innere Mannschaft als Ganzes. Für professionelle Sportteams ist es normal, Videoaufzeichnungen von den eigenen Spielen auszuwerten, um die gruppendynamischen Prozesse zu erkennen. Wie im Außen, so treten diese auch bei der „inneren Mannschaft" auf: Wie ist die Beziehung der Spieler untereinander in Ihrer Aufstellung? Betrachten Sie dabei weniger die einzelnen Spieler als die gesamte innere Mannschaft. Ist möglicherweise eine ganz spezielle Position gar nicht oder falsch besetzt? Wenn die Angst im Sturm steht, werden Sie keine Tore schießen.

Wenn Ihre Abwehr im Leben riesengroß, alles schön sicher, rundherum versichert und abgesichert ist, aber nichts Stürmisches mehr im Leben passiert, ersticken wir in unseren voll klimatisierten Wohlfühlbehausungen an Langeweile. Welcher Spieler bestimmt Ihr Denken? Gibt es Teammitglieder, die kaum in Erscheinung treten (dürfen)? Wie könnte dies geändert werden? Spannend ist es auch, zu beobachten, wie die einzelnen Spieler miteinander umgehen. Ist es ein zerstrittener Haufen? Kooperieren sie miteinander und übernehmen sie Verantwortung für den anderen? Wie ist die Kommunikationskultur? Macht es Spaß, in so einer Mannschaft zu spielen?

Viele Führungskräfte stressen sich aus Angst zu versagen, wobei sie der Stress versagen lässt. Daher bleiben viele Führungskräfte hinter ihren Möglichkeiten zurück. Ihre Angst lähmt ihre Kreativität. Hilfreich ist es, die Energie der Angst in Handlungsenergie zu transformieren. Dazu sollten wir die Betrachtungsweise verändern.

Sich die Erlaubnis zu geben, dass nicht Ängste unser Leben kontrollieren, braucht Abstand und Weite. So gelingt es, einem Prozess den Raum zu öffnen, dem zu lauschen, was tiefere Teile in uns sagen wollen. Das mit dem Ziel, der Fülle des Lebens durch Lernen, Entwicklung und Wachstum zu vertrauen.

3.3.2 FEAR – false evidence appearing real

„Mein Leben war voller Missgeschicke, die nie eingetreten sind", sagte einst Montaigne. Bei vielen Führungskräften liegt der Hauptfokus auf dem Vermeiden von Fehlern. Führungskräfte sind in der Folge so ängstlich, dass sie nichts entscheiden. Um nichts falsch zu machen, sichern sie sich ab oder suchen in Paragrafen und

Vorschriften nach Ge- und Verboten. Wer Vertrauen und Selbstvertrauen besitzt, braucht keine Angst zu haben. Je mehr Angst existiert, desto weniger Kreativität und Spontaneität sind möglich. Angst lässt Menschen wie Organisationen erstarren. Mut und Vertrauen ermöglichen Weiterentwicklung, nicht das angstbesetzte Vermeiden von Fehlern. In vielen Fällen beruht Angst auf falschen Annahmen, die uns real erscheinen. Aufgrund unserer Vorstellungen und Erwartungen machen wir uns den Stress selbst. Das Wort „Angst" heißt im Englischen „fear". Entsprechend dem obigen Gedankengang heißt FEAR nichts anderes als „false evidence appearing real" (falsche Beweise, die echt erscheinen). Menschen, die sich vor eingebildeten Gefahren fürchten, stehen sich selbst im Weg und fahren mit angezogener Handbremse durch das Leben. Wenn wir ständig in der Furcht vor dem leben, was schief gehen könnte, können wir den Augenblick nicht genießen und katapultieren uns selbst aus der Kraft und so aus der eigenen Erfolgsbahn heraus. Für viele Menschen stellt die Angst vor dem Versagen die größte Einschränkung ihrer Möglichkeiten dar. Diese Angst raubt ihnen die Energie, vergiftet den Geist und verhindert Innovation und kreativen Schaffensdrang.

3.3.3 Produktive Angst nutzen

Angst ist ein Hauptfaktor aus der psychischen Unterwelt. Angst dient ursprünglich dazu, uns in einer lebensbedrohlichen Situation durch Adrenalinausschüttung für Flucht oder Kampf vorzubereiten. Bei Veränderungen kann die Angst hilfreich sein, wenn sie nicht vermieden oder bekämpft, sondern zum Handeln genutzt wird.

Daher ist es wichtig, klar zu unterscheiden: Ist die Angst begründet oder nur Folge einer falschen Interpretation eines Ereignisses? Als Differenzierungskriterium können Sie sich fragen, ob die Angst auslösende Situation unmittelbar Ihr Leben oder zumindest Ihre materielle Existenz bedroht oder nicht. Angst ist eine gute Richtschnur für die eigene Entwicklung, weil sie auf Defizite aufmerksam macht. Die Angst wird größer, wenn wir sie verdrängen oder bekämpfen wollen. Spannend ist, dass Ängste verschwinden, wenn wir uns ihnen stellen. Hierzu braucht es Mut und Vertrauen. Gegenüber sich selbst wie gegenüber anderen.

Sie selbst sind Herr Ihres Lebens und Schöpfer Ihres Lebenserfolgs. Wer auch sonst? Sie allein bestimmen, wie Sie erfolgreich werden. Was könnten Sie in Angriff nehmen, um diesen Aspekt sinnvoll zu nutzen? Da wir nicht mehr im Mittelalter leben, haben Sie grundsätzlich viele Möglichkeiten, das zu machen, was Ihrem Herzenswunsch, Ihren Talenten und Potenzialen entspricht. Zudem zeigen neueste neurophysiologische Studien: Die Vorstellung von der Persönlichkeit als „in Stein gemeißelt" gehört in die Museumsvitrine. Wir können unsere Nervenzellen lebenslang lang neu organisieren. Da-

Fallbeispiel Sibylle Schwertfeger

Sibylle Schwertfeger ist engagierte Juristin in einer renommierten Münchner Rechtsanwaltskanzlei. Da sie sich mit ihren Vorgesetzten in maßgeblichen Punkten immer wieder streitet, möchte sie ihren lang gehegten Wunsch wahr machen und eine eigene Kanzlei eröffnen. Als sie bereits gekündigt hat und fest entschlossen ist, mit einem Kollegen in Hamburg eine eigene Sozietät mit dem Schwerpunkt Arzthaftungsrecht aufzubauen, klingelt das Telefon. Die Headhunterin einer namhaften Personalberatung fragt an, ob sie sich vorstellen könne, bei einem internationalen Versicherungskonzern in der Sparte Krankenversicherung als Juristin mit dem Schwerpunkt Arzthaftungsrecht anzufangen. Das Angebot ist verlockend – es winken Mitarbeiterverantwortung, ein gutes Gehalt, Ruhm und Ehre und die Perspektive, auch im Ausland arbeiten zu können. Andererseits will sie doch so gern ihre eigene Kanzlei gründen – doch der Start eines eigenen Unternehmens ist immer mit Risiken und Ängsten verbunden ...

her geht es nicht mehr um die Frage „Wer bin ich?", sondern vielmehr „Wie könnte ich werden?". Das nimmt den Druck von uns, dass nur *ein* Weg im Leben der richtige sei.

Eine solche Entscheidung fällt schwer und lässt sich gut im Coaching klären. Wichtig ist, dass Sie für sich herausfinden, ob Sie sich selbst, Ihren Potenzialen und dem roten Faden Ihrer Persönlichkeit folgen.

Reflexionsfragen für Ihr Tagebuch der Erfolgsgeheimnisse:

- Was macht mir Angst?
- Wovor fürchte ich mich ganz konkret?
- Wie könnte mir diese Angst helfen?
- Was kann ich tun, um diese Angst zu überwinden?
- Wie müsste ich auf die Angst schauen, dass ich aus ihr eine Handlungsenergie ableite?

3.4 Atmen – Vitalkapazität erhöhen

3.4.1 Atmung und Stress

Die Atmung ist essenziell für unser Leben. Atmen ist ein Prozess des stetigen Austauschs von Aufnehmen und Abgeben. Es ist der elementarste Prozess des Stoffwechsels zwischen Subjekt und Objekt. Die Atmung ist eine Grunderfahrung von Lebendigkeit als kommunizierende Beziehung zur Welt. Das Sich-Öffnen und Sich-Verschließen im Rhythmus ist Ausdruck von Lebendigkeit.

Die Atmung ist eine Vitalfunktion unseres Lebens. Dabei geschehen Einatmen und Ausatmen automatisch – Sie müssen diese lebenswichtige Tätigkeit nicht aktiv betreiben. In entspannter Ruhe ist unsere Atmung rhythmisch, entspannt und langsam. In Stresssituationen ist sie schnell und flach. Hier hilft oftmals eine Art Sauerstoffdusche: Raus aus dem Budenmief – gönnen Sie Ihren Lungen frischen Wind durch einen Sauerstoffbooster. Nutzen Sie Ihre komplette Vitalkapazität und atmen Sie nicht auf Sparflamme. Durch kräftiges Atmen können Sie den Stressdampf ablassen. Wir müssen dem Atem den Raum geben und den Atem fließen lassen. Nach dem Auftanken können Sie erfrischt wieder durchstarten.

Viele Menschen atmen falsch, zu flach und zu schnell. Viele Führungskräfte sind gehetzte Eliten, die von einem ins nächste Meeting spurten. Die Folgen: Neben dem unökonomischen Arbeiten der Atemmuskulatur kommt es zu Verkrampfungen und einem Ansteigen des Erregungsniveaus. Atemtechniken und Entspannungsübungen können helfen, die Atmung zu beruhigen, sich selbst für den eigenen Atemrhythmus zu sensibilisieren und zur Entspannung zu gelangen.

Psychosomatische Atemwegserkrankungen sind durch Emotionen bedingt, die zu Anspannungen im Atemsystem führen. Atemnot und Angst sind eng assoziiert. Die Atmung wird durch das vegetative Nervensystem, das nicht dem Willen unterliegt, reguliert. Seine Anteile Sympathikus und Parasympathikus üben eine gegensätzliche Wirkung aus. Das parasympathische Nervensystem ist vor allem bei körperlicher Ruhe und Entspannung wirksam: Die Luftröhre und Bronchien sind enggestellt. Das sympathische Nervensystem erweitert die Luftröhre und Bronchien und ermöglicht im Falle verstärkter körperlicher Aktivität eine erhöhte Einatmung und damit höhere Sauerstoffaufnahme.

Da das vegetative Nervensystem besonders auf Zustände psychischer Belastung wie Angst, Ärger, Wut oder stressbedingte Anspannung reagiert, verändern starke Emotionen auch die Atmung. In der psychosomatischen Medizin gelten psychogener Husten, Hyperventilation und etliche chronische Bronchitiden als Störungen mit Folgen für das Atmen.

Die Sprache gibt uns Aufschluss über den Zusammenhang von Atem und Gefühl: Beispielsweise stockt uns der Atem, die Kehle ist zugeschnürt oder die Luft bleibt weg, oder Sätze wie „Da kam kein Atemzug mehr heraus", „Meine Lungen waren wie eingeschnurrt, mein Brustkorb fühlte sich extrem eingeengt". Denken Sie bitte an eine Situation in der Arbeit, in der Sie den Atem anhalten mussten oder Ihnen der Atem stockte. Achten Sie auf Ihre Atmung, wenn Sie das nächste Mal etwas emotional bedrückt.

Enge macht Angst. Die Vielfalt dieser feinen ausbalancierten Empfindungen im atmenden Raum der Brust macht ihn zu einem subtilen Empfänger für Gefühlsregungen. Unser Körper reagiert auf äußeren Stress wie ein Seismograf. Er ist ein Resonanzkörper par excellence. Der freie und fließende Atem hat seine Ursache nicht in der Qualität der Luft. Zusammen mit einem geliebten Menschen in einem Raum können wir freier atmen als in einem Gerichtssaal, in einem Assessment-Center oder im Verhör auf einer Polizeiwache.

Wenn im Team z.B. „dicke Luft" herrscht, fühlen wir uns wieder freier, wenn die Spannungen gelöst werden. Tief durchzuatmen ist daher essenziell. Ein tiefer langsamer Atemzug reaktiviert unser parasympathisches Nervensystem und hilft, den Teufelskreis von Stress zu durchbrechen. Nutzen Sie dazu die Kalenderfunktion Ihres Zeit- oder Selbstmanagementsystems so, dass Sie daran erinnert werden, eine Atempause einzulegen.

Fragen:

- Wann bin ich kurzatmig?
- Was raubt mir die Luft zum Atmen?
- Was macht mich atemlos?
- Wo habe ich einen langen Atem?
- Wann empfinde ich eine Einengung meines Brustraums?
- Wie erlebe ich meine volle Vitalkapazität?

Einatmen, Ausatmen und Weiteratmen sind Überlebensregeln im Management. Tiefes Atmen hilft uns, loszulassen, uns locker zu lassen und gelassener zu werden. Atemschulen, Meditations- und Achtsamkeitspraktiken, Techniken des autogenen Trainings und aus dem Zen-Buddhismus nutzen die Konzentration auf den Atem, um das Selbst- und Weltverhältnis spürbar zu machen. Die Fokussierung auf den Atem bringt uns zudem direkt zurück in die Präsenz – ins Hier und Jetzt.

Übung zur Atmung im Büro

Nehmen Sie sich eine Auszeit, lüften Sie Ihren Raum, dunkeln Sie ihn je nach Wunsch ein wenig ab und lockern Sie Ihren Kragen, Gürtel und die Schnürsenkel Ihrer Schuhe. Legen Sie sich ganz entspannt mit angewinkelten Beinen auf den Rücken. Sinnvollerweise sollten Sie während der Übung nicht gestört werden. Leiten Sie Ihr Telefon weiter, schalten Sie Ihr Smartphone aus und hängen Sie ein Schild an die Tür, dass Sie jetzt nicht gestört werden möchten. Schließen Sie die Augen und atmen Sie ruhig durch die Nase ein. Die Ausatmung sollte ganz gleichmäßig durch den Mund erfolgen. Sie sollten so schnell oder langsam atmen, wie es für Sie angenehm ist. Um den Fokus auf die Bauchatmung zu legen, legen Sie jetzt die Innenflächen Ihrer Hände auf Höhe des Bauchnabels auf den Bauch, sodass sich die Fingerspitzen über dem Nabel berühren. Spüren Sie das Sich-Heben und -Senken des Bauches während des Atmens: Bei der Einatmung hebt sich der Bauch und die Hände mit ihm durch das Senken des Zwerchfells. Bei der Ausatmung wird der Bauch wieder flach und die Hände kehren an die Ausgangsposition zurück. Konzentrieren Sie sich ganz einfach auf Ihren Bauch – auf das Sich-Heben und das Sich-Senken.

3.4.2 Stimme, Stimmung und Gestimmtheit

Unsere Stimme ist ein guter Indikator für unsere Stimmung. Fühlen wir uns energielos, ist unsere Stimme eher leise und matt, sind wir aufgeregt, sprechen wir schneller.

Die Stimme ist wie ein Instrument ein Resonanzkörper. Eine stressige Situation hat einen psychorespiratorischen Effekt. Muskuläre Verspannungen in unserem Körper haben einen Einfluss auf die Resonanz Ihrer Stimme. Besonders Verspannungen im Kopf-, Nacken- und Schulterbereich oder ein zu flacher Atem bei angespanntem Zwerchfell lassen die Stimme dünn und kraftlos erklingen. Angespannte Kehlkopfmuskeln lassen die Stimme angespannter und gepresster klingen. In einem entspannten Körper dagegen kann sich der Stimmklang über das Muskelgewebe, die Knochen und die großen Hohlräume ausdehnen. Das ist die Voraussetzung für Kopf-, Brust,- und Bauchresonanz. Sind Sie in der Hochatmung oder nehmen Sie eine gute Sprechatmung wahr? Atemübungen helfen, die Stimme zu entspannen, wenn Sie nach mehreren Stunden Onlinemeeting merken, dass Sie heiser werden oder die Stimme belegt ist.

Zum Bezug zur Sprache: Wenn wir z. B. eine Partei wählen, geben wir unsere Stimme ab, oder wir stimmen in einem Meeting für ein bestimmtes Vorgehen innerhalb eines Projekts. Wir erheben die Stimme, um klar zum Ausdruck bringen, was uns wirklich wichtig ist. Wir wollen gehört werden. Und wir hören auf unsere innere Stimme, um die eigene Bestimmung und den eigenen Weg zu finden.

Unsere Stimme beeinflusst auch andere Menschen .... Wenn wir leise und energielos sprechen, werden wir andere nicht so gut motivieren können, wie wenn wir energetisierend sprechen und motivierend handeln. Gerade die zwischenmenschlichen Aspekte werden durch die Zwischentöne spürbar.

Wie reagieren Ihre Mitarbeitenden auf Sie und auf Ihre Stimme und Stimmung? Wenn Sie als Führungskraft selbst gestresst oder aufgeregt sind, überträgt sich dies über die Spiegelneurone auf Ihr Gegenüber: Der andere wird auch aufgeregt.

Führungskräfte dürfen ihre Wahrnehmung hinsichtlich ihrer Stimme schärfen:

- Wie piepsig oder tief klingt Ihre Stimme?
- Wie voll oder dünn klingt Ihre Stimme?
- Wie langsam oder schnell sprechen Sie in einem Meeting?
- Wie nehmen Sie Ihr Atemmuster wahr?
- Wie ändern sich Ihre Stimme und Sprechweise, wenn Sie gestresst sind?
- Wofür erheben Sie Ihre Stimme?
- Wie ist die Resonanz auf Ihre Stimme?
- Welchen Einfluss hat das auf den Inhalt des Meetings?

Der Körper sendet uns Signale. Wer sie entschlüsselt, kann viel daraus lernen. Ein sensibles Wahrnehmen dieser Signale hilft, ein neues Verständnis für sich zu entwickeln. Und damit ein Verständnis im Umgang mit anderen. So können gesunde Veränderungsprozesse und echte Entwicklung angestoßen werden.

Für Führungskräfte hat die Stimme heute in der digitalisierten Welt einen hohen Stellenwert, da Meetings immer öfter online stattfinden. Gesten werden am Bildschirm nicht so gut gesehen wie im direkten Kontakt. In der Präsenz sehen wir den Menschen von Kopf bis Fuß. So fällt zum Beispiel auf, wenn jemand die Beine und Arme verschränkt oder anfängt, mit den Beinen zu wippen. Online sehen wir Mitarbeitende meist nur als eine kleine Kachel auf dem Monitor. Wir sehen nur das Gesicht bis zum Oberkörper. Daher kommt den Aspekten der Stimme und der Stimmung eine so wichtige Bedeutung zu.

- Welche Stimmung nehmen Sie online wahr?
- In der Unterspannung erleben wir die Stimmung als traurig oder depressiv.
- In der Übererregung und unter Druck wirken wir überspannt oder gestresst.

Ziel ist es, durch gezielte Übungen und Atemtechnik eine gesunde Spannung (griech. Eutonus) und einen ruhigen Tonus in der Stimme zu entwickeln. Führungskräfte dürfen über Entspannungs- und Gelassenheitsübungen lernen, eine ruhige Bauchatmung zu üben und so die Sprechgeschwindigkeit runterzufahren. Durch mehr Leichtigkeit und Loslassen reguliert sich auch die Spannung in der Stimme.

Bevor Sie das nächste Mal im Onlinemeeting mit fachlichen Inhalten beginnen, können Sie eine Atemübung machen, vorausgesetzt, Ihre Mitarbeitenden sind offen dafür. Wem das Atmen zu esoterisch erscheint, kann einfach damit aufhören. In den Unternehmen stellen wir jedoch fest, dass Atemübungen und Meditationen salonfähig werden.

Übungen „Seufzen" und „Lippenbremse"

Seufzen Sie immer wieder einmal bewusst. Das kann helfen, die Stimme tiefer zu machen und sich zu entspannen.
Ein guter Neutralisator für die Stimme ist eine Übung zur Lippenbremse. Atmen Sie tief ein. Bei der Ausatmung gegen die locker aufeinanderliegenden Lippen können Sie durch ein gedachtes f Ihren Ausatemstrom verlängern und dadurch die Stimmlage modifizieren. Sie können Ihre Lippen dazu wie beim Pfeifen spitzen und die Oberlippe leicht vorstülpen.

Fragen:

- Was erzeugt Stress im Onlinemodus?
- Was macht die Zoom-Kultur mit uns?
- Warum knicken die Leute in der Digitalisierung weg?
- Was macht das mit meiner Stimme und meiner Stimmung?
- Was braucht es konkret, um die Stimmung zu heben?

Der Mensch ist ein soziales Wesen. Die innere Verbundenheit geht verloren, wenn wir nicht in direktem Kontakt miteinander sind. Das kann Leere, Unsicherheit und seelische Erkrankungen, wie z. B. Depressionen, erzeugen.

Wir können dem entgegenwirken, wenn wir Übungen zur Entspannung und Gelassenheit oder die Progressive Muskelrelaxation nach Jacobson ausführen. Diese haben einen direkten Effekt auf unsere Stimme und Stimmung im Team. Folgende Effekte stellten sich langfristig ein:

- Durch die Atemübungen wird der Atem ruhiger. Führungskräfte lernen es, wieder ganz bei sich zu sein, zu entspannen. Eine Form der Leichtigkeit wird wahrgenommen.
- Das Atmen baut Ressourcen auf und vermittelt Energie und Kraft. Durch einen sicheren Platz findet persönliches Empowerment statt.
- Das neuroanatomisch-physiologische Korrelat lässt nicht lange auf sich warten: Die Aktivierung des Parasympathikus führt zu Entspannung – der Darm gluckert. Ein Wohlfühlen setzt ein.
- Über Meditationen lässt sich der Geist lenken.
- Der Grad der Selbstwirksamkeit steigt: Führungskräfte nehmen wahr, dass sie keine Opfer, sondern Gestalter sind. In der Ruhe wird wahrgenommen, dass wir wieder bei uns sein können und nicht mehr außer uns sind.
- Über die Verbundenheit mit sich selbst wird auch wieder eine Verbindung mit anderen Menschen möglich.

Die Atmosphäre und die Stimmung lassen sich in Online-Konferenzen gezielt verändern. Denken Sie einfach an einen guten Kinofilm oder ein Konzert: Durch die Musik lässt sich die Stimmung verändern. Bei einem Boxkampf wird keine Meditationsmusik gespielt. Umgekehrt wird ein Autofahrer im Stau auf der Autobahn sein Erregungsniveau nicht mit Hard-Rock-Musik verringern können. Singen kann nicht nur unter der Dusche das Vegetativum beruhigen oder Spaß machen. Es reduziert auch den persönlichen Stress.

Was Sie als Führungskraft konkret machen können:

- Schärfen Sie Ihre Wahrnehmung.
- Machen Sie sich die Zusammenhänge von Emotionen, innerer und äußerer Haltung klar und setzen Sie auf die Wirkung von resonanter Kommunikation, also einer Kommunikation, bei der wir den anderen voll und ganz verstehen und ihn mit emotionaler Wärme betrachten.
- Meditieren Sie und lernen Sie Entspannungstechniken.
- Achten Sie auf lockere Kleidung. Eine Krawatte beispielsweise kann eine Behinderung durch den Druck auf den Kehlkopf oder das Zuschnüren des Halses auslösen.
- Entwickeln Sie ein Bewusstsein für Ihre Stimme und die Körperhaltung.

- Reflektieren Sie Ihre Einstellung und Haltung in einer Onlinekonferenz.
- Setzen Sie gezielte Stilmittel ein, um eine gute Atmosphäre in der Onlinekonferenz zu erzeugen. Starten Sie beispielsweise mit einem Gute-Laune-Song.
- Sprechen Sie mit ruhiger entspannter Stimme, um Zuversicht und Sicherheit zu vermitteln.
- Singen Sie, wann immer es Ihnen danach ist.

Die Stimme lässt sich als Instrument gezielt als vertrauensbildende Maßnahme einsetzen, die Sicherheit und Zuversicht vermittelt. Ein Stimmtraining oder Gesangsunterricht sind daher eine gute Investition für Führungskräfte.

3.5 Embodiment – Kopf, Herz und Hand gemeinsam nutzen

3.5.1 Körper als Spiegelbild der Persönlichkeit

Welche Rolle spielt für Sie die Verbindung von Körperlichkeit, Gefühl und Geist? Gehirn und Körper beeinflussen sich gegenseitig. Das ist für Körpertherapeuten grundsätzlich nichts Neues. Für das Führungsverhalten im Business-Kontext bietet die Berücksichtigung von Embodiment – die „Einkörperung von Erfahrungen" – die Möglichkeit zu mehr Resilienz, Dynamik und Empowerment. Maja Storch (Storch, Cantieni, Hüther & Tschacher, 2017; Storch, Krause & Weber, 2022) hat dazu mit Rückbezug auf das Zürcher Ressourcenmodell wegweisende Arbeiten publiziert und die Verbindung von Körperlichkeit, Gefühl und Geist benannt. Damit hat sie inhaltlich einen maßgeblichen Beitrag für die Wichtigkeit des Embodiments geleistet (Storch & Tschacher, 2016).

Aus einem ganzheitlichen Blickwinkel heraus können wir Dinge besserverstehen. Fakt ist: Je fester, also unbeweglicher der Stand, desto leichter können andere Sie aus dem Gleichgewicht bringen. Das gilt nicht nur für den Körper, sondern auch für die innere Haltung. Eine Flexibilität im Standpunkt ermöglicht Beweglichkeit im Denken. Festsitzende Gedanken brauchen Beweglichkeit.

Der Arbeitsalltag ist durch Organigramme geprägt, stark kopflastig ausgerichtet und in engen Kästchen geplant: Strategien, Konzepte, Denken und Planen bestimmen das Handeln der Mitarbeitenden. Das macht etwas mit den Menschen und deren Haltung.

Im Unternehmen wird dies sichtbar an emotionslosen Dienstanweisungen und seelenlosen Prozessketten. Kontrolle soll für fehlerfreies Funktionieren der Mitarbeitenden sorgen. Was kommt dabei heraus? Gefühle und Bedürfnisse werden häufig unterdrückt oder ausgeblendet. Die Abwehr der eigenen Emotionen geht mit Anspannung einher. In der Folge fühlen sich Führungskräfte und Mitarbeitende eng, verspannt, verkrampft und hilflos.

Bis zur Lähmung der Produktivität. Ganze Unternehmen sind gefährdet. Die emotionale Tragfähigkeit und die Leistungsfähigkeit schwinden. Daher ist es umso wichtiger, die emotionale Seite der Mitarbeitenden im Unternehmen zu fokussieren. Ihre sozialen Fähigkeiten und Ihre emotionale Intelligenz sind gefordert. Das heißt, Sie betrachten Ihr Unternehmen nicht nur technisch, sondern ganzheitlich und organismisch. Die Wechselwirkungen von Körper und Psyche dürfen in die Gesamtbilanz einbezogen werden. Ziel von „Leadership in Balance" (Schröder, 2013) ist es, über eine Beweglichkeit einen neuen Teamspirit, einen Schwung im Team zu entwickeln.

Durch die Reduktion auf das Funktionieren-Müssen und die überzogenen Ziele verstummt die Kommunikation in den Unternehmen. Eine Führungskraft brachte es in einem Coaching auf den Punkt: „Dank Zertifizierung, Kanban und Kaizen funktionieren alle und es stimmt alles, für die Mitarbeitende ist es jedoch nicht mehr stimmig."

Der Körper, die Art, wie wir gehen, stehen und sprechen, ist Spiegelbild der Persönlichkeit.

Er ermöglicht einen Zugang zu allen Ebenen des Erlebens und Verhaltens, zu den Gefühlen, Sinneseindrücken und den bewusst gesteuerten Verhaltensmustern. Sobald auf einen lebendigen Organismus – sei es ein Team oder eine ganze Unternehmung – eine Druck- oder Überforderungssituation einwirkt, ist auch die Haltung der Mitarbeitenden davon beeinflusst, negativ oder auch positiv. Die Verkörperung einer Emotion, wie z. B. Wut oder Trauer, sind für andere sichtbar und spürbar. Johannes B. Schmidt (2008) hat die Bedeutung für die Trauma-Heilung und persönliche Transformation beleuchtet. Dazu sei auf die Literatur hingewiesen.

Zum besseren Verständnis schauen wir uns das Entstehen von innerer Haltung und Verhaltensmustern genauer an: Immer noch wird in Unternehmen über Macht und Druck ein bestimmtes Verhalten konditioniert, indem es belohnt wird. Diese Form von Lernen funktioniert wie eine Art Dressurakt: Je öfter diese Methode verwendet wird, desto stärker funktioniert die Bahnung der an diesen Reaktionsketten beteiligten synaptischen Verbindungen. Diese wiederholt aktivierten Erregungsmuster verstärken die Bahnung des Verhaltens, und die damit verbundenen Vorstellungen werden internalisiert. So werden Erfahrungen geprägt und als Verhaltensmuster abgespeichert.

Fakt ist: Ein Angstklima erzeugt Unsicherheit, Ohnmachtsgefühle oder Hilflosigkeit. Dies führt zu Widerständen und möglicherweise zu Emotionen wie Wut, Zynismus, Enttäuschung, Aggression oder Trauer.

Um sich vor Trauer und tiefer Enttäuschung zu schützen, die ein überforderter und gestresster Körper verursacht, und um den internalisierten äußeren Zielen besser folgen und so besser funktionieren zu können, wird die Wahrnehmung des Körpers und der Gefühle unterdrückt. Wir alle wissen: Führungskräfte müssen funktionieren. Die Abwehr von schmerzvollen oder Wutgefühlen, die Abtrennung von den eigenen Bedürfnissen und die Verleugnung von Trauer oder Verletzungen sind nicht leicht auszuhalten.

Gefühle haben keinen Preis, aber sehr wohl einen Wert. Emotionale Nähe zwischen Menschen bringt uns einen spürbaren Gewinn, aber keinen Profit, der sich in der Jahresbilanz ausweisen lässt.

Da persönliche Gefühle im Business-Alltag nicht gezeigt werden dürfen und meist unterdrückt werden, kommt es zu diesen Anspannungen und körperlichen Verspannungen. Diese zeigen sich in der körperlichen wie auch der geistigen Haltung. Im Coaching erfahren die Führungskräfte, dass sie in dem Moment, in dem sie ihren Körper wiederzuentdecken beginnen, wieder einen Zugang zu sich selbst finden. Dieser Kontakt zu sich selbst ist der Grundstein für spürbare Entwicklung.

Dazu ein Beispiel: Denken Sie bitte mal an eine Situation im Arbeitsalltag, vielleicht in einem Meeting, in der Sie sich wütend oder ohnmächtig fühlten. Wie hat Ihr Körper darauf reagiert? Wie war Ihre Stimme? Fest und klar? Oder gepresst und laut? Wie hat sich Ihr Kiefer angefühlt? Verspannt oder ganz locker? Und wie war Ihre Körperhaltung? Aufgerichtet oder gekrümmt?

Die Herausforderung ist, dass sich alte Verhaltensmuster und Glaubenssätze nicht einfach löschen oder überschreiben lassen. Es gibt keine Taste „Zurück auf Werkseinstellung“ oder kein Jolly-easy-locker-Modus.

Und hier kommt das Embodiment ins Spiel: Embodiment bedeutet, dass sich psychische Zustände wie Trauer und Fröhlichkeit auf den Körper und umgekehrt körperliche Zustände wie Anspannung und Verspannung auf unsere Psyche auswirkt. Das heißt z. B., dass wenn wir körperliche Verspannungen lösen, auch innere Verspannungen lösen können.

3.5.2 Aufrichtung schafft neue Ausrichtung

Im Coaching haben wir mit vielen Führungskräften gearbeitet, die sich in einer Erschöpfungsdepression oder in einem Burnout gefühlt haben. Eine Führungskraft drückte es so aus: „Ich rannte und rannte immer weiter, immer schneller – dabei wusste ich gar nicht mehr wohin. Mir erschien es, als ob mir der eigene innere Kompass verloren gegangen ist." Etliche verlieren die ihnen wichtigen Ziele aus den Augen, verlaufen sich im Dickicht der Möglichkeiten und resignieren. Andere erleben Ähnliches und erreichen dennoch ihr Ziel. Die einen schaffen es, die anderen nicht. Reines Verstehen führt zu keiner Veränderung. Jedoch kann eine körperliche Erfahrung dazu führen, dass eine andere Haltung entstehen kann.

Depressiv verstimmte Menschen haben eine andere körperliche Haltung als solche, die vor Energie sprühen. Das Arbeiten an der körperlichen Verfasstheit kann zu einer Aufrichtung von innen führen. Attitude (innere Haltung) und Posture (äußere Haltung) bedingen sich wechselweise. Das körperliche Loslassen ist dabei ein wichtiger Aspekt: Es kann bewirken, dass man auf geistiger Ebene gelassener mit den Dingen umgeht. Durch Reflexion und das Ausprobieren neuer körperlicher Haltungen im Coaching wird es möglich, eine neue innere Haltung zu sich und der Arbeit zu entwickeln, um dynamischer und wirkungsvoller handeln zu können. Loslassen und Gelassenheit gelingen nicht durch intellektuelles Verstehen. Lockerheit und Loslassen lassen sich körperlich am besten spüren: über die Atmung, die Stimme und das Wahrnehmen der körperlichen Haltung.

Lockerungsübungen, Dehnungsübungen, Meditationen oder Stimm- und Atemübungen machen uns locker. Über die Entspannung des Körpers gelingt es, die Anspannung aus der Situation zu nehmen. Schauspieler und Profisportlerinnen lernen durch körperliche Entspannungsverfahren, ihre Anspannung herunterzufahren. Sie entwickeln eine gelassenere Haltung gegenüber den Dingen.

Diese neue innere Haltung geschieht also durch das bewusste Einnehmen einer anderen körperlichen Haltung. Ziel ist es, mehr Beweglichkeit *für* den Körper entstehen zu lassen, statt *gegen* ein Symptom von Belastungen und Stress zu kämpfen. Anschließend gelingt es durch Kräftigungsübungen und Muskelaufbau-Techniken, den Körper sowie die Körperhaltung zu stärken. Mit positiven Auswirkungen auf den Selbstwert und die innere Haltung. Aus der körperlichen Aufrichtung (Posture) entsteht eine neue Ausrichtung (Attitude).

Höchste Zeit für Führungskräfte, sich selbst und die Mitarbeitenden zu unterstützen, die innere und äußere Haltung gezielt zu verbessern. Persönliche Reflexion, Resonanzübungen, Embodiment-Techniken und Verfahren zur Steigerung der Resilienz sind dazu wertvolle Instrumente.

Führung – und auch Coaching – setzen bisher hauptsächlich an der kognitiven und Verhaltensebene an. Der Körper wird noch viel zu wenig als Ressource genutzt. Das Einbeziehen körperlicher Aspekte in der täglichen Führungsarbeit erweitert das Wirkungsspektrum zu einer gesunden Haltung enorm. Durch einen körperorientierten Zugang zu sich selbst wird ein integraler und ressourcenorientierter Entwicklungsprozess angestoßen, der die eigene Leistungsfähigkeit signifikant erhöhen kann.

Seit der Veröffentlichung meines Buches „Gesunde Führung statt Burnout" (Schröder, 2013) haben wir die Wechselwirkungen von Arbeit, Psyche und Gesundheit weiter intensiv untersucht. Das Erstaunliche war, dass die gegenseitige Beeinflussung von innerer Haltung (Attitude) und äußerer Haltung (Posture) von Führungskräften im Führungsalltag bisher kaum aktiv genutzt wurde.

Das ganzheitliche Menschenbild von Kopf, Herz und Hand, das der Schweizer Pädagoge Heinrich Pestalozzi bereits vor 250 Jahren als Anliegen erzieherischen Handelns beschrieben hat, lässt sich heute unter dem Begriff kognitiv-emotional-somatische Intelligenz wissenschaftlich erklären. Hinter diesem Ausdruck stehen die Dimensionen Geist (kognitiv), Gefühle und Werte (emotional) sowie Verkörperung (somatisch). Diese drei Bereiche bilden eine durch neuronale Netzwerke gebildete untrennbare Einheit.

Für Führungskräfte im Business haben wir in den letzten 15 Jahren einfache und kraftvolle Verfahren entwickelt, die helfen, Kopf, Geist, Herz und Körper miteinander spürbar zu verbinden. Mit diesem integralen Ansatz gelingt es, mit wachem Kopf und weitem Herz die eigene Präsenz im Spannungsfeld von Stress und Belastungen im Business und persönlichen Bedürfnissen in Balance zu halten. Angeleitete Fantasiereisen, Trance-Induktionen und hypnosystemische Elemente sind Teil dieser Verfahren.

„Geschichten" spielen dabei eine große Rolle. Das sind vorgetragene Sätze zur Wahrnehmung und Entspannung des Körpers. Sie tragen dazu bei, in allem Denken und Handeln klarer zu werden. In einem Zustand tiefer Entspannung scheint sich das Bewusstsein zu reinigen, sodass die Wahrnehmung und das Denken danach klarer sind. Ein guter Weg, ganz im Hier und Jetzt anzukommen, führt über eine nicht wertende Wahrnehmung aller Sinne, die unsere Sinnesorgane in diesem Augenblick erreichen. Durch die Lenkung der Aufmerksamkeit auf das Hören, Sehen und Fühlen gelingt es, dass Gedanken und Gefühle allmählich in den Hintergrund treten.

Die Geschichten erleichtern es den gestressten Führungskräften, loszulassen. Da das Festhalten an altgewohnten Verhaltensweisen zu Engstirnigkeit und starren Haltungen führt, erfährt das Loslassen eine wichtige Funktion. Der Business-Alltag wird immer schneller und komplexer. Doch die Veränderungen im Außen führen zu Reibungen in den festgefügten Bahnen. Irgendwann überwiegen die Reibungsverluste den Gewinn, den eine gewohnte Routine bringt. So entstehen immer mehr Probleme und die Bewältigung des Führungsalltags bedarf immer mehr Kraft. Bei nachlassender Leistungsfähigkeit des Körpers kann dies leicht zu Selbstzweifeln, Angstzuständen und Depressionen führen. Die Ängste vor dem eigenen Versagen loszulassen ist für viele Führungskräfte ein Thema. Zudem geht es um das Loslassen der Anspannung, die diese Ängste nährt. Die gute Nachricht: Starres Pflichtbewusstsein mit Selbstzweifeln und depressiven Verstimmungen kann in eine gesunde, zufriedene und selbstfürsorgliche Lebensführung transformiert werden.

Für einen guten Einstieg brauchen wir Ruhe und die Möglichkeit, nicht gestört zu werden. Die Worte aktivieren im aufnahmebereiten Zustand der Entspannung die Selbstheilungskräfte des Körpers. Die Erfahrung von Ruhe und Kraft ermöglicht den Fokus auf aufbauende, stärkende Lebensaspekte. Dies wird erfahrungsgemäß als angenehm und befreiend erlebt.

Die Ruhe löst körperliche und psychische Spannungen. In dieser Entspannungsphase geben die Geschichten Impulse, starre Vorstellungen und Einstellungen loszulassen. Dies ermöglicht es, sich für die eigenen Potenziale zu öffnen. Mit genügend Ruhe und der Voraussetzung, sich auf eine Geschichte wirklich einzulassen, können aus dem Unbewussten Emotionen und Einsichten auftauchen, die uns Zusammenhänge zwischen körperlichen Beschwerden und unserem Befinden sichtbar machen, die uns im durchgetakteten Alltag verborgen bleiben. Das Ergebnis: Mit gelassener Akzeptanz werden die Dinge nicht mehr so eng gesehen.

Auszug aus einer „Geschichte"

Die Sätze werden langsam gesprochen und enthalten Pausen, dargestellt durch die drei Punkte.

„Und während du jetzt ganz im Hier und Jetzt bist ... kannst du spüren ... wie deine Beine und Arme, die auf der Unterlage liegen ... ganz entspannt loslassen können ... wie dein Körper einfach nur so da liegt ... und an manchen Stellen ist die Spannung vielleicht noch stärker ... Und nach und nach ... vielleicht jetzt oder gleich ... spürst du, wie gut dir diese Ruhe tut ... und wie schön es ist, einfach dein Gewicht auf die Unterlage abzugeben ... Und dein Unbewusstes wird dich dabei unterstützen ... je häufiger du in dieser Situation bist, wo du diese Entspannung genießen kannst ... Erlaube es deinen Gedanken, freier zu fließen ...

viele neue Ideen können entstehen ... die sonst durch die Menge deiner vielen Aufgaben und der vielen Eindrücke keinen Weg in dein Bewusstsein finden ... Und jetzt, wo du noch tiefer entspannen kannst ... ermöglicht dir dein Unbewusstes, deine Probleme zu lösen ... ganz unbemerkt ... und du spürst die Ruhe und ... vielleicht spürst du jetzt schon, wie du nach und nach mehr Energie in deinem Körper wahrnimmst ... Energie, die dich lebendiger und frischer und kräftiger werden lässt ... Und gleichzeitig nimmst du vielleicht jetzt schon wahr ... wie du besser loslassen und noch tiefer entspannen kannst ... Und in dem Moment, in dem die Spannung nachlässt und du die Ruhe genießen kannst ... wird es möglich, den Blick zu weiten ... und die Perspektive zu verändern ... um weiter zu wachsen und zu gedeihen von innen heraus ... Und während dein Körper sein Gewicht der Unterlage anvertraut und ganz angenehm schwer oder leicht oder angenehm warm wird ... spürst du die Entspannung ... Und mit jedem Atemzug kannst du ein Stück mehr loslassen ... deinen Atem ... loslassen ... spüren, wie dein Atem ausströmt ... und die Atemmuskeln zur Ruhe kommen ... für einen Moment ... und dein Bauch beginnt, sich wieder zu heben ... und wieder zu senken ... für einen Moment spürst du die körperliche angenehme Schwere ... oder Leichtigkeit ... oder wohlige Wärme ... mit jedem ausatmen kannst du tiefer loslassen.

Für stark verkopfte Führungskräfte ist es anfangs häufig schwer, loszulassen, sich auf die Geschichte einzulassen, die Kontrolle abzugeben und die Verantwortung an das Unbewusste abzugeben. Nach und nach gelingt dies jedoch immer besser. Wir haben in vielen Coachings die Erfahrung gemacht, dass regelmäßige Entspannung dazu führt, dass die verbrauchten Energien wieder aufgeladen werden können. Regelmäßige Entspannung reduziert Ängste und erhöht die Leistungsfähigkeit. Zudem wird das psychische Befinden verbessert. Die Stimmung hellt sich auf – die Power kehrt zurück.

3.5.3 Psychosomatische Marker sind wichtige Indikatoren

Verspannungen durch Stress, Belastungen und Unsicherheit führen zu einer Verhärtung des Gewebes. Spannungskopfschmerzen, Nackenverspannungen, nächtliches Zähneknirschen, Herzrhythmusstörungen, Bluthochdruck, Magenprobleme und Rückenschmerzen bei den Mitarbeitenden sind beispielsweise wichtige psychosomatische Marker, die viel über die Kultur des Unternehmens verraten. Psychosomatische Marker sagen uns nicht nur, was wir fühlen, sondern zeigen uns auch Möglichkeiten, wie mit schwierigen Empfindungen und Emotionen umgegangen werden kann.

Ein Abteilungsleiter berichtete im Coaching, dass er zum Bereichsleiter befördert wurde. Doch er nahm dies nicht als Aufstieg, sondern als energetischen Abstieg wahr. Migräne und eitrige Abszesse an den Händen sowie massive Schlafstörungen waren auffällige Folge davon, dass er immer über die eigenen Grenzen der Belastungsfähigkeit hinausging.

Eine besondere Bedeutsamkeit hat auch hier die Angst. Wenn Menschen durch Vorgesetzte in Angst und Sorge versetzt und im permanenten Daueralarmismus und Zeitnot durch die Organisation gescheucht werden, werden Mitarbeitende langfristig krank. Ein Bereichsleiter eines Versicherungsunternehmens brachte es im Coaching auf den Punkt: „Wenn die Menschen Schiss bekommen, reicht es eben nicht, die Menge an Toilettenpapier zu erhöhen, sondern als Führungskraft Zuversicht und Mut zu vermitteln." Grund genug, tiefer einzusteigen.

Körperorientierte und hypnotherapeutische Verfahren ermöglichen es, diesen wichtigen Teil des menschlichen Erlebens wahrzunehmen und körperlich spürbar zu machen. Durch Bewusstmachung und verkörpertes Gewahrsein wird es möglich, konkrete Handlungen für mehr Spielräume im Hadeln abzuleiten. Beispiel: Stellen Sie sich vor, Sie müssen eine Aufgabe erledigen, die Sie wirklich nervt. Wie ist Ihre Haltung?

Durch ein bewusst eingesetztes Lächeln kann es gelingen, unsere Einstellung und innere Haltung zu verändern. Durch dieses Lächeln entsteht ein positiver Zustand im Inneren – Sie sind einfach gut drauf. So können Sie sich stärken.

In meiner ärztlichen Weiterbildung in der Craniosakralen Therapie beschäftigte ich mich intensiv mit den beschriebenen Erfahrungen im Buch „Somato emotional release and beyond" von John Upledger (1990). Besonders fasziniert hat mich der Umgang mit Widerstand – sowohl auf physischer als auch somatischer Ebene. Gerade die somatischen, emotionalen und unbewussten Aspekte haben einen großen Einfluss auf unsere Haltung und auf unser Verhalten. Wenn es uns gelingt, die Nackenverspannungen körperlich zu lösen, dann löst sich auch der verspannte Geist. Dies ist sicher auch ein Grund, weshalb Wellness-Massagen so beliebt und erfolgreich sind. Der Körper lässt los, der Geist entspannt.

3.6 Selbstwert aufmotzen

3.6.1 Selbstwert durch Selbstempathie

Im Coaching erleben wir immer wieder mangelndes Selbstvertrauen, Selbstvorwürfe und einen schlechten Selbstwert bei Führungskräften. Angetrieben vom eigenen Ehrgeiz geben sie mehr als 120 %, und dennoch haben sie das Gefühl, nicht genug zu leisten. Getrieben vom Wunsch nach Anerkennung, Wertschätzung und Aufmerksamkeit sind sie bereit, sich bis zur totalen Erschöpfung aufzureiben. Etliche gelangen dann an einen Punkt, an dem sie glauben, dass sie gescheitert sind.

Aufgeben geht immer – Aufstehen auch. Viele geben auf, weil sie glauben, dass sie gescheitert sind. Doch bereits das Wort „Scheitern" ist eine Bewertung eines Ereignisses. Wenn wir die Bewertungen und Beurteilungen von Ereignissen herausnehmen, dann wiegen die Dinge nicht mehr so schwer.

Bitte schauen Sie auf folgenden Satz: „Failing to succeed." Wie würden Sie diesen Satz übersetzen? Das Spannende an dieser Aussage ist, dass man sie auf unterschiedliche Weise verstehen kann – und zwar abhängig davon, wie der Satz intoniert wird. Sie können den Satz so übersetzen: „Scheitern, um erfolgreich zu werden." Oder so: „Ich bin gescheitert, ich habe es einfach nicht geschafft." Welche Resonanz löst diese Aussage bei Ihnen aus? Die Entscheidung liegt bei Ihnen. Wie immer ist das Glas halb voll oder halb leer. Mit einer kleinen Veränderung unseres Blickwinkels sehen wir Defizite und Versagen oder erkennen Möglichkeitsräume und wittern neue Erfolgschancen.

Fakt ist: Mit den alten Vorstellungen wissen Sie ja, wo sie gelandet sind. Mit diesen werden Sie sicher nicht an einem neuen Ziel bezüglich Ihres Verhaltens ankommen können. Also brauchen wir nicht andere Ziele, sondern eine ganz andere Haltung und Einstellung, um neue Ziele auch erreichen zu können. Wir müssen sozusagen das Koordinatensystem im Kopf ändern, denn das alte System wird uns immer wieder zum alten Ziel bringen.

Zwischen Aufgeben und Wieder-Aufstehen steht die persönliche Entscheidung. Wie sehen Sie sich als Führungskraft?

- Ich arme Socke.
- Ich kann hier sowie so nichts verändern.
- Ich kapier das nicht, wieso nur *ich* das so sehe.
- Wieso immer ich?

Die Liste des Jammerns und Klagens ist lang. Resultat: Der Selbstwert sinkt. Ohnmacht, Hilflosigkeit und Opferhaltung prägen die Haltung.

Stellen Sie sich Folgendes vor: Sie haben eine To-do-Liste mit 48 Punkten, die zu erledigen sind. Sie schaffen davon jedoch nur 13 pro Tag. Das erzeugt ein bestimmtes Gefühl, wenn wir abends nach Hause gehen, oder? Stellen sich jetzt vor, dass Sie dieses Gefühl 220 Tage im Jahr empfinden. Und das über Jahre. Können Sie sich vorstellen, dass dies eine Auswirkung auf Ihren Selbstwert, Ihr Selbstvertrauen und Ihre Haltung hat?

Wir verringern den eigenen Selbstwert, wenn wir nur auf das Defizit schauen, in der Selbstanklage bleiben, mit den Gegebenheiten hadern, uns kleinmachen, wenn wir uns hilflos fühlen und als Opfer der Umstände wahrnehmen. Dabei lässt sich die eigene Haltung wie ein Muskel trainieren. Egal, was passiert ist. Und egal, was Sie auch immer erlebt haben mögen und Es ist leichter, erstmal die Selbstempathie zu steigern, als gleich das Selbstwertgefühl zu steigern. Zum Thema Selbstwertgefühl möchten wir das Buch von Astrid Schütz (2005) empfehlen.

Ein Lösungsansatz ist, mit sich selbst empathischer umzugehen, also liebevoller, wohlwollender mit sich zu sein. Wir lernen Wertschätzung in Seminaren. Doch das Wort „Wertschätzung“ wird von Führungskräften meist auf die anderen bezogen: Ich wertschätze meine Mitarbeitenden, meine Kolleginnen, meinen Vorgesetzten. Doch Selbstwertschätzung findet kaum statt. Im Gegenteil: Viele Führungskräfte peitschen sich selbst an, fühlen sich als nicht genug und sind permanent unzufrieden mit sich selbst. Wer sich selbst nicht gut behandelt, kann auch keine Mitarbeitenden oder Kunden gut behandeln. Wertschätzung gegenüber sich selbst ist daher ein großes Lernfeld für Führungskräfte.

Überlegen Sie sich, was Ihnen helfen kann, die eigene Selbstempathie zu steigern. Eine Möglichkeit wäre, sich die Dinge zu vergegenwärtigen, die Ihnen bisher gelungen sind: z. B. Ihr Studium oder eine gut laufende Partnerbeziehung. Vergegenwärtigen Sie sich auch Ihre Kompetenzen, reden Sie sie nicht klein. Vor allem, lassen Sie sich selbst in Frieden, so wie Sie einfach sind. Ohne Nörgeln. Sondern mit Empathie.

Zudem steigen das Selbstwertgefühl und die Selbstwirksamkeit, wenn wir lösungsorientierte Fragen stellen:

- Was passiert gerade?
- Was sagt das gerade über mich?
- Wozu ist das gut?
- Was kann ich daraus lernen?
- Was könnte ich genau jetzt für mich tun, damit es mir besser geht?
- Welches positive Ziel zieht mich an?

Wenn unser Selbstwirksamkeit steigt, hat dies eine Auswirkung auf unsere Gestaltungskraft und Führungskraft im Business-Alltag.

3.6.2 Wertschätzung schafft Wertschöpfung

Wertschätzung und Vertrauen sind strategische Einflussgrößen auf den Erfolg von Teams. Um diese Faktoren effektiv zu gestalten, müssen Soft Skills (Kompetenzen im zwischenmenschlichen Bereich) mit Hard Facts (Zahlen, Daten, Fakten) verbunden werden. Interprofessionelle Team-Workshops mit flankierendem Coaching für Führungskräfte ermöglichen es, ein neues, gemeinsam erarbeitetes Ziel für ein Unternehmen sinnvoll und verantwortungsbewusst zu erreichen.

Als wir den Artikel „Von der Wertschätzung zur Wertschöpfung“ in der Zeitschrift „Arzt und Krankenhaus“ (Schröder, Berger & Blank, 2009) publiziert haben, war uns nicht bewusst, wie wichtig das Thema in den nächsten Jahren werden würde. Wertschätzende Kommunikation und Vertrauen sind Stellgrößen erfolgreicher Veränderungsprozesse. In Führungsworkshops, die wir in vielen Unternehmen in der Schweiz, in Deutschland und Österreich zum Thema Hochleistungsteams gemacht haben, kam heraus, dass die Qualität der Arbeitsergebnisse des Teams mit dem Führungsstil der Chefin korreliert. Dabei erfolgt die Beförderung von Mitarbeitenden immer noch primär nach Wissen und Fachexpertise. Nur wenige Führungskräfte haben Führung gelernt. Doch der Impact-Faktor von Publikationen sagt wenig aus über die Fähigkeit, Menschen zu motivieren und eine Abteilung oder gar ein Unternehmen zu führen. Insbesondere bei der Besetzung von Chefarztpositionen in Universitätskliniken fällt uns immer wieder auf, dass der

Aspekt Führung dem Fachwissen untergeordnet wird.

Wissen und Kenntnisse im Fachgebiet sind zweifelsohne im Krankenhaus, besonders in der Chirurgie wichtig. Doch diese Qualifikation reicht für erfolgreiches Führen nicht aus. Ein Chefarzt, der morgens im OP verschwindet und erst abends wieder herauskommt, wird seine Klinik nicht führen können, weil ihm hierzu keine Zeit mehr bleibt. Die richtige Balance zwischen Inhalts- und Führungsaspekt fällt vielen Chefärzten schwer. Doch diese lässt sich lernen. Die Fähigkeiten zur Führung eines Teams, ihre emotionale und soziale Kompetenz, ihre Art der Begeisterung, Motivation und Kommunikationsfähigkeit sind als persönliche Soft Facts genau so wichtig wie Hard Facts.

Verantwortungsgemeinschaften in Leistungsteams zu entwickeln ist Chefsache. In Stellenanzeigen steht häufig, *was* von einer Führungspersönlichkeit erwartet wird: Werteorientierung, Durchsetzungsfähigkeit, Loyalität und Diskretion. Doch das sind Grundvoraussetzungen. Das *Wie* – also wie sie diese Kriterien in einem menschlichen Umfeld wertschöpfend einsetzen, ist eine Kunst – die jeder erlernen kann und sollte. Diese Kunst erfordert vor allem ein gutes Fingerspitzengefühl im Umgang mit allen Kolleginnen in einem Unternehmen. Vertrauen und menschliche Beziehungen als Erfolgspromotor. Mangelhafte Führung kann zur depressiven Verstimmung der Mitarbeitenden und ganzer Teams führen. Diese schadet nicht nur der Gesundheit der Mitarbeitenden, sondern auch der Profitabilität von Unternehmen. Als Antidot setzen wir in Workshops und Coachings die *wertschätzende Kommunikation* ein.

Das Vertrauen in Mitarbeitende trägt zum Gelingen einer Unternehmung bei. Es ist wichtig, zu verstehen, dass emotional-soziale Kompetenz genauso wichtig ist, wie die methodische und fachliche Kompetenz. Und genau daran mangelt es in vielen Organisationen.

Fakt ist: Viele Mitarbeitende kommen in Unternehmen und sie verlassen sie wegen der Vorgesetzten. Erkrankungen wie Burnout sowie Frust und Mobbing sind an der Tagesordnung. Das Verhalten von Menschen wird nur zu 10 % durch Vernunft (also kopfgesteuert), aber zu 90 % durch Gefühle (also bauchgesteuert) beeinflusst. Daher ist es für die Vorgesetzte wichtig, dass sie sich maßgeblich um die Beziehungen in ihrer Abteilung kümmert. Es geht nicht primär um betriebswirtschaftliche Kennziffern und gute Ergebnisse, sondern vor allem, wie Menschen miteinander umgehen. Beide Dimensionen – die Hard Facts und die Soft Skills – müssen verzahnt werden, um ein Unternehmen erfolgreich zu steuern.

Das Sozialkapital ist der Kitt, der unsere Unternehmen – und auch die Gesellschaft – zusammenhält. Die kollektive Leistungsfähigkeit nimmt durch Konflikte ab. Konflikte mindern die Lust und damit die Leistungsfähigkeit in Betrieben. Dies gilt vor allem auch für Kliniken, in denen Gesundheit „produziert" werden soll. Das Wohlbefinden der Mitarbeitenden ist wichtig, wird aber von den wenigsten Kliniken ernst genommen.

Was unterscheidet gute von schlechten Organisationen? Natürlich die Zahlen – könnte man meinen. Doch die betriebswirtschaftlichen Ergebnisse sind das „Abfallprodukt" hervorragender Arbeit – oder auch nicht. Und die beginnt mit der Haltung der Mitarbeitenden. Fakt ist, dass Angst- und Stresserkrankungen und die Komplexität permanent zunehmen. In einem Universitätsklinikum erlebten wir Chefärzte, auf deren Tisch sich Gutachten, Kongressvorträge, Krankenberichte und Publikationen stapeln, die aber keine Zeit fanden, mit ihren Mitarbeitenden zu sprechen – geschweige denn, Lernerfolge einzufordern oder Potenziale zu fördern. Aus Zeitmangel verschrieben Vorgesetzte aus der Verwaltung Seminare wie ein Schmerzmittel, um die eigentlichen Probleme im eigenen Krankenhaus nicht ansprechen zu müssen. An diesem Krankenhaus haben wir gestresste Chirurgen mit 18-Stunden-Tagen erlebt, die vom Geschäftsführer der Klinik aus „kosmetischen" Gründen zu einem Seminar zum Thema Work-Life-Balance geschickt wurden. Doch die reichen nicht aus, um langfristig Auswirkungen wie Burnout von Mitarbeitenden entgegenzuwirken.

3.6.3 Reflexion schafft Orientierung

Warum gehören einige Unternehmen zu den besten Arbeitgebern und andere nicht? Wieso hakt es in vielen Organisationen und deren Kultur? Stellen Sie sich vor, dass Ihr Unternehmen auf der Untersuchungsliege liegt. Welche Symptome würden Sie feststellen? Welche Mangelerscheinungen würden Sie diagnostizieren? Welche Diagnose würden Sie stellen? Muskuläre Verspannungen? Burnout? Depression? Knirschen im Getriebe? Und welche Therapie leiten Sie ein?

Genau diese Fragen stellen wir den Mitarbeitenden unterschiedlicher Organisationen in Transformationsprozessen. Es geht primär um die Reflexion des eigenen Verhaltens – und das Schaffen einer gemeinsamen Orientierung unter den Kollegen.

In einer Stadtverwaltung wurden alte Abläufe infrage gestellt. Auf Basis bisheriger Untersuchungen haben wir speziell die Stellhebel Kultur, Arbeitsbedingungen, Führungsverhalten, Überzeugungen, Werte, Sinn, soziale Beziehungen und fachliche Kompetenz untersucht. Die Frühindikatoren Bereitschaft, Vertrauen, Commitment, psychisches Befinden, Gesundheitsverhalten, Work-Life-Integration und Performance wurden in Arbeitsgruppen hinterfragt. Das Vertrauen wurde am höchsten bewertet. Eine schlechte Arbeitsatmosphäre korrelierte direkt mit den messbaren Spätindikatoren Spaß an der Arbeit, Sinnerfüllung, Fehlzeiten, Qualität der Arbeit, Performance und Produktivität, Fehler, Mobbing, innere Kündigung und Burnout.

Unsere Erfahrungen auf Basis der unternehmerischen und persönlichen Einflussfaktoren machen deutlich, dass die Unternehmensgesundheit eine strategische Dimension in Unternehmen ist (Schröder, 2013). Erst wenn die Mitarbeiter und das Unternehmen gemeinsam an einem Strang ziehen – und zwar in die gleiche Richtung – profitieren beide von weniger Fehlzeiten, höherer intrinsischer Motivation und Leistungsbereitschaft und letztlich auch erhöhter Produktivität. Aus Wertschätzung wird Wertschöpfung. Doch dabei geht es nicht nur um arbeitsmedizinische Beratung, psychosoziale Unterstützung, Präventionsangebote, Check-up-Untersuchungen für Führungskräfte, Nichtraucherprogramme oder Seminare zu Work-Life-Balance, sondern um Führungsgrundsätze, die der strategischen Bedeutung der Unternehmensgesundheit Rechnung tragen.

3.6.4 Die Wa(h)re „Produktivität der Mitarbeitenden"

Häufig ist die Kultur in Organisationen nicht auf ein gemeinsames Ziel ausgerichtet, nach dem auch alle handeln. Der Mitarbeiter wird entgegen den Aussagen in den Hochglanzbroschüren und Leitbilder nicht wirklich als die wichtigste Ressource genutzt. Wenn der Mitarbeiter schon der höchste Kostenfaktor ist, warum wird er dann nicht richtig genutzt? Wie können die Potenziale, die in den Mitarbeitern schlummern, durch Führungskräfte gefördert und gefordert werden?

Die Kundin wurde mittlerweile in vielen Organisationen als wichtig erkannt – und was ist mit dem Mitarbeiter als Kunden der Führung? Ein Chef eines renommierten IT-Unternehmens sagte in einem Coaching, dass der Schwung der Mitarbeitenden gar nicht genutzt, sondern im Gegenteil abgebremst wird. Und dies führt zu Unzufriedenheit, Missverständnissen, Frustration und letztlich auch zu schlechter Ergebnisqualität. Ein Gemeinschaftsgefühl ist zudem selten vorhanden.

Können wir es uns leisten, dass das Miteinander von Menschen in einer Abteilung nicht funktioniert? Die Verweigerung der Mitarbeitenden und die Auswirkungen einer schlechten Arbeitskultur erscheinen in keiner Bilanz als Kostenfaktor. Doch eine hohe Fluktuation und ein Klima der Angst führten in einer Firma dazu, dass es so nicht mehr weiter gehen konnte. Diverse Teamworkshops in Verbindung mit einem Coaching für den Vertriebschef machten die Herausforderungen deutlich.

Moderierte Visionsworkshops mit den Mitarbeitenden in heterogenen und interprofessionellen Teams halfen, die Kernkompetenz des Teams zu entwickeln, Vertrauen zu entwickeln, Zuversicht zu genieren, Toleranz gegenüber Fehlern zu lernen, Verantwortlichkeiten festzulegen und den Grad der Kohäsion im Team zu verbessern. Es ging darum, eine Verantwortungsgemeinschaft des Leistungsteams zu entwickeln, die auf Basis klarer Werte Potenziale der Mitarbeitenden in zielgerichtetes Handeln transformiert.

Spannungsfelder entstehen in Teams häufig durch den Wunsch nach Bewahren oder nach Verändern. Ein guter Vorgesetzter nimmt die feinen Schwingungen in seiner Abteilung gut wahr und kann damit in „Resonanz" gehen. Dieser Zugang zu den eigenen Gefühlen ist ein wirksames Diagnoseinstrument zum Fühlen der „Chemie" unter den Mitarbeitenden und der „Wohlfühltemperatur" im Team.

In unseren Workshops wurde deutlich, dass die eine gegenseitige soziale Akzeptanz einer der höchsten Identifikationsfaktoren in einem Unternehmen ist. Und diese beginnt mit Vertrauen und wertschätzender Kommunikation. Werte- und Verantwortungsgemeinschaften schaffen Mehrwert und langfristig mehr Rendite für das Unternehmen. Die Stellhebel des Erfolgs lassen sich durch die Dynamik im Team initiieren.

Routine, so Neurobiologen, killt jedwede Innovation. In unseren Umfragen in Unternehmen wurde deutlich, dass Alltagsfrust zu Ertragsrückgängen führt (das sind unsere Untersuchungen der letzten 20 Jahre, die jedoch nicht publiziert sind, da es vertrauliche firmeninterne Erhebungen sind.). Hochspezialistentum führt nicht zu mehr Innovationen. Ein Chefarzt sagte bei einem Coaching-Treffen: „Ich fühle mich so eingeengt – wie in einem Korsett – mir fehlt die Luft zum Atmen." Es braucht Freiräume, in denen Begegnung jenseits der Effizienzkriterien stattfinden und Neues entwickelt werden kann.

Ein interprofessionelles Networking über die Grenzen einer Fachabteilung hinweg ermöglicht es, aus starren Organisationen eine plastizide Organisation im Sinne eines lebendigen Organismus zu machen. Es sollen Potenziale gefördert, und nicht der Selbstwert von Mitarbeitenden durch autoritäre Machtdemonstrationen gemindert werden. Gefordert ist ein Paradigmenwechsel im Umgang miteinander. Machtspielchen und eine künstliche Verstellung der eigenen Persönlichkeit tragen nicht dazu bei, dass sich eine angenehme, ehrliche, respektvolle, wertschätzende und von Vertrauen geprägte Atmosphäre im Kollegenteam in der Organisation etabliert.

3.6.5 Führung erfordert Fingerspitzengefühl

Menschen zu führen, erfordert Fingerspitzengefühl, denn gefragt sind zwischenmenschliche Fähigkeiten wie wertschätzende Kommunikation und Empathie. Jenseits der rational geprägten Effizienzwelt stellt sich Erfolg von Hochleistungsteams erst durch eine Balance zwischen menschlicher Zuwendung, gelebten Werten, sinnvollen Entwicklungsmöglichkeiten und Fachkompetenz ein.

Wertschätzung ist die einzig nachhaltige Währung. Geld unterliegt der Inflation. Wertschätzung nicht.

Echter Kontakt statt blutleeres Gerede im Meeting sind dazu ein guter Beitrag. Echter Kontakt bedeutet, dass Sie die Zwischentöne in den Äußerungen Ihrer Mitarbeitenden wahr- und ernstnehmen, und nicht allein auf die Fakten achten. Beispiel:

Eine Mitarbeiterin äußert sich über die anstehende Reorganisation in der Firma, traut sich jedoch nicht, offen zu sagen, was sie an der Veränderung nicht gut findet. Die Führungskraft nimmt dies sensibel wahr (echter Kontakt) und ermutigt die Mitarbeiterin, offen zu sein. Sie spricht es aus, was ihre Bedürfnisse und Befürchtungen sind. Mit dieser Kritik kann die Veränderung neu überdacht werden, was der Firma zugutekommt.

Wenn es gelingt, ein Verständnis auf Basis echter Beziehung zu entwickeln und Resonanz zu erzeugen, dann kann echter Dialog transformativ wirken. Beschwingt in echtem Kontakt zu sein, ist ein guter Beitrag zum Empowerment. Dazu ist es wichtig, zu klären, was uns in Schwingung bringt und Stimmigkeit erzeugt. Eine Voraussetzung ist es, sich selbst und andere zu spüren.

Wie geht es Ihnen zum Thema Wertschätzung in Ihrer Organisation? Dazu ein paar Fragen zur Reflexion:

- Wie wertschätzend gehe ich mit mir selbst um?
- Wie wertschätze ich andere?
- Mit welcher Haltung arbeite ich?
- Was erwarten andere von mir?
- Welches Klima herrscht in den Räumen unseres Unternehmens?
- Wie gehen wir miteinander um?
- Was macht eine gesunde Unternehmenskultur aus?

3.7 Vom freien Fall in den Flug kommen

Im freien Fall erleben wir Ohnmacht und Hilflosigkeit. Diese gilt es, in eine sinnvolle Gestaltung zu transformieren. Um die Angststarre zu verlassen, braucht es Weitblick, Bewegungsfreiheit und Mut. Gar nicht so einfach, wenn sich eine Führungskraft eingeengt mit Tunnelblick und hilflos fühlt. Im obigen Beispiel schossen der Führungskraft verschiedene Gedanken durch den Kopf: Abwarten, bis Hilfe von außen kommt? Durch die Unternehmensberatung etwa? Wird mir mein Chef helfen? Steht mein Team zu mir? Wird mich ein Arbeitsrechtler unterstützen, falls es hart auf hart kommt? Was werden meine Kollegen und Freunde von mir denken?

Fallbeispiel Sven Sorgental

Sven Sorgental erlebte seine Führungssituation in einem mittelständischen Industrieunternehmen in den letzten Wochen als unglaublich anstrengend und belastend. Dabei wusste er eigentlich, wie der Hase in seinem Unternehmen läuft. Seit 25 Jahren war er mit Herzblut für dieses Unternehmen tätig: Nach der Ausbildung mit dualem Studium in dieser Firma hatte er im Laufe der Jahre viele Funktionen innegehabt und nach und nach neue spannende Aufgaben und Positionen mit größtem Engagement übernommen. Als ihm jedoch vom Firmeninhaber in der Geschäftsleitungskonferenz mitgeteilt wurde, dass sein Bereich komplett umorganisiert werden sollte, den er nun seit 9 Jahren leitete, fühlte er sich, als ob ihm der Boden unter den Füßen weggezogen wurde – wie im freien Fall. Augenblicklich machten sich Angst und Sorge breit. Die Panik schien ihm ins Gesicht geschrieben.

Es ist immer gut, wenn wir eine Unterstützung von außen erfahren. Doch statt nur auf andere zu hoffen, ist es sinnvoll, dass wir auf die eigene innere Stimme hören, damit wir die eigene Bestimmung finden und wieder an uns selbst andocken können. Das setzt Orientierung voraus. Und die Freiheit, den eigenen Weg zu finden und zu gehen. Das ist ein Spannungsfeld von Individuation und Erfüllen von Erwartungen der Business-Welt.

Viele Führungskräfte sind träge und genügsam. Sie ertragen geduldig die Umstände und Rahmenbedingungen und sind demütig. Vielleicht zucken sie mit den Schultern und unternehmen wenig. Andere kämpfen gegen Widrigkeiten im Außen und verschleißen sich im Spannungsfeld von Individuation und Unternehmensvorgaben selbst. In dem Moment, wo es gelingt, sich von externen Regeln freizumachen und die Komfortzone von Angst und Lähmung zu verlassen, entsteht eine neue Handlungskraft. Das war für Sven die Startrampe, um aus dem freien Fall in eine neue Flugbahn zu gelangen.

Sven Sorgental – Fortsetzung

Auf körperlicher Ebene fing er an, mehr für seine Beweglichkeit zu tun. Statt abends auf dem Sofa zu sitzen und Netflixserien zu schauen, begann er mit Roll- und Fallübungen asiatischer Kampfkünste. Statt sich zu fürchten, zu fallen, lernte er, sich seiner Fallangst zu stellen. Die Rollübungen auf dem Boden gaben seinem Körper neue Beweglichkeit und ihm ein neues Selbstbewusstsein. Er lernte, was er schon als Kind beherrschte – sich sicher und elegant zu Boden gleiten zu lassen. Statt gegen die Schwerkraft zu kämpfen, ging er einfach und locker mit.

Der Satz des Psychotherapeuten Alfred Kirchmayr „Lass Dich aus der Rolle fallen, damit Du aus der Falle rollst" half ihm dabei. Die körperlichen Rollübungen gaben ihm auch geistig eine neue Beweglichkeit, Wendigkeit und mentale Flexibilität. Es gelang es ihm, die stressigen und ihn belastenden Dinge des Lebens wie aus einer heilsamen Distanz zu betrachten – wie auch zu sich selbst.

Im Coaching arbeiteten wir daran, Schwächen, Enttäuschungen und Niederlagen aus einem anderen Blickwinkel und mit viel mehr Distanz zu betrachten. Das trug für ihn dazu bei, mit neuer Perspektive weiterzumachen. Wie ein Stehaufmännchen, das sich nicht unterkriegen lässt. Wir reflektierten die Themen Sicherheit und Selbstvertrauen, sodass er sich wieder seiner selbst versichern konnte, um ganz und anders durchstarten zu können. Sven hat sich entschieden, auf der Baustelle „Ich" durch die Reflexion seine Haltung bisherige Verhaltensweisen zu verändern und seinen Beitrag zu leisten, den Umbau seines Bereichs zu gestalten, ohne an Altem festzuhalten. Das bot ihm die Gelegenheit, sich neu und anders zu positionieren. Heute geht er viel gelassener und mit gutem Empowerment in die Firma. Die Reorganisation seines Bereichs lief erfolgreich, war von einem guten Spirit getragen und hat sich für Sven, sein Team und das Unternehmen gelohnt.

3.8 Komfortzone erweitern

Wie gehts Ihnen? „Ich bin zufrieden." Haben Sie einen solchen Satz auch schon gehört? Die Steigerung ist: „Ich muss zufrieden sein." Das klingt wenig überzeugend. Zufriedenheit kann zum Erfolgshemmnis werden. Die Zufriedenheitsfalle kann überall und jederzeit zuschnappen. Ein Geschäftsführer drückte es im Coaching so aus: „Die Arbeitsroutine und das Sicherheitsbedürfnis bauen einen goldenen Käfig aus passivem Verharren, Durchhalten, willentlicher Anstrengung und Langeweile. Ich zähle die Jahre, bis es endlich vorbei ist und ich wieder frei atmen kann."

Vielen Menschen fehlen Faszination und Begeisterungsfähigkeit – oder diese sind verschüttet unter ängstlichem Sicherheitsstreben. Walter Chrysler sagte einmal: „Das wahre Geheimnis des Erfolgs ist die Begeisterung." Wenn Sie für eine Sache brennen, werden Sie alles dafür geben, dass Sie das erreichen, was Sie sich vorgenommen haben. Wenn nicht, werden Sie auch nicht erfolgreich sein. Einige Manager scheinen dies angesichts der Effizienzvorgaben des Shareholder-Value-Gedankens vergessen zu haben. Doch wenn dieser Begeisterungsstern am automotiven Himmel untergeht, wird es düstere Nacht. Diese Dämmerung senkt sich schon über viele lineare Analysen. Grund genug, etwas zu ändern.

Ein Aspekt dabei ist das „Zu Frieden Sein". Sind wir mit uns selbst im Frieden? Oder kämpfen wir gegen uns selbst an? Ist unsere derzeitige Situation eine Komfortzone oder ein Kampfplatz? Häufig heißt es: Raus aus der Komfortzone. Doch ist es wirklich eine Zone des Komforts? Oder doch eine Nichtkomfortzone von Langeweile? Etliche Führungskräfte nehmen sich selbst an die Kandare, erfüllen fremdgesteckte Ziele und überspringen damit eigene Bedürfnisse und tiefe innere Wünsche. Durch den Druck der Rentabilität und der immer höhergeschraubten Erwartungen in den Mitarbeiterjahresgesprächen wird wahres Begehren abgekapselt oder einfach ausgeknipst.

Angekettet an Rollenerwartungen und eingesperrt in die Kästchen der Organigramme verwechseln nicht wenige Führungskräfte die visionären Leitbilder in den Unternehmensbroschüren mit der Wirklichkeit. Der sprudelnde Elan innerer Werte und des eigenen Antriebs kann es möglich machen, die Enge der eigenen Komfortzone zu verlassen, um sich mit neuer Power ins Getümmel der Welt zu stürzen.

Dazu dürfen wir jenseits der externen Verpflichtungen, durch die wir uns von uns selbst entfremdet haben, wieder an Freude, Kreativität, tiefe Wünsche und echtes Engagement anknüpfen. Das Wiederentdecken des eigenen Daseins und So-sein-Dürfens vermittelt Power und Selbstsicherheit. Dazu folgende Fragen:

- Was löst in mir wirkliche Freude aus?
- Was ist mein echter Wunsch?
- Was bedeutet für mich Kreativität?
- Wann bin ich voll engagiert?

Es braucht die Fähigkeit, Abstand zu nehmen zu den Dingen und sie aus einem anderen Blickwinkel zu betrachten. Abstand zu den Dingen im Außen und zu dem, was in unserem Inneren stattfindet. So können wir uns lösen aus alten Glaubensmustern und den prägenden Konditionierungen. Schon die Bereitschaft, uns aus der Komfortzone bisherigen Verhaltens ins Neuland der Möglichkeiten zu bewegen, ist großartig. Die Wahrnehmung des Körpers durch Meditation kann hilfreich sein, um die eigene Komfortzone des linearen Denkens zu erweitern.

3.9 Puls-Check für Führungskräfte

- Was hilft mir, mir meiner selbst sicher zu sein?
- Was vermittelt Sicherheit im Team?
- Wie kann ich meine Selbstempathie und meinen Selbstwert gezielt stärken?
- Wie kann ich meine Angst in Handlungsenergie transformieren?
- Welche Stimmung nehmen ich im Team wahr?
- Wie gelingt es mir, mir und anderen gegenüber mehr Wertschätzung und Respekt zu schenken?
- Wie könnten wir unsere Sprache gezielt verändern?

3.10 Auf den Punkt gebracht

- Die Vermittlung von Sicherheit schafft ein besseres Verständnis im Team. Beachten Sie dazu die Polyvagaltheorie, die besagt, dass das Schaffen von Sicherheit ein wichtiger Faktor für Zuversicht, Mut und Entschlossenheit ist.
- Um sicher durch die Unsicherheit der VUCA-Welt zu führen, braucht es Mut. Die Selbstempathie ist ein Schlüssel dazu. Gehen Sie liebevoller mit sich um und freunden Sie sich mit sich selbst an. Respektvoll, wohlwollend und liebevoll.
- Wenn es gelingt, die Angst in Handlungsenergie zu wandeln, kann eine neue Bewegung ausgelöst werden. Eine innere Teamaufstellung kann hierzu sinnvoll sein.
- Sie stärken Ihre Führungskraft, indem Sie Ihren Selbstwert steigern.
- Atmung und Stimme sind Schlüsselfaktoren, um Teams kraftvoll führen zu können. Tiefes Atmen hilft uns, loszulassen und gelassener zu werden.
- Die Wechselwirkung von Geist, Körper und Emotion (Embodiment) kann gezielt genutzt werden, um Sicherheit zu vermitteln. Die innere Haltung (attitude) und die körperliche Haltung (posture) bedingen sich wechselweise.
- Wertschätzung und Respekt sind wichtige Faktoren für Wertschöpfung, intrinsisch motivierte Leistung und die Performance im Team.
- Gefühlte Scheitersituationen lassen sich nutzen, um die Komfortzone zu erweitern und persönlich zu wachsen. Die Fähigkeit, Abstand zu den Dingen und zu sich selbst zu nehmen und sie ohne Bewertung und Beurteilung zu betrachten, ist dazu relevant.

4 Stufe 4: Re-balancieren und Selbstregulation aktivieren

„Der Körper ist der Übersetzer der Seele ins Sichtbare."

Christian Morgenstern (Deutscher Dichter und Schriftsteller, 1871–1914)

Gehen wir einen Schritt weiter auf die nächste Stufe. In diesem Kapitel geht es um persönliches Wachstum und innere Kraft. Dieser Schritt vermittelt die Wichtigkeit der Re-Balancierung und Revitalisierung der Ressourcen, um kraftvoll in Führung gehen zu können. Ohne Kraft keine Führungskraft. Ohne Recovery nach Anspannung keine Leistungsfähigkeit.

Zum Thema Leadership in Balance möchten wir Impulse geben, wie Sie als Führungskraft Ihre Selbstregulation aktivieren und so persönlich wieder in die Balance kommen. Die Revitalisierung von Balance beginnt mit der Schärfung der eigenen Wahrnehmung.

4.1 Keine Sorge – Selbstfürsorge

4.1.1 Entspannung als Voraussetzung für bessere Leistung

Führungskräfte haben gelernt, die Dinge zu analysieren, zu zerlegen und zu zergliedern. Der Fehler wird im Detail gesucht. Doch die genaue Kenntnis der Einzelteile verhilft uns nicht unbedingt zu einem besseren Verständnis des Ganzen. Wissenschaftlerinnen schauen durch das Mikroskop. Wenn das nicht reicht, benutzen sie ein Rasterelektronenmikroskop. Im Kontext von Balance ist es wichtig, das große Ganze im Auge zu behalten. Worum geht es eigentlich? Präsent zu sein, ermöglicht die Fähigkeit, Abstand zu den Dingen zu nehmen.

Im Business-Alltag ist durch die Digitalisierung alles auf einen binären Code von Nullen und Einsen reduziert. Doch zwischen Schwarz und Weiß liegen nicht die Graustufen, sondern die Farben. Grund genug, den Blickwinkel zu weiten und das eigene Handeln zu reflektieren. Warum ist eigentlich das Wort „Kurzzusammenfassung" so lang? Wieso wird eigentlich die Zeit Rushhour genannt, in der man am langsamsten vorankommt? Statt also weiter angestrengt im Korsett der Führungsleitlinien zu performen, ist es sinnvoll, eigene Maßstäbe zu berücksichtigen, die jenseits des mausgrauen Alltags mehr Farbe und Lebensfreude ins Spiel bringen. Allein der Gedanke kann schon revitalisieren.

Sie dürfen sich gut behandeln. Seien Sie gut zu sich selbst. Wenn wir aufhören, uns selbst zu quälen und auf uns selbst einzudreschen, gelingt es, im eigenen Rhythmus wieder in eine gesunde Balance und Kraft zu kommen.

Die Kunst des Nichtstuns ist eine Fähigkeit, die bei vielen Führungskräften nicht stark ausgeprägt ist. Denn alles muss einen Nutzen haben und ein direktes Resultat abwerfen. Wenn sich kein Ergebnis zeigt, denken viele Vielleister, dass nichts passiert. Ein Mitarbeiter antwortete auf die Frage seiner Chefin, was er denn gerade so mache: „Ich lasse mir die Haare wachsen." Da kann man sich schon mal die Haare raufen. Das kommt nicht immer gut im gehetzten Business-Alltag, eingepfercht in einer

Mechanik von aneinandergereihten Aktivitäten. Stets muss etwas gemacht und erledigt werden. Auch wenn viele von diesen Aktionen keinen Sinn ergeben, vermitteln sie doch den Eindruck, als seien wir produktiv. Doch das permanente Rotieren im eigenen Hamsterrad hat mit wahrer Effektivität wenig zu tun. Und schon gar nicht mit persönlicher Balance.

Statt also nur die Zeit zu messen, die wir für etwas aufwenden, um das zu messen, was wir gemacht haben, sollten wir mit der Zeit in Verbindung treten, die uns eine Anbindung an uns selbst erlaubt. Zeit also fürs Innehalten.

Es heißt „human beings" – nicht „human doings". In den Unternehmen werden Leistungen im Sinne des Abarbeitens von Aufgaben gemessen. Statt am Ende der Prozesskette auf das Beheben von Fehlern oder Schlechtleistung zu arbeiten, möchten wir die Themen Prophylaxe und Prävention in den Vordergrund stellen, um wieder in die eigene Kraft zu kommen und die Balance durch Selbstregulation zu aktivieren.

In diesem Kapitel wollen wir „schützende" Faktoren für den Erhalt von Führungskraft und Leistungsfähigkeit vorstellen. Meditation und Entspannungsverfahren helfen, wirklich loslassen und entspannen zu können. Eine gute Balance ist die Voraussetzung für Leistungsfähigkeit.

Mit Meditation meinen wir nicht primär den Aspekt von Ruhe und „sich runterfahren", sondern mit seinem individuellen *Sein* in Kontakt zu treten und echte innere Verbundenheit zum eigenen Selbst zu schaffen. Es ist eine Art absichtsloser Selbstbeobachtung und staunender Selbstbegleitung, indem Sie sich selbst in Frieden lassen.

Präventionsmaßnahmen zum besseren Umgang mit Stresssituation haben das Ziel, eine Balance von Körper, Seele und Geist herzustellen. Die Work-Life-Integration soll so optimiert werden, dass Sie zu Ihrer Arbeit einen optimalen Ausgleich haben, sich schnell und effektiv von Anspannungen erholen können und somit als Führungskraft wieder leistungsfähig sind. Mit nur einem Flügel – lediglich der Arbeit – kann man nicht fliegen. Durch Entspannung sinkt der stressbedingte Affektstau und das neue Selbst-Wert-Gefühl und das Selbst-Vertrauen verleihen Flügel.

Wichtig ist, dass Sie Stresssignale rechtzeitig erkennen und dem Stress entgegenwirken. Bildlich ausgedrückt könnte man sagen, dass wir die Landeflächen für den Stress verkleinern. Das Phänomen der Überlastung und chronischem Stress bei Führungskräften entsteht häufig deshalb, weil der notwendige Abstand zu uns selbst, zu anderen Menschen und zu unserer Arbeit verloren geht. Entscheidend ist, dass wir immer wieder aus dem Routinerad aussteigen und eine Art Recovery-Programm durchführen.

Wenn unterschiedliche Rollenerwartungen, To-do-Listen und Fremdbestimmungen an unseren Energiereserven nagen, fehlt uns die Möglichkeit einer Selbstbe*sinn*ung und Orientierung. Diese sind jedoch entscheidend für ein Andocken an uns Selbst und so auch zum Umgang mit Überlastung und Stress. Durch dieses Recovery-Programm können wir eine Revision des Lebensrhythmus vornehmen und die Lebensprioritäten neu justieren. Es geht um eine Bestimmung dessen, wo wir energetisch stehen.

Machen Sie sich dabei auch Gedanken über Ihre Beziehungen – Beziehungen geben uns viel, können uns aber auch Energie abziehen. Wie lassen sich stressfreie Beziehungen erreichen? Wie steht es um die Dimensionen Vertrauen, Respekt, Offenheit, Commitment und Gelassenheit?

Zu einer aktiven stressarmen Lebensführung gehören neben den analytisch zugänglichen Dimensionen wie Selbstmanagement und Zeitbewusstsein auch die intuitive, emotionale und körperliche Dimension. Wir müssen unseren eigenen Biorhythmus stärker berücksichtigen und seelisch-körperlich-geistige Tankstellen kennen, bei denen wir unsere Energie wieder aufladen können, damit wir mit Stress, Belastungen und Widersprüchen besser umgehen können.

4.1.2 Entspannungsverfahren und Meditation

In unserer Hektomatikwelt fokussieren die Aus- und Weiterbildungsideale der westlichen Gesellschaft auf Fähigkeiten wie Intelligenz, Verstand und Sprache, und auf gute Klausurzensuren und Prädikatsexamen in Mindeststudiendauer. Die für die Führung unserer „Innenwelt" – unseres „inneren Unternehmens", also die Soft Skills Intuition und intuitives Denken, emotionale Intelligenz, Musikalität und Kreativität erscheinen eher nebensächlich. Einseitigkeit jedoch führen in die Sackgasse. Die Folgelasten sind – auch monetär – enorm. Viele verausgaben sich auf Kosten ihrer Balance und ihrer Gesundheit.

Um die Regenerationsfähigkeit zu steigern, möchten wir effektive Techniken anbieten, zu mehr Gelassenheit und Entspannung zu gelangen. Diese sind: Focusing, Meditation, gezielte Muskelentspannung (z. B. Progressive Muskelrelaxation), Autogenes Training, Tai-Chi, Qi-Gong, Yoga, Eutonie, Feldenkrais.

4.1.2.1 Focusing

Ann Weiser Cornell war eine der ersten Trainerinnen, die mit einem Verfahren des Felt Sense arbeitet, das die Stimme des Körpers in den Mittelpunkt stellt: das Focusing (Weiser Cornell, 2002). Es lässt Sie das Flüstern Ihres Körpers hören, bevor er anfangen muss, laut um Hilfe – und nach Veränderung – zu schreien. Der Hintergrund ist, dass wir eigentlich ganz genau wissen, was wir wirklich wollen und was uns davon abhält, dies zu tun. Cornell meint, dass wir nur verlernt haben, dieser inneren Stimme in unserem Körper Gehör zu verleihen, die sich in Körperempfindungen und Gefühlen ausdrückt. Wenn wir diesen Signalen aufmerksam zuhören, ist die Zielrichtung für die Lösung innerer Konflikte klar.

Bei dieser Technik leitet die Therapeutin den Klienten dazu an, die Augen zu schließen und in sich hineinzuhorchen. Er soll bewusst wahrnehmen, was er im Hier und Jetzt empfindet: Was fühle ich jetzt, was empfinde ich genau in diesem Moment?

Dem inneren Erleben Raum zu geben bedeutet, bei den Gefühlen zu sein, anstatt in ihnen. Das Verankern eines neuen Gefühls nach einer Focusing-Sitzung unterstützt den Coachee in hohem Maße dabei, alte Gewohnheitsmuster zu verlassen. Focusing ist ein hervorragendes Instrument zur Selbsterfahrung durch Selbstwahrnehmung (Gendlin, 1981, 1998). Dabei hören wir auf das Flüstern des Körpers, bevor er anfängt, laut zu schreien. Schmerzsymptome unseres Körpers sind warnende Aushängeschilder auf denen Worte stehen wie „Hilfe – so geht es nicht mehr weiter". Anstatt die Alarmsignale der Belastungen auszuschalten, ist es richtig, die Warnhinweise als Veränderungsindikatoren aufzufassen, um einen Wandel der Verhaltensmuster einzuleiten, damit wir im Einklang mit uns selbst leben.

Eigentlich wissen wir ganz genau, was wir uns wünschen, was wir wirklich wollen und was uns davon abhält, dies zu tun. Doch oft ist dieses Wissen nicht direkt zugänglich oder es kann sich nicht konkret äußern.

Eine Körperempfindung unterscheidet sich von einem Gedanken oder einem Gefühl, in dem sie im Körper lokalisiert wird und auf eine direkte körperliche Weise erlebt wird. Wenn Sie zum Beispiel aufgeregt sind, wäre die nächste Frage: „Woher weiß ich, dass ich aufgeregt bin, wenn ich aufgeregt bin?" Mit anderen Worten: Wo in Ihrem Körper spüren Sie die Aufregung und welche körperliche Empfindung haben Sie genau? Ist es Flatterigkeit? Ist es Anspannung? Ist es ein Frosch im Hals? Ein Schwitzen der Handflächen? Klopft Ihr Herz? Wie ist Ihre Atmung? All diese Empfindungen können mit Aufregung in Zusammenhang gebracht werden. Das Geniale für das Auffinden einer Empfindung und für den Umgang mit ihr ist zu wissen, dass sie einen Ort im Körper hat. Und eben diese oder jene Qualität.

So setzt diese therapeutische Technik des Felt Sense nicht auf Hintergründen von persönlichen Konflikten an, sondern direkt bei der

Gegenwart. Es geht immer um den JETZT-Zustand. Was fühle ich jetzt, was empfinde ich genau in diesem Moment. An dieser Stelle sei das Buch von Johannes B. Schmidt (2008) empfohlen. Er beschreibt, wie sich Menschen wieder mit ihrem eigenen innen Kurs verbinden können. Es geht darum, das innere Tor zu finden, um Kongruenz, Stimmigkeit und eine Beziehung zur umgebenden Umwelt zu finden, die in Resonanz ist mit Ganzheit, Gesundheit und Lebenssinn.

Die körperorientierte Prozessarbeit ist ein Weg der Selbsthilfe, um Hemmungen zu überwinden, sich aus destruktiver Selbstkritik zu lösen, das eigene Leben so zu ändern, dass es auf der eigenen inneren Orientierung aufbaut und die eigene Lebensenergie wieder fließen zu lassen.

Wahrnehmungsübung: Legen Sie sich bitte einfach flach mit dem Rücken auf den Boden. Schließen Sie bitte für einen Moment Ihre Augen und lassen Sie Ihren Körper zur Ruhe kommen. Mit jedem Atemzug darf der Körper noch mehr Gewicht nach unten zum Boden abgeben. Lassen Sie sich zuerst einmal mit dem Körper auf dem Boden ankommen. Nehmen Sie wahr, wie Ihr Kopf gerade liegt. Spüren Sie, wie die Schultern in Kontakt mit dem Boden sind. Wie ist Ihr Rücken in Kontakt mit der Unterlage? Wie liegen Ihre Beine auf dem Boden? Sind beide Beine gleich schwer oder sind sie ungleich schwer? Spüren Sie in sich und Ihren Körper hinein. Welche Bilder tauchen auf, wenn Sie die Augen schließen? Lassen Sie die Gedanken einfach weiterziehen und kleben Sie nicht daran fest. Bitte gehen Sie mit Ihrer Aufmerksamkeit in die linke Seite Ihres Körpers. Wo beginnt links? Wie weit geht links nach rechts? Bitte gehen Sie mit Ihrer Aufmerksamkeit dann in die rechte Seite Ihres Körpers. Wo beginnt rechts? Und wie weit geht rechts nach links? Wo empfinden Sie die Mitte?

Die gleiche Übung können Sie mit den anderen Achsen Ihres Körpers machen: Oben – unten, Vorne – hinten, Innen – außen.

Nach einem erneuten tiefen Atemzug möchte ich Sie bitten, den Körper als Ganzes wahrzunehmen – wie die Beine jetzt schwerer geworden sind, wie der Rücken noch mehr Gewicht zum Boden abgegeben hat und wie die Schultern noch tiefer nach unten gesunken sind. Dann dürfen Sie Ihre Augen wieder öffnen.

Focusing ist ein Weg, um Hemmungen zu überwinden, sich aus destruktiver Selbstkritik zu lösen, das eigene Leben so zu ändern, dass es Ihren inneren Sinn befriedigt, und die eigene Kreativität wieder fließen lässt. Wir nutzen das Focusing sehr gezielt im Coaching im Kontext von Burnout-Prävention, Quick-Recovery und Stressbewältigung.

4.1.2.2 Meditation

Die Meditation ist eine sehr effektive Methode, um eine umfassende Entspannung von Geist, Körper und Seele zu bewirken. Es gibt verschiedene Formen der Meditation. Bei der Stillemeditation z. B. liegt der Fokus darauf, dass alles, was den Geist stört, in den Hintergrund gerückt wird: Geräusche im Raum, Gedanken im Kopf usw. Bei aktiver Meditation, z. B. der Gehmeditation, fokussieren wir uns auf unseren Körper und blenden alles andere aus: Wie fühlt es sich an, wenn der Fuß den Boden berührt, höre ich etwas dabei, und wie fühlt sich die Bewegung des Beins während der Bewegung an?

Mithilfe der Meditation können wir aus Endlosschlaufen des Denkens aussteigen, innehalten und still werden. Aus dieser Stille können sich dann neue Sichtweisen eröffnen, die Lösungen für Probleme schaffen. Menschen, die häufig meditieren, sehen mehr Möglichkeiten, sind entspannter, flexibler, bewusster und letztlich auch freier in ihren Emotionen, Denken und Handeln. Doch in unserer verkopften Welt sind wir es nicht mehr gewohnt, still zu sein. Stille macht uns nervös und unruhig – sind wir es doch gewohnt, ständig von Informationen umgeben zu sein: Internet, Social Media, Blogs, Fernsehen, Radio, Mails, Anrufe. Der Stress und die äußerliche Hektik engen den Blickwinkel und unsere Wahrnehmung extrem ein. Wir verlieren die Sicht für die Möglichkeiten, werden so blind für das, was sein könnte.

Meditation ermöglicht es, unser eindimensionales Denken nach dem Entweder-oder-Prinzip durch ein mehrdimensionales, offenes Denken nach dem Sowohl-als-auch-Prinzip zu erweitern. Sie erlaubt es uns, Distanz zu bekommen, um die eigene Eng-Stirnigkeit (Denken) zu überwinden. Aus der Perspektive des entspannt Distanzierten lassen sich viele Probleme viel besser überblicken.

Das Motto ist: Halte an und inne. Meditation ermöglicht Ruhe, Distanz, Klarheit und Absichtslosigkeit. Sie hilft, innere Blockaden aufzubrechen und die eingefahrenen Bahnen zu verlassen. Wir nehmen Dinge deutlicher wahr und gelangen zu einem mehr integrierten, erfüllten Leben. Wir erkennen unsere Eindimensionalität und Betriebsblindheit und können diese so beseitigen. Konsequent angewendet bieten Meditationsverfahren, bisher verborgene Möglichkeiten, Kräfte und Energien wiederzuentdecken, wiederzubeleben und so die innere Harmonie wiederherzustellen.

Fabrice Midal (2018) spricht davon, sich selbst in Frieden zu lassen und einfach unangestrengt und liebevoll zu sich selbst in der Vollständigkeit der Präsenz des Moments zu sein. Er betont, dass es wichtig ist, sich mit dem Leben zu synchronisieren. Dazu müssen wir nicht bewusst, sondern lediglich offen sein. Ohne Kontrolle und ohne Wollen. Es geht um eine Akzeptanz dessen, was wir erleben und wie wir es erleben. Für Meditations-Interessierte möchten wir gern auf die Arbeiten von Jon Kabat-Zinn (1994) und Thich Nhat Hanh (2002) verweisen.

Durch regelmäßige Meditation wächst der Hippocampus. Das ist der Bereich des Gehirns, der für das Verarbeiten von Gefühlen und Lernprozesse zuständig ist.

Die Meditation umfasst folgende Anteile:
- Einstimmung
- Äußere Vorbereitung
- Innere Vorbereitung
- Meditation
- Beendigung

Neben der oben genannten Stille- und Gehmeditation gibt es noch weitere Meditationsformen. Bei der visuellen Meditation wird die Konzentration auf einen Gegenstand – zum Beispiel ein Bild an der Wand als Fixationspunkt der Aufmerksamkeit – gerichtet. Bei der Musikmeditation wird mit Klängen und der akustischen Dimension gearbeitet. Eine Sonderform ist die Mantrameditation. Hier wird davon ausgegangen, dass jeder Laut eine Vibration in unserem Körper erzeugt. Analog dem Resonanzboden einer Gitarre, der von den Schwingungen der Saiten ebenfalls zum Mitschwingen veranlasst wird und erst dadurch den Einzeltönen zu einem vollen Klang verhilft, springt der Körper an und verstärkt und moduliert durch feinste Vibrationen die in unserem Mund und Rachenraum erzeugten Töne. Die Mantrameditation nutzt den Körper als Resonanzboden zum Mit-

Praktische Hinweise für die Meditation

Überlegen Sie zunächst: Welche Übungszeit passt am besten? Morgens, mittags oder abends?
Sorgen Sie für ein ruhiges Ambiente zum Meditieren. Sie können auf dem Fußboden, Bett, Couch, Stuhl oder einem Sessel meditieren.
Sorgen Sie dafür, dass Sie nicht gestört werden. Schalten Sie Ihr Smartphone auf Flugbetrieb und leiten Sie Ihr Telefon weiter.
Wenn Sie mögen, schließen Sie die Augen.
Bequeme Kleidung ist wichtig: Legen Sie Gürtel, Brille, Armbanduhr, Schmuck, Schuhe ab.
Kommen Sie in die Präsenz: Seien Sie im Hier und Jetzt, statt mit den Gedanken bereits im nächsten Meeting zu sein.
Kehren Sie nach der Meditation wieder zurück und wenden Sie sich dem normalen Tag wieder zu. Das bedeutet auch eine Rückkehr in ein normales Erregungsniveau.

schwingen. Unterschiedliche Vokale führen zu verschiedensten Wirkungen in unseren Körperräumen. Diese Art der Meditation hat einen atemregulierenden und -therapeutischen Effekt: Die Vokalraumarbeit wird zur Lösung und Lockerung des Körpers genutzt.

In Coachings nutzen wir häufig Fantasiereisen, Trance-Induktionen und Techniken aus der hypnosystemischen Therapie.

Übung „Körper-Scanner"

Nehmen Sie Ihren gesamten Körper achtsam wahr. Lassen Sie Gedanken, die aufkommen, einfach vorbeiziehen, und kommen Sie zurück zu Ihrem Körper. Verweilen Sie bei jedem Körperteil mehrere Sekunden. Der Reihe nach:

- Kopf
- Gesicht
- Nacken
- Wirbelsäule
- Bauch
- Beckenbereich
- Arme, Hände, bis in die Fingerspitzen
- Oberschenkel, Unterschenkel, Füße bis in die Fußspitzen

Gezielte Muskelentspannung

Die Muskelentspannung erzielt primär eine Lockerung Ihrer Körpermuskulatur und setzt damit auf der motorischen Ebene der Stressbewältigung an. Ein Beispiel ist die Progressive Muskelrelaxation nach Edmund Jacobson. Diese Techniken werden unter anderem erfolgreich von Piloten und fliegendem Personal angewandt. Der Vorteil ist, dass die Übungen auch im Sitzen und in Räumen ohne große Bewegungsmöglichkeiten ausgeführt werden können – z. B. im Auto, Flugzeug oder während einer Bahnfahrt.

Hierzu eine dreiteilige Übung für Menschen, die an einem Bildschirmarbeitsplatz arbeiten und häufig über Nackenmuskelverspannungen klagen:

Übung zur Muskelanspannung:

Phase 1: Entspannung
Setzen Sie sich mit aufrechter Wirbelsäule entspannt auf Ihren Bürostuhl und verschränken Sie die Hände im Nacken. Die Finger sind wie zum Gebet gefaltet. Versuchen Sie nun, die Ellenbogen vorn zusammenzuführen. Dabei neigt sich der Kopf in Richtung des Brutbeins. Atmen Sie gelassen ein und aus und konzentrieren Sie sich auf den leichten Zug in Ihren Nackenmuskeln. Während des Einatmens lockern Sie jetzt die Position Ihrer Ellenbogen. Wiederholen Sie diese Übung circa achtmal – so beugen Sie einer Verspannung effektiv vor.

Phase 2: Dehnung
Bleiben Sie mit geradem Rücken auf dem Bürostuhl sitzen und führen Sie Ihren rechten Arm zur linken oberen Kopfhälfte, sodass die Spitze des Mittelfingers fast den Oberrand des linken Ohrs berührt. Ihre linke Hand hält sich am Stuhl fest. Nun ziehen Sie den Kopf ganz sanft unter gleichmäßigem Zug zur rechten Seite. Lassen Sie den Kopf auch seitlich entspannt hängen. Halten Sie diese Position circa 15 Sekunden, dann richten Sie den Kopf wieder ganz langsam auf. Anschließend wechseln Sie die Seite.

Phase 3: Isometrische Anspannung gegen Widerstand
Bleiben Sie mit geradem Rücken auf dem Bürostuhl sitzen und führen Sie Ihren rechten Arm zur rechten oberen Kopfhälfte, sodass die Spitze des Mittelfingers den Mittelscheitel berührt. Der Übergang von der Handfläche zum Handgelenk liegt am Oberrand des rechten Ohrs. Nun drücken Sie den Kopf ganz sanft und gleichmäßig gegen den Widerstand der rechten Handfläche. Halten Sie den Kopf dabei gerade. Halten Sie diese Position circa 20 Sekunden, dann verringern Sie den Druck wieder. Anschließend wechseln Sie die Seite.

4.1.2.3 Autogenes Training

Das autogene Training setzt am vegetativen Nervensystem an und unterstützt hier den Umgang mit dem Stress. Ziel des AT ist es, über die Selbstbeeinflussung in einen Zustand der Entspannung zu gelangen. Über die gedankliche Ruhe kann in einer Art Selbsthypnose Ruhe entstehen. Mit Hilfe bestimmter Formulierungen, wie „Ich bin vollkommen ruhig“ oder „Der linke Arm ist ganz warm“, können die Gedanken und Vorstellungen geleitet werden. Durch das Wiederholen der Formulierungen, zum Beispiel in der Schwereübung „Mein linkes Bein ist ganz schwer“, stellt sich nach einiger Trainingszeit, der gewünschte Entspannungszustand ein.

Es gibt eine Fülle an Literatur und Youtube-Videos zum autogenen Training – schauen Sie einfach mal in eines der Bücher, Podcasts oder Videos, um sich ein eigenes Bild zu machen, welche Entspannungstechnik oder Meditationsform für Sie interessant sein könnte.

4.1.2.4 Tai-Chi, Qigong, Yoga, Eutonie, Feldenkrais

Zur Stärkung der Selbstheilungskräfte bieten sich Tai-Chi, Qigong, Tai-Chi, Yoga, Feldenkrais und Eutonie an. Es handelt sich bei allen um bewusst und achtsam ausgeführte Bewegungsabläufe. Qigong ist ein fester Bestandteil der traditionell chinesischen Medizin (TCM). Die Bewegungen in Entspannung basieren auf einer Art Bewegungsmeditation und -regeneration. Ziele von Qigong sind die Erleichterung des Energieflusses und die Psychoregulation und die Herstellung einer harmonischen Balance zwischen An- und Entspannung. Hierbei werden Energieblockaden und -stauungen beseitigt. Bei konsequentem Üben lassen sich auch Heilerfolge bei chronischen Erkrankungen, wie z.B. Asthma bronchiale, Bluthochdruck oder bei vegetativen Beschwerden, nachweisen. Multizentrische prospektive Studien über die Erfolge von Qigong bei Migräne und Spannungskopfschmerz finden sich vor allem in der medizinischen Fachliteratur. Feldenkrais bietet ebenfalls hervorragende Möglichkeiten, in den Körper zu spüren, ohne dabei eigene Grenzen der Beweglichkeit zu überschreiten.

Zum Energetisieren und dem Wiederherstellen von Balance arbeiten wir ebenfalls mit Techniken aus der Kampfkunst. Das schult Beweglichkeit, Fokus, Reaktionsschnelligkeit und steigert Kraft und Kondition.

4.2 Rekreation und Balance

Bei der Ist-Analyse der Hard Facts fragen wir Führungskräfte im Coaching, was ihnen das Wichtigste ist. Meist kommt die sozial erwünschte Antwort: „Meine Familie.“ Auf die Frage, wie viel Zeit sie sich für die Familie nehmen, herrscht dann meist ein paar Sekunden Stille. Meist ist es nicht einmal 1 Stunde pro Tag. Das sind 4,1 % des Tages. Das ist nicht gerade viel für das Wichtigste im Leben, oder? Auf die Frage, wie viel Lebenszeit sie in die Arbeit investieren, kommt bei vielen Hochleistern die Antwort: 12 bis 14 Stunden. Das sind fast 80 % des Tages. Die Bezahlung erfolgt jedoch nur für 8 Stunden. Betriebswirtschaftlich gesehen ist das für Sie kein gutes Geschäft. Täglich werden so den Firmen 4 bis 6 Stunden pro Tag geschenkt. Guter Deal für das Unternehmen.

Klar, Sie sind als Führungskraft in Ihrer Organisation außertariflich eingestuft. Doch glauben Sie, Sie sind verpflichtet, dem Unternehmen Ihre gesamte Arbeitskraft zur Verfügung zu stellen? Das hieße, unterm Strich fast ihre gesamte Lebenszeit dem Unternehmen zu vergeben. Wie wäre es – auch betriebswirtschaftlich betrachtet und vor allem vom Standpunkt des Energiemanagements gesehen – dann nach Hause zu gehen, wenn die Arbeitskraft erschöpft ist?

Re-Kreation bedeutet Rückgewinnung verbrauchter Kräfte und ein Wiederherstellen der Leistungsfähigkeit. Dazu ein paar Fragen an Sie als Führungskraft:

- Wie viel Zeit nehmen Sie sich für Ihre Erholung?
- Wann ist abends Schluss?
- Wie regenerieren Sie sich am Wochenende?
- Wie erholen Sie sich am besten?
- Wie viel Urlaub gönnen Sie sich?

Bezüglich der Selbstregulation geht es um eine Neuausrichtung Ihrer Balance, einer Neuanordnung und eine Neupositionierung auf der Grundlage eines tiefen Verständnisses von Gesundheit, Sinn, Vertrauen und Verantwortung.

4.3 Tief eingestimmt anstatt abgestumpft

Im Team gut miteinander spielen zu können, setzt gute Führung und eine gute Abstimmung mit anderen und mit sich selbst voraus. So kann lebendige Resonanz nach außen möglich werden. Schwingungsfähigkeit setzt Freiheitsgrade und Spielräume voraus. Wenn wir diese eindämmen, entsteht Enge und Starre.

Unabhängig von der Branche empfinden sich etliche Führungskräfte im Stakkato des vorgegebenen Business-Rhythmus eingeengt. Sie müssen in vorgegebenen Zeiten vorgegebene Ziele erreichen. Dabei wird wenig auf den persönlichen Rhythmus geachtet. Was ist Ihr persönlicher Biorhythmus? Sind Sie Frühaufsteherin oder Morgenmuffel? Wann können Sie am besten arbeiten? Menschen, die sich morgens aus dem Bett quälen müssen, sollten überlegen, wie sie ihre Arbeitszeit flexibilisieren können, um im Einklang mit dem eigenen Biorhythmus zu arbeiten. Nur dann ist die Leistungsfähigkeit am größten.

Insbesondere bei Hochleistungsteams sollte es nicht um das stupide Abarbeiten von Routineaufgaben gehen, sondern um das Pulsieren von authentischer Lebendigkeit. Unser Herz schlägt nicht monoton im Takt, sondern unterliegt einer Herzfrequenzvariabilität. Diese wird durch externe und interne Faktoren beeinflusst. Auf Unternehmen übertragen heißt das: Kommunikation gelingt genau dann, wenn die „Mitspieler" eines Teams gut eingestimmt sind und wechselseitig zuhören, bevor sie selbst etwas sagen.

Fragen zur Reflexion:

- Wie führe ich mich selbst?
- Wie fühle ich mich, wenn mir alles gelingt?
- Wann spüre ich den vollen Elan des Lebens?
- Was spüre ich, wenn die Dinge anstrengend sind?
- Wie gelingt es mir, mich im Einklang mit mir selbst zu erleben?
- Welcher Rhythmus entspricht mir am besten?

Für eine Balance braucht es ein mutiges Sich-Einlassen und ein gesundes Loslassen. Im Rahmen einer Experimentierkultur können Sie als Vorgesetzter den Rahmen für ein balanciertes Möglichmachen setzen, damit eine Sich-Trauen-Kultur entstehen kann.

Statt übereinander zu sprechen, sollten wir miteinander sprechen, Dinge im gemeinsamen Austausch ausprobieren, Punkte identifizieren, die die Balance einschränken oder verhindern. So wurde in einer Marketing-Abteilung ein Ruheraum eingerichtet, der mittags für die Meditation oder für Yoga-Kurse genutzt werden kann.

4.4 Midlife-Power statt Midlife-Crisis

Unsere Bewertung und Beurteilung macht aus einem Ereignis etwas Schlimmes oder etwas Gutes. Insbesondere für seniore Führungskräfte ist es wichtig, die innere Haltung zu hinterfragen, da etliche Menschen in der Lebensmitte in eine tiefe Sinnkrise rutschen. Wirklich zu verstehen, wer wir sind, wie wir ticken, wie wir sind. Und was das wirklich Wesentliche ist. Dazu ist eine integrale Neuorientierung nötig, die die Menschen und ihre Ressourcen mit in ihr Konzept einbezieht.

Elfmeter im Kopf zu verwandeln, ist eine hohe Kunst des Seins. Vielen Führungskräften ist der spielerische Ansatz verloren gegangen, da wir nur noch auf Effizienz und Fehlermeidung konditioniert wurden. Das macht eng und verbissen. „Man kann es nicht wissen, bevor man es nicht ausprobiert." Robert Anthony zeigt in diesem Zitat auf, was vielen von uns fehlt: Experimentierfreudigkeit.

Toooooooooooooooor! Unsere Erfolge werden im Kopf gemacht. Das ist meisterhaft. Unsere Spielmacher sind unsere Motivation, unsere Einstellung und die professionelle Vorbereitung auf das Spiel. Die Bewertung der Dinge hat maßgeblich Einfluss darauf, ob wir im Leben erfolgreich sind oder nicht. Und sie ist immer subjektiv. Das einzige Objektiv gibt es im Fotogeschäft, aber die Bewertung von Reizen oder Ereignissen ist nie objektiv, da Wirklichkeit in unserem Bewusstsein inszeniert wird.

Wie gelingt ein 1:0 für Ihre Kreativität? Im Land der Oberbedenkenträger beginnen viele Sätze mit Hinweisen auf Probleme und mit Jammerattitüden: „Oje, oje, oje." Mit etwas Schwung können Sie sie ganz leicht in ein „Olé, olé, olé" umstimmen. Um aus den Klageliedern eine Erfolgs-Sinn-Fonie zu machen, braucht es nur einen anderen Blick auf die Dinge und eine andere Einstellung zu sich selbst. Und das hat mit unserer inneren Führung zu tun. Der Aufschwung beginnt im Kopf – mit Ihrer Kreativität.

Um einen Weg aus der Midlife-Crisis zu ermöglichen, habe ich in meinem Buch „Halbzeit" ein Midlifepower-Paket mit der Frequenzwechsel®-Methodik zusammengestellt (Schröder, 2016).

Wer sagt, dass etwas nicht geht, wird es auch nicht ins Gelingen zu bringen. Die innere Haltung ist auf Scheitern programmiert. Denn wenn Sie denken, dass etwas nicht möglich ist, geben Sie nicht einmal der Möglichkeit die Möglichkeit, möglich zu sein. Mit einem kleinen Frequenzwechsel® lässt sich diese Haltung ändern. Mit mehr Leichtigkeit und innerer Gelassenheit gelingt es, die Einstellung des „Oje, Oje, Oje" in ein „Olé, Olé, Olé" zu verändern.

Sehen Sie selbst, wie sich die innere Haltung verändern lässt (siehe **Tab. 4-1**):

Interessanterweise legen Bedenkenträger im Business den Fokus auf das Problem. Sie suhlen sich sogar darin und zählen Tausende von Gründen auf, warum etwas nicht funktionieren kann. Vielleicht kennen Sie auch so eine Situation, in der man Ihnen sagt, dass das, was Sie wollen, auf keinen Fall geht.

Führungskräfte, die selbstbestimmt und eigenverantwortlich handeln, legen circa 10 % ihres Fokus auf das Problem, um es zu verstehen. Dann beschäftigen sie sich jedoch nicht mehr mit der negativen Seite der Medaille, sondern halten mit 90 % ihrer Energie Ausschau nach Lösungen. So wird nicht unnötig Energie in den Problemfokus gesteckt. Es bedeutet, aus dem Nein ein Ja machen zu können. Wenn Sie es schaffen, die Situation und sich selbst nicht mehr so ernst zu nehmen, läuft alles viel leichter – so auch das Spiel des Lebens. Dazu ein Beispiel aus dem Business-Alltag in einem Aviation-Unternehmen:

Hella Haberthür

Hella Haberthür, 46 Jahre alt, fühlt sich in der letzten Zeit durch die häufigen depressiven Verstimmungen einer ihrer Projektleiter energetisch völlig leer – irgendwie wie emotional ausbeutelt. Anstatt sich voll in den Depri-Sumpf des Kollegen hineinziehen zu lassen, verändert Hella die Situation mit einer Handlung, die sie bisher noch nie gesetzt hat und die für den Kollegen unerwartet ist. Bisher hat sie immer sehr mitfühlend und mitleidig auf seine Nörgelparaden reagiert – und wurde dabei energetisch immer leerer. Jetzt sagt sie einfach: „Du Nico, du bist wirklich ganz arm dran. Ich gehe jetzt zum Thai-Qi-Training und werde es mir so richtig yabba-dabba-doo-mäßig gut gehen lassen."

Es geht dabei gar nicht so sehr um das, was Sie sagen, sondern wie Sie es dem anderen verständlich machen. Wichtig ist, dass Sie sich ganz anders verhalten als gewohnt. Erst das bringt eine Veränderung und erweitert die Per-

Tabelle 4-1: Veränderung der inneren Haltung

Kriterium	„Oje Oje Oje"-Haltung (passive innere Haltung)	„Olé Olé Olé"-Haltung (gestalterische innere Haltung)
Arbeit	Harter Einsatz – Knochenjob	Spielerisch Hindernisse überwinden
Selbstverpflichtung	Ich sollte	Ich möchte/Ich will
Arbeit	Lästige Pflicht	Himmlisches Vergnügen
Oberstes Gebot	Vernunft	Intuition
Wunsch nach	Verlangen nach Anerkennung	Selbstverständlichkeit meines eigenen Weges
Funktion nach Außen	Stärke zeigen	Authentisch eigene Potenziale leben
Selbstwert	Ich kann das nicht (Selbstwert und Selbstwirksamkeit im Keller)	Wie muss ich mich verhalten, was kann ich tun und lernen, um zu erreichen, was ich will (positive Selbstwirksamkeit)
Verhältnis zu anderen	Konkurrenz	Mit sich selbst und mit anderen verbunden sein
Arbeit	Abhängigkeit	Unabhängigkeit/Freiheit
Interaktion mit anderen	Selbstständigkeit	Netzwerk
Lebensmotto	Leistungsfähigkeit	Liebe
Selbstaussage	So bin ich eben	Ich kann auch anders – und mich anders verhalten
Wahrnehmung	Beurteilung: Es geht einfach nicht	Offen bleibend: Aha, so geht es also nicht. Dann werde ich einen anderen Ansatz ausprobieren. Dabei suche ich nach anderen Lösungen und probiere mich einfach aus.
Leistungsbezug	Leistung, die Leiden schafft	Leistung aus Leidenschaft
Fokus	Problem	Lösung
Einstellung	Das wird mir mein Chef nicht erlauben	Was kann ich tun, um ihn zu überzeugen?
Gesichtsausdruck	Sorgenfalten	Lachfalten
Vergnügen	Ab und zu mal ein wenig Vergnügen	Power-Flatrate mit himmlischem Megavergnügen

spektive auf neue und andere Möglichkeiten im Umgang mit dem Kollegen und sich selbst. Und so können wir auch jenseits der oberflächlichen Konformitätsregeln in die Tiefe des wirklichen Seins eintauchen.

Werden Sie konkret. Erstellen Sie für sich einen Entwicklungs- und einen Aktionsplan. Hierzu zeigen wir Ihnen in **Abbildung 4-1** und **Abbildung 4-2** ein Beispiel für eine Struktur.

Durch die Veränderung der inneren Haltung wird das Selbstwertgefühl gesteigert. Schwierigkeiten können als Einladung zu einer konkreten neuen Handlung verstanden werden. Statt von Problemen in die Angst oder Panik zu geraten, können Herausforderungen als Experimentierfeld der eigenen Weiterentwicklung gesehen werden. Das Denken in Chancen erweitert so die Gestaltungsperspektive und die Selbstwirksamkeit.

Damit Sie alte Verhaltensmuster durchbrechen können, möchten wir Ihnen vorschlagen, etwas zu tun, was Sie noch nie gemacht haben. Schreiben Sie einfach auf, was Sie gleich morgen ändern könnten:

- Anstatt mit dem Auto mit dem Fahrrad oder mit öffentlichen Verkehrsmitteln zur Arbeit fahren.
- Anstatt hektisch im Stehen in der Küche zu frühstücken, Ihren Partner mit einem liebevoll mit Kerzen gedeckten Tisch und leckeren Brötchen überraschen.

Aspekt	Schwachpunkt	Entwicklungsziel	Maßnahmen	Hebel

Effektive Stellhebel für die eigene Entwicklung:
- Reflexionsfähigkeit
- Selbst- und Fremdwahrnehmung
- Persönlichkeitsentwicklung
- Fähigkeiten/Fertigkeiten
- Selbstempathie
- Selbstwirksamkeit
- Embodiment

Abbildung 4-1: Beispiel eines Frequenzwechsel®-Entwicklungsplans

Merkmal	Fragestellung	Aktionsplan
• Durchsetzungsfähigkeit, Tatkraft • Ärgern • Abgrenzungsfähigkeit • ... • ...	• Wie kann ich initiativ werden? • Wie bekomme ich meinen Willen? • Wie kann ich meine Ärgerenergie in Handlungsenergie verwandeln? • Wie kann ich mich besser abgrenzen? • Wie kann ich leichter Nein sagen?	• Ich mache... • Termin • Kontrolle

Abbildung 4-2: Beispiel eines Frequenzwechsel®-Aktionsplans

- Anstatt abends noch mit dem Staubsauger durch die Wohnung zu hecheln, einfach einen Spaziergang durch den Wald oder den Park unternehmen.
- Anstatt immer nur für die anderen da zu sein, sich mal wieder mit sich selbst verabreden und das machen, worauf Sie am meisten Lust haben.

Viele Führungskräfte sind sich vor lauter Funktionieren-Müssen schon lange nicht mehr begegnet oder haben sich selbst schon lange nicht mehr gesehen. Ein guter Anfang könnte sein, sich dafür Zeit und Raum zu geben. Die wirkliche Begegnung mit sich selbst kann Wunder bewirken. Was werden Sie morgen ganz bewusst anders machen?

Reflexionsfragen für seniore Führungskräfte:

- Was gibt Ihnen Energie und Lebensschwung?
- Wie können Sie Ihre eigene Kraft gut spüren?
- Was lässt Sie leichter mit den Dingen umgehen?

So bleiben Sie empowered am Ball: Hören Sie in sich hinein und spielen Sie in Ihrem eigenen Tempo und eigenen Rhythmus nach Ihrer eigenen Lebensmelodie.

4.5 Toxische Beziehungen und einengende Bedingungen

Beim Ausdruck „toxische Beziehungen" denken viele an Problemen in Paarbeziehungen. Korrekt. Doch auch der Umgang mit Kolleginnen und Teams kann Mitarbeitende aus der Balance bringen und unzufrieden, unglücklich und krank machen. In diesem Fall ist das Thema Selbstregulation besonders wichtig. Es geht um das Erkennen von Verhaltensmustern, die die Gesundheit gefährden können.

Marlen Tiefenthal

Marlen Tiefenthal war Abteilungsleiterin eines inhabergeführten Unternehmens und sprach in einem Führungsworkshop von toxischer Kommunikation und einem bestrafenden Setting, in dem sie es nicht länger aushalten konnte: „In jedem Meeting gibt es eine Menge emotional belastenden Fallout und schädliche kommunikative Spaltprodukte, die eigentlich in Bleifässern eingelagert werden müssten. Es tut mir einfach nicht gut, hier zu arbeiten, ich halte es einfach nicht mehr aus." Alle Vermeidungsstrategien und Verleugnungsversuche waren gescheitert. Die Unternehmenskultur war tough und extrem aggressiv. Sie hatte viel in sich hineinfressen müssen und konnte sich nur schwer abgrenzen und erledigte zudem viele Arbeiten von Mitarbeitenden, die ihr Pensum einfach wieder an sie zurückdelegierten. Sie sagte: „Wenn es mir emotional zu viel wurde, kam es mir hoch." Sie musste würgen. Ihre Kolleginnen empfand sie als kühl und intrigant.

Das Muster war stets das Gleiche: Der geschäftsführende Inhaber brüllte seine Führungskräfte jeden Montagmorgen im Bereichsleitermeeting an, dass sie nicht gut genug seien und dem Unternehmen viel zu viel Geld kosteten. Er war ein egoistischer Narzisst, der die Schuld immer bei anderen suchte. Marlen sprach von einem Wechselbad der Gefühle: An einem Tag schrie er Marlen an, am anderen Tag schmierte er ihr mit Blumen Honig um den Bart und entschuldigte sich für seine Wutausbrüche. Angst und Druck waren das beherrschende Führungsinstrument in der Firma. Das übermäßige Kontrollverhalten des Chefs wurde immer stärker. Dabei war Marlen sehr gut organisiert und schätzte es, frei Entscheidungen treffen zu können. Durch die Homeoffice-Situation änderte sich der Faktor Autonomie rapide. Mehrfach rief er sie am Tag an, um zu wissen, wo sie gerade ist und was sie gerade macht. Sie versuchte immer noch, alles positiv zu sehen und die Schuld für Fehler bei sich zu suchen. Doch am Mittwoch

um 11:13 Uhr verschlug es ihr die Stimme. Im Onlinemeeting beschimpfte sie der Geschäftsführer als blöde Kuh, die nichts auf die Reihe bekommt. Keiner der Kolleginnen sagte etwas in dem Meeting. Die Beleidigungen und permanenten Schuldzuweisungen waren einfach zu viel. Durch den emotionalen Druck fühlte sich ihre Kehle an wie abgeschnürt. Sie konnte nichts sagen und verließ den Raum. Sie hatte sich zu lange nicht gewehrt. Zudem hatte sie eine entzündliche Hauterkrankung an den Händen entwickelt. Die Haut schälte sich. Die Psyche hatte ihr viele Hinweise gesandt. Doch Marlen hatte sie überhört und sich selbst übersprungen.
Im Coaching arbeiteten wir an Marlens Selbstwert, ihrer Haltung und den Möglichkeiten der Selbstregulation.
Toxische Beziehungen sind häufig durch hohen emotionalen Druck, Dominanz, Egoismus, Schuldzuweisungen, Beleidigungen, Abwertungen und Kontrollsucht geprägt. Marlen spürte das unfaire Ungleichgewicht in der Beziehung mit ihrem Chef zwischen Autonomie und Bindung. In diesem zermürbenden Setting wurde ihr nur Energie abgezogen.
Ein wichtiger Faktor für Marlen war es, zu akzeptieren, dass sie gut genug ist, wie sie ist. Sie dachte immer, dass etwas mit ihr nicht stimme. Und permanent hatte sie ein schlechtes Gewissen, nicht genug geleistet zu haben. Der mentale Fokus lag immer auf dem Defizit. Die mangelnde Abgrenzungsfähigkeit führte dazu, dass etliche Mitarbeitende unerledigte Arbeit an sie zurückdelegierten. Das körperliche Symptom ließ nicht lange auf sich warten: Es kam ihr wieder hoch. Normalerweise verhindert eine kleine Klappe am Ende der Speiseröhre, dass Nahrungsreste aus dem Magen wieder hochgelangen. Nachdem Marlen lernte, sich besser abzugrenzen, keine Rückdelegation mehr zuzulassen und ein klares Nein zu artikulieren, heilte auch die Refluxerkrankung schnell aus. Nach und nach lernte sie durch Reflexion und Techniken zur Körperwahrnehmung, dass sie für sich selbst sorgen darf. Lang genug hatte sie persönliche Bedürfnisse unterdrückt und sich nur für die Firma eingesetzt.
Sie entwickelte alternative Szenarien und kam nach und nach wieder in die eigene Kraft. Eigenverantwortlich konnte sie sich ihr Leben zurückholen und sich so aus dem Griff der alten Verhaltensmuster lösen. Sie lernte, dass der Chef seine Unzufriedenheit auf andere abwälzte, um sich selbst besser zu fühlen. Doch das hatte nichts mit Marlen zu tun. Es waren seine Probleme. Im Coaching reflektierten wir die manipulativen Techniken des Chefs. Diese waren ein Grund dafür, dass sich Marlen so hilflos und als Opfer fühlte.
Mit klarer Orientierung und der Akzeptanz der Situation schaltete sie drei Monate später die Weiche auf Change: Marlen entschied sich für sich und gegen die Umstände und kündigte ihrem Chef. Die Trennung vom Unternehmen war für sie überlebens-not-wendig. Erst nach und nach gelang es ihr, tatsächlich loszulassen. Dann fühlte sie sich befreit. Wörtlich sagte sie: „Es fühlt sich so an, als wären die einengenden Ketten gesprengt und ich kann erstmals wieder frei atmen." Durch die klaren Grenzen in der Kommunikation heilten auch die Entzündungen in den Händen in kurzer Zeit wieder ab. Die Selbstregulation hatte funktioniert.
Die Tatsache, dass Marlen diesen Prozess der Befreiung von toxischen Verhältnissen durchlaufen ist, machte deutlich, dass sie ihr persönliches Ziel, den eigenen Bedürfnissen zu folgen, auch wirklich erreichen würde.

4.6 Puls-Check für Führungskräfte

- Wann sind Sie selbst gut in der Balance?
- Wie steht es um Ihre Selbstfürsorge?
- Was hilft Ihnen, abzuschalten?
- Denken Sie in Ihrer Freizeit an die Arbeit?
- Wann sind Sie glücklich?
- Wann ist eine gute Zeit für ein Runterfahren und für das Wiederherstellen Ihrer Balance?

- Können Sie in anstrengenden Zeiten relaxen?
- Fühlen Sie sich kraftvoll?
- Was braucht es, um die eigene Selbstregulation zu stärken?
- Fühlen Sie sich frei im täglichen Handeln?
- Kennen Sie Ihre Bedürfnisse?
- Wie stark erleben Sie Ihre Autonomie?
- Können Sie Ihren Mitarbeitenden das gemeinsame Ziel vermitteln?
- Sind Sie mit sich und mit dem Team auf einer Ebene?

4.7 Auf den Punkt gebracht

Balance – Balanced Leadership bedeutet, eigene Widerstandsfähigkeit zu reflektieren, den Biorhythmus zu nutzen, um sich auf das Wesentliche konzentrieren zu können und eigene Emotionen zu regulieren. Selbstfürsorge, Ruhe- und Entspannungsverfahren, Meditation, autogenes Training, Thai-Qi, Qigong und Focusing sind dazu sinnvolle Methoden.

Bewerten Sie ihr eigenes Tempo und halten kurz inne, um im eigenen Rhythmus wieder in eine gesunde Balance und Kraft zu kommen. Um leistungsfähig zu werden, zu sein und zu bleiben, bedarf es nach jeder Anstrengungsphase auch eine Entspannungsphase. Am besten sollte an dieser Balance präventiv gearbeitet werden, um die Regenerationsfähigkeit zu steigern und mit Widerständen und Stress besser umgehen zu können. Jeder darf seine eigene Methode dafür finden. Meditationsverfahren ermöglichen es, tief eingestimmt Abstand zu den Ereignissen zu erlangen und Ihre persönliche Situation besser beurteilen zu können.

Bestager-Führungskräfte können mehr Midlife-Power entwickeln, wenn Sie aus den „Oje oje oje“-Gedanken aussteigen und einen „Olé olé olé“-Mindset entwickeln.

Rekreation und Balance ermöglichen eine Rückgewinnung verbrauchter Kräfte und ein Wiederherstellen der Leistungsfähigkeit.

Achten Sie auf Ihre eigenen Bedürfnisse und erkennen Sie toxische Beziehungen frühzeitig.

5 Stufe 5: Energiemanagement und Recovery

„Dem einen gelingt alles und er verliert dabei doch alles. Einem anderen begegnet nichts als Ungemach und Enttäuschung, und doch gewinnt er mehr, als die ganze Erde wert ist.“
William Law (Englischer Philosoph und Geistlicher, 1686–1761)

Gehen wir eine weitere Stufe nach oben. In diesem Kapitel beschäftigen wir uns mit dem Energiemanagement und der Fähigkeit, sich zu erholen. „Auf die Dauer fehlt die Power“, antwortete ein Geschäftsführer auf die Frage, wie die Kollegen mit den vielen Zoom-Meetings, GoTo-Meetings, WebEx und Konferenzen über Teams umgehen, um nur einige der vielen Anbieter von Online-Konferenzen zu nennen. Viele Führungskräfte fühlen sich am Limit ihrer Kräfte. In diesem Schritt geht es um Energiemanagement, persönliche Ressourcen und Selbstwirksamkeit als Führungskraft. Wie steht es um Ihre Lebens- und Führungsenergie? Wie schnell erholen Sie sich von Stress und Belastungen, um Ihre Leistungsfähigkeit als Führungskraft wiederherstellen zu können? Wie gelingt es Ihnen auf der Teamebene, sich selbst und Ihre Mitarbeitenden zu re-energetisieren? Wie viel Power steckt in der Gesamtorganisation?

Seit Erscheinen meines Buches „Energize yourself“ (Schröder, 2004) ist viel Zeit vergangen. Damals wurden unsere Themen Energiemanagement, Recovery und die Balance von Anspannung und Entspannung in den Unternehmen noch nicht als Impact eingeschätzt, um die Leistungsfähigkeit als Führungskraft sinnvoll nutzen zu können. Wir sind in den letzten 15 Jahren an genau diesen Themen drangeblieben und haben auf Basis von eigenen Studien und wissenschaftlichen Publikationen bestätigt gesehen, dass das Energiemanagement essenziell ist für Leistungsfähigkeit von Führungskräften, Teams und Organisationen.

Die Stärkung der individuellen Führungskraft ist wichtig, denn die Gesundheit ist unser kostbarstes Gut. Grund genug, unseren Körper gut zu behandeln. Statt Pillen gegen ein Symptom zu nehmen, sollten wir die eigenen Ressourcen durch proaktives eigenverantwortliches Energiemanagement aktivieren, mit dem Ziel, die eigene Resilienz zu steigern und stark in Führung gehen zu können. Die Fähigkeit, heute mit Belastungen umzugehen, ist die Voraussetzung für den Führungserfolg von morgen.

5.1 Kraftzellen stärken

Wenn wir uns mit dem Thema Energiemanagement beschäftigen, lohnt der Blick in das Innerste der Zellen – die Mitochondrien. Unsere Mitochondrien werden als „Kraftwerke der Zellen“ bezeichnet. Sie produzieren Adenosintriphosphat (ATP), den bedeutendsten Brennstoff unseres Körpers. In den Mitochondrien werden alle notwendigen Bestandteile für die Energiegewinnung zusammengebracht, um mit der Zellatmung Energie für alle Prozesse herzustellen.

Mitochondrien sind Energiequellen für die Gesundheit. Für einen starken gesunden Körper ist eine ausgewogene Ernährung wichtig. Besonders relevant ist ein ausgeglichener Elektrolythaushalt. Dazu gehören vor allem Natrium und Kalium, ausreichend Vitamin B12 und andere B-Vitamine, Omega-3-Fettsäuren, Eisen und das sogenannte Coenzym Q10, das einen Teil der Atmungskette in der Innenmembran bildet. Ausreichende Bewegung und Sport regt die Teilung und damit Vermehrung von Mitochondrien an.

Die Saft- und Kraftlosigkeit erschöpfter Führungskräfte lässt sich vorbeugen, in dem diese Nährstoffe dem Körper regelmäßig und in der richtigen Menge zur Verfügung gestellt werden.

Psychoneuroimmunologische Studien haben die Korrelation zwischen Stress und dem Immunsystem belegt. Den Vitaminen, Mineralien und Spurenelementen kommt dabei eine tragende Rolle zu. Ernährungsexperten unterstreichen die Wichtigkeit eines optimalen Vitalstoffmix zur Steigerung der körperlichen und geistigen Leistungsfähigkeit und zur Stärkung des Immunsystems. Wissenschaftliche Studien belegen den Schutz vor Krankheitserregern durch Stärkung der körpereigenen Abwehrkräfte mit Nährstoffen. Ein wirksamer Schutz wird unter anderem durch Kombination der Vitamine A bis E geboten, die in jedem Frühstück reichlich enthalten sein sollten.

Ganz einfache Nahrungsmittel wie Äpfel, Orangen, Bananen, Sonnenblumenkerne und Vollkornbrot bieten dem Körper mehr als 300 Biostoffe für unser Immunsystem an. Beispielhaft seien genannt:

- Antioxidantien, die die Zellen vor aggressiven Radikalen schützen, sind wichtige Biostoffe, die z. B. in Äpfeln enthalten sind.
- Vitamin C ist ein weiterer wichtiger Bestandteil eines jeden Frühstücks. Frisch gepresster Orangensaft macht nicht nur munter und schmeckt gut, sondern enthält den Turbolader für die Mitochondrien und unser Immunsystem.
- Mit dem Vitamin B1, das zur psychischen Stabilität und geistigen Fitness beiträgt, bekommen Sie mit zwei Scheiben Vollkornbrot die notwendige Portion „Gute Laune“ serviert.
- Zink ist in Hartkäse und Roggenflocken enthalten und fungiert als wichtiger Bestandteil eines ausgeglichenen Immunsystems, Antioxidans und Unterstützer der Motivation.
- Das für die innere Ruhe und Ausgeglichenheit wichtige Magnesium ist in Bananen und Sonnenblumenkernen enthalten.

Kapitel 5.5 geht ausführlich auf die Ernährung ein.

5.2 Energiemanagement und Ressourcen

In den Anforderungsprofilen für Chefpositionen heißt es, dass Führungskräfte belastbar sein sollen. Doch vielen Führungskräften fehlt die Kraft und etliche brechen unter der Last der Verantwortung und des Zuviels zusammen. Power-Meetings, dringliche Konferenzschaltungen, virtuelle Meetings und die E-Mail-Flut führen dazu, dass ihnen schwindelig wird. Das ewige Weitermachen durch gleiches Verhalten steigert nicht die persönliche Performance. Ganz im Gegenteil: Angestrengt wird verbissen versucht, ein vorgegebenes Ziel zu erreichen. Dabei ist das innere Feuer erloschen. Unglücklich werden Dinge erledigt, die keinen Spaß mehr machen.

Zwei Aspekte sind hierbei zu betrachten: Die Verhältnisse – und das Verhalten. Der Gesellschaftswandel, der sich permanent erhöhende Druck in der Wirtschaft und die Globalisierung sind Dimensionen, denen sich der Einzelne nicht mehr entziehen kann, werden häufig als Grund für fehlende Energie genannt. Im Zeitalter von Multitasking und globalisierter Virtualität gibt es keine festen Büros mehr, keine festen Orte, keine festen Zeiten. Alles findet gleichzeitig, immer schneller und immerzu statt. Nichts bleibt, wie es war. Das führt bei Mitarbeitenden zu Entwurzelung und Unsicherheit. Durch die zunehmende Komplexität, die Erwartung einer permanent weltweiten Erreichbarkeit über mobiles Telefon, SMS und E-Mails sowie Arbeitsverdichtung in einer von

Effizienz dominierten Arbeitswelt kommt es zu Veränderungen im Arbeits- und Leistungsverhalten. Mit Auswirkungen auf die Psyche. Getrieben von Zielen, die von anderen gesetzt wurden, wissen viele überhaupt nicht mehr, was ihnen eigentlich entspricht und was sie im Leben machen wollen. „Schneller – höher – weiter" ist nicht die Antwort auf die Herausforderungen unserer Zeit. Vielmehr braucht es Orientierung und eine klare Ausrichtung, wohin die Reise energetisch geht.

Schauen wir also genauer hin.

Hochleistungen kann nur erbringen, wer gesund und leistungsfähig ist und genügend Energieressourcen zur Verfügung hat. Mit emotionalem Hybridantrieb für sich selbst (Zelle), für das Team (Gewebe), für das Unternehmen (Organismus) und für die Welt, in der wir leben (Kosmos), kann jede Führungskraft einen Mehrwert leisten, wenn dieser von innen, also aus dem innersten Kern der Zelle des Mitarbeitenden kommt. Bis in die Haarspitzen motiviert zu sein, ist gelebte Kern-Kraft, die auch andere beschwingt.

Ohne Ressourcen – keine Leistung. Der Mensch ist ein regeneratives Unternehmen. Der Zusammenhang von Energie, mentaler Performance und Gesundheit sind wissenschaftlich belegt. Wir müssen energetisch ausbalanciert bleiben, um nicht in einen Burnout-Zustand zu gelangen. Topperformer dürfen daran arbeiten, ihre Energiekiller zu identifizieren, eigene Muster zu reflektieren, um dann der eigenen Gesundheit mehr Raum und Zeit einzuräumen. Über den Mehrwert von Meditationen als Zugang zur inneren Welt haben wir im letzten Kapitel ausführlich gesprochen.

Im Sinne eines professionellen Selbst- und Stressmanagements gilt es, die Wahrnehmung für das wirklich Wesentliche des Energiemanagements zu schärfen. Zur Aufrechterhaltung der eigenen Leistungsfähigkeit muss Energie aufgetankt werden. Doch der Fisch stinkt immer vom Kopf. So ist es den wenigsten Führungskräften bewusst, dass ihr Führungsstil mit dem Grad der Gesundheit der Mitarbeitenden korreliert.

Manche Führungskräfte wirken eher als Bremskraftverstärker denn als Motivator, der Mitarbeitende beflügelt. In vielen Unternehmen fehlen Hintergrundinformationen über die Auswirkungen von schlechtem Führungsstil. Daher ist es wichtig, wahrzunehmen, wie Mitarbeitende mit sich selbst und ihrer Energie umgehen. Wenn diese noch nachts E-Mails schreiben und auch die Wochenenden durcharbeiten, müssen Vorgesetzte gegenwirken, bevor eine Negativspirale einsetzt. Volkswagen hat vor einigen Jahren als eines der ersten Unternehmen angefangen, ab Freitagabend keine E-Mails mehr über den Zentralrechner zu synchronisieren, damit die Spirale nicht noch weiter angeheizt wird.

Im Coaching haben wir viele Führungskräfte erlebt, die stets busy mit Vollgas auf der Überholspur im Leben unterwegs gewesen sind und plötzlich diese tiefe Leere spürten. Sowohl eine Bremsspur als auch der Beschleunigungsstreifen kosten Kraft und Energie.

Halten Sie kurz inne und fragen Sie sich: Wie fühlen Sie sich jetzt? Voll ausgebremst oder selbst eingebremst? Oder voller Energie mit unlimitierter Kraft?

Mit circa 50 Jahren beginnt für viele Führungskräfte ein Abwärtstrend mit zunehmender Erschöpfung der Lebensreserven. Frauen kommen in die Wechseljahre. Männer auch – und zwar anders. Bei Männern ist das verminderte Testosteron nur ein Grund. Es zwickt hier und zwackt da. Häufig wird der Kraftverlust durch noch mehr Anstrengung kompensiert. Sprüche wie „Nur die Harten kommen in den Garten" zeigen das Ausmaß der Selbstverleugnung. Als Führungskraft ist es wichtig, dass Sie mit Ihrer Energie haushalten (siehe **Tab. 5-1**).

Übung „Meine Lebensbatterie"

Stellen Sie sich vor, dass die Ihnen zur Verfügung stehende Energie in der abgebildeten Batterie ist, auf einer Skala von 0 bis 100 %. Wie voll ist Ihre Lebensbatterie heute?

Übung: Testen Sie Ihr Energieniveau

Tabelle 5-1: Das Energieniveau

Aussagen zum Energieniveau	Stimmt immer 6 Punkte	Stimmt häufig 4 Punkte	Stimmt ab und zu 2 Punkte	Stimmt nie 0 Punkte
1. Es gelingt mir gut, die Regie in meinem Leben zu führen.				
2. Im Alltag übernehme ich die volle Verantwortung für mein Leben.				
3. Bei der Arbeit kann ich gut Nein sagen und erfolgreich delegieren.				
4. Ich lerne konsequent aus meinen Fehlern und suche nach Wegen, mich permanent zu verbessern.				
5. Ich kann auf meine Talente, Stärken und Fähigkeiten bauen.				
6. Mir gelingt es auch im Führungsalltag, meine Gefühle zu zeigen und meiner Intuition zu vertrauen.				
7. Ich bin offen und neugierig auf Neues.				
8. Es gelingt mir auch in schwierigen Situationen, loszulassen, mich zu entspannen und von den Problemen des Alltags abzuschalten.				
9. Ich schaffe es, mich auf das Wesentliche in meinem Leben zu konzentrieren.				
10. Mit freiem Kopf kann ich gelassen und entspannt wichtige Entscheidungen treffen.				
11. Mit großer Erfüllung kann ich mich in meinem Beruf selbst verwirklichen.				

Tabelle 5-1: Fortsetzung

Aussagen zum Energieniveau	**Stimmt immer 6 Punkte**	**Stimmt häufig 4 Punkte**	**Stimmt ab und zu 2 Punkte**	**Stimmt nie 0 Punkte**
12. Ich arbeite nur so viel, wie mir guttut.				
13. Ich habe Zeit für Partnerschaft, Familie und private Aktivitäten.				
14. Ich achte auf eine gesunde Ernährung.				
15. Ich mache regelmäßig Sport und achte auf meine Gesundheit.				
Auswertung				**Summe:**

Je höher die Punktzahl, desto höher Ihr Energieniveau.

Übung „Energieeinnahmen und Energieausgaben“

Das gibt mir Energie (Energieeinnahmen):

1. ______________________________

2. ______________________________

3. ______________________________

4. ______________________________

5. ______________________________

Das zieht mir Energie ab (Energieausgaben):

1. ______________________________

2. ______________________________

3. ______________________________

4. ______________________________

5. ______________________________

Im Führungsalltag ist es auch im Team wichtig, die Punkte zu identifizieren, die Energie abziehen, und an den Aspekten zu arbeiten, die das Team stärken. Beides sind wichtige Dimensionen, die helfen, dass das Team an Robustheit gewinnt und Belastungssituationen besser meistert. Das Team wird resilient. Schaffen Sie Klarheit bezüglich der Energiekiller und schärfen Sie das Bewusstsein für Achtsamkeit und das, was Sie und das Team stärkt.

Grundsätzlich lassen sich kurzfristige von mittel- bis langfristigen Veränderungs- und Problemlösungsstrategien abgrenzen. Die Ansatzhebel zum effektiven Boostern unseres Energiesystems sind dementsprechend

- bei der Stresssituation, indem wir durch Instrumente und Methoden die Erregung drosseln und verhindern, dass uns Energie abgezogen wird;
- bei den Energiekillern, indem wir die Stresssituationen vermeiden, minimieren oder ausschalten;
- bei uns selbst, in dem wir Methoden zur Problemlösung einsetzen, Bewertungen von belastenden Situationen modifizieren, Verhalten ändern, proaktiv Dinge gestalten und die Verantwortung für unser Handeln übernehmen sowie durch Entspannungsverfahren zu mehr Gelassenheit kommen. Wichtig ist die Balance von Körper, Seele und Geist.

Energiemanagement bedeutet Lebensmanagement im Alltag – im Einklang mit uns selbst. Sofortlösungen existieren nicht, da unsere Verhaltensmuster eingeschliffene Pfade sind, die Sie aber verlassen können. In einem gesunden Mix aus An- und Entspannung können Sie Maßnahmen für Ihr eigenes Selbstmanagement aufsetzen, damit Sie sich „fair“ ändern können. Dazu braucht es einen Perspektivenwechsel. Durch den Wechsel des Blickwinkels sind die Voraussetzungen zu mehr Gelassenheit geschaffen. Mit dem richtigen Dreh wandeln Sie die negative Stressenergie in pure und kreative Lebensenergie um.

5.3 Resilienz und Selbstwirksamkeit

5.3.1 Aspekte der Resilienz

Der Umgang mit Belastungen und Scheitersituationen spielt für Führungskräfte nicht nur in Change-Prozessen eine große Rolle. Das Zauberwort Resilienz hat für Führungskräfte auf drei Ebenen eine Bedeutung: Die persönliche Ebene, um mit guter Selbstwirksamkeit mit Belastungen und Scheitersituationen umzugehen, die Aufgabe der Stärkung der organisationalen Resilienz im Team und das Nutzen der Einflussfähigkeit auf die Unternehmenskultur im Umgang mit Belastungen im Gesamtunternehmen. Sich an die eigene Selbstwirksamkeit zu erinnern, hilft Führungskräften, mit schwierigen Belastungen und schlechten Erfahrungen umgehen zu können. Selbstwirksamkeit bezeichnet die persönliche Überzeugung bezüglich der eigenen Einflussfähigkeit und die Möglichkeit, wenigstens im Kleinen Dinge verändern zu können. Selbstwirksame Führungskräfte glauben daran, auch schwierige Situationen und Probleme aus eigener Kraft erfolgreich bewältigen zu können. Je eher also eine Führungskraft das Gefühl hat, ein bestimmtes Ziel erreichen zu können, desto größer ist auch die Motivation und Willenskraft, sich für dieses Ziel einzusetzen. Ohne diese tiefe Überzeugung bezüglich der eigenen Fähigkeiten könnten Schwierigkeiten nicht überwunden werden.

Es ist belegt, dass Menschen, die daran glauben, in schwierigen Situationen konkret etwas ändern können, mit Stresssituationen viel besser umgehen können als die Kollegen, die nicht diese Überzeugung haben. Diese geraten eher in eine Opferhaltung und können Symptome der gelernten Hilflosigkeit zeigen, z. B. Erstarrung.

Selbstwirksame Führungskräfte handeln proaktiv statt reaktiv. Sie nutzen ihre Macherqualitäten und Einflussfähigkeit und gestalten so aktiv die Rahmenbedingungen. Eine solche positive Haltung steht in Zusammenhang mit

Lebenszufriedenheit und Gesundheit. Menschen in der Opferhaltung zeigen eine weniger positive Stimmung, haben vermehrt Angst und Sorge, eine geringere Lebenszufriedenheit und schwächere Gesundheit. Selbstwirksamkeit zahlt also auf Resilienz ein.

Im Führungskräftecoaching arbeiten wir mit sieben Aspekten von Resilienz:

- Akzeptanz: Die Dinge sind, wie sie sind. Nehmen Sie das an und akzeptieren Sie, was gerade geschieht.
- Optimismus: Entwickeln Sie ein Vertrauen darauf, dass es besser wird.
- Selbstwirksamkeit: Handeln sie selbstwertschätzend und trauen Sie sich etwas zu, an dem Sie wachsen können.
- Verantwortung: Übernehmen Sie die Verantwortung, ohne sich dabei selbst zu übernehmen. Gewähren Sie Freiheitsgrade und übertragen Sie Verantwortung auf Ihre Mitarbeitenden.
- Netzwerkorientierung: Nutzen Sie Ihr Netzwerk, innerhalb und außerhalb des Unternehmens. Bitten Sie um Unterstützung im Sinne eines kokreativen Gestaltens.
- Lösungsorientierung: Handeln Sie proaktiv. Gehen Sie die Dinge konsequent und lösungsorientiert an.
- Zukunftsorientierung: Handeln Sie auf Basis Ihrer Potenziale, Werte und Talente und sorgen Sie gut für sich.

Führungskräfte dürfen daran arbeiten, die eigene Selbstwirksamkeit zu erhöhen und die eigene Resilienz zu stärken, um auf ein neues Level an Energie zu kommen. Im Team ist es eine wichtige Aufgabe der Führungskräfte, Ressourcen zu heben, um so den Aufbau einer Resilienzkultur zu gestalten.

Um eine ressourcenorientierte Selbstorganisationskultur und organisationale Resilienz zu ermöglichen, vermitteln wir Führungskräften in Führungsworkshops folgende Handlungen:

- Führungskräfte dürfen ihre Wahrnehmungsfähigkeit schärfen. Es braucht einen nüchternen Blick auf das, was gerade passiert. Diese Form der Orientierung ermöglicht es Mitarbeitenden, die Situation zu verstehen.
- Innere Haltung, Verhalten und Verhältnisse dürfen differenziert hinterfragt werden (sie-

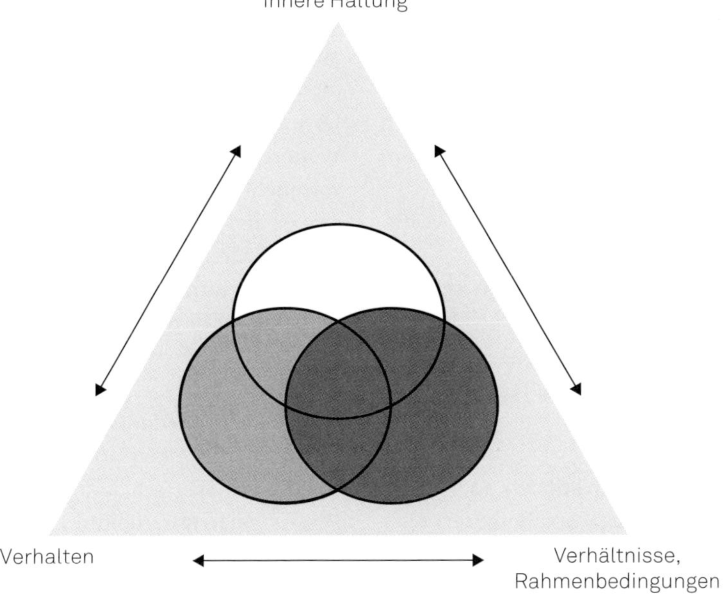

Abbildung 5-1: Haltung, Verhalten und Verhältnisse

he **Abb. 5-1)**. Es braucht ein gewisses Maß an Selbstorganisiertheit für gesundes Führungsverhalten.
- Fähigkeiten und Potenziale der Mitarbeitenden müssen geprüft werden. Der Kompetenzausbau sollte nicht primär fachlich, sondern vor allem auf der Förderung von Reflexion, der Ermöglichung von Lernchancen, der Stärkung von Eigenverantwortung, der Einladung zu kreativ-innovativem Experimentieren und der selbstständigen Lernbereitschaft liegen. Das hat viel mit Talentmanagement, Personal- und Organisationsentwicklung zu tun.
- Überzeugungen und Interessen werden im Unternehmen häufig unterschiedlich gelebt. Hier macht es Sinn, mit dem Blick auf das Ganze sehr pragmatisch zu entscheiden. Es braucht eine Dialogkultur, die den Handlungsspielraum weit hält.
- Führungskräfte sollten sich ihrer Rolle und Identität bewusst sein und ihre Fähigkeit, die Einzelnen im Team zu integrieren, nutzen. Das Wir sollte an erster Stelle stehen. Nicht das Ego des Einzelnen.
- Für eine Sinnstiftung ist es wichtig, Zugehörigkeit und Bindung zu erzeugen. Sinnkreation ermöglicht Identifikation und Commitment.

Nach der Orientierung und dem nüchternen Akzeptieren des Jetzt-Zustands sollen im Team folgende Fragen geklärt werden:
- Welche Ressourcen haben wir zur Verfügung?
- Wie steht es um meine Balance von Anstrengung und Entspannung?
- Wann ist Schluss mit der Arbeit?
- Was lädt unsere Batterie im täglichen Miteinander wieder auf?
- Was gibt mir Kraft?
- Welches Ziel zieht mich an?
- Wann bin ich proaktiv, wann reaktiv?
- Wie stärken wir unsere Einflussfähigkeit?
- Was macht resiliente Organisationen aus?
- Was gibt Struktur?
- Was fehlt uns, um energetisch beschwingt frei aufspielen zu können?
- Welche Überzeugungen und Interessen haben wir?
- Was hilft uns, robust und widerstandsfähig zu sein?

Führungskräfte dürfen ihr eigenes Verhalten reflektieren: Wie angespannt bin ich selbst? Wie hoch ist meine Selbstwirksamkeit? Wenn Führungskräfte Angst und Anspannung erleben, spüren das die Mitarbeitenden. Angst und Unsicherheit können die Folge sein. Daher ist es wichtig, dass die Führungskraft selbst gelassen und entspannt bleibt. Damit vermitteln Sie Ruhe und Souveränität.

5.3.2 So kommen Sie in die Kraft – Ressourcen stärken

Um die eigenen Ressourcen zu stärken und die Lebensbatterie wieder aufzuladen, müssen wir uns unser Energiemanagement im täglichen Umgang im Team bewusst machen. Das ewige Nörgeln und Jammern einzelner Mitarbeitenden führt dazu, dass auch andere vom Jammern angesteckt werden und/oder ihnen die Energie abgezogen wird. Ein klarer „Jammer-Stopp" im Meeting ist ein gutes Zeichen, den Fokus auf die Lösung, statt auf das Problem zu lenken. Des Weiteren ist es wichtig, in Erfahrung bringen, warum Mitarbeitende jammern. In der Medizin gibt es den Begriff „sekundärer Krankheitsgewinn": Durch das Leiden erhalten Patienten vermehrt Aufmerksamkeit und Fürsorge. Das gilt auch für nörgelnde und jammernde Kollegen. Durch Sätze wie „Immer muss ich das machen", „Ich habe das ganze Wochenende durchgearbeitet", „Mir dankt ja eh niemand" erhalten sie Aufmerksamkeit und erfahren möglicherweise mehr Wertschätzung und Anerkennung. Wie es einer Mitarbeiterin geht, liegt in ihrer Verantwortung, es ist ihre Aufgabe, ihre Emotionen so zu steuern, dass andere dadurch nicht geschädigt werden, z. B. auf sarkastischen oder zynischen Bemerkungen zu verzichten. Führungskräfte, die diese Punkte adressieren, ermöglichen eine Veränderung des Klimas in ihren Teams.

Schaffen Sie Voraussetzungen für ein Wiederaufladen von Energie, sorgen Sie für Ruhe und Erholung. Das gilt vor allem für Mitarbeitende in Großraumbüros. Gehen Sie als Führungskraft mit gutem Beispiel voran und machen Sie deutlich, dass Auszeiten und Ruhe den Impact in der Organisation erhöhen. Dazu möchten wir Ihnen einige Beispiele geben:

Möglichkeitsräume vergrößern. Im Workshop nutzen wir dazu ein effektives Tool, um den Lösungsraum zu vergrößern. Nehmen Sie dazu bitte ein Blatt Papier in die Hand und zeichnen Sie drei Spalten. Bitte schreiben Sie in die linke Spalte alle Herausforderungen, Probleme und Schwachstellen auf. Bitte notieren Sie in der mittleren Spalte Ihre Veränderungswünsche. Konkret benennen Sie zu jedem der Probleme Alternativen oder Szenarien, was Sie sich stattdessen wünschen (z. B. mehr Zeit für echten Austausch mit den Mitarbeitenden).

Falten Sie jetzt bitte die linke erste Spalte nach hinten, sodass Sie nur noch die mittlere Spalte und die leere rechte Spalte sehen. Alternativ können Sie die linke Spalte auch einfach mit der Schere abschneiden und in den Papierkorb werfen. Nun erblicken Sie als Erstes in der ersten Spalte Ihre Veränderungswünsche.

Benennen Sie in der rechten Spalte nun alle Ideen, die Sie unterstützen, Ihrem Wunsch näherzukommen. (Zum Beispiel einmal pro Woche Brainstorming, Reservierung für Zeit für Strategieprojekte, Buchung des Zen-Seminars.) Hier soll nicht bewertet oder beurteilt werden, ob diese Ideen gut oder schlecht sind. Wichtig ist, dass Sie wie beim Brainstorming im Kopf weit bleiben und neue Perspektiven und Ideen generieren.

Diese Technik schränkt nicht durch vorhandene Probleme den Lösungsraum ein, sondern erweitert die Perspektiven. Probieren Sie es aus.

Einführung von Joker-Tagen. Etliche niedergelassene Ärzte in Deutschland schließen ihre Praxis zum Quartalsende für einige Tage und machen Urlaub. Das hat nicht nur abrechnungstechnische Gründe. Es ist ein gutes Ritual zum Abschalten und Bilanzziehen. In Verbindung mit einem Urlaub gibt das gute Kraft für den Neustart ins neue Quartal.

Kraftquelle Minipausen. Vor der Corona-Pandemie hat der Tagesablauf von Führungskräften für kurze Erholungspausen gesorgt, der einen Mini-Reset im Körper erzeugt hat: der tägliche Weg zur Arbeit, der Weg zum Drucker, das Warten im Aufzug, das kurze Gespräch in der Teeküche oder das Geräusch der Kaffeemaschine beim Befüllen der Tasse, das Warten am Gate vor dem Einchecken ins Flugzeug, das Wechseln des Gleises auf dem Bahnhof und vieles mehr. All diese kaum wahrgenommenen Dinge boten Pausen für die kognitive Erholung. Im Homeoffice gibt es weder den Plausch am Kaffeeautomaten noch die Begegnung im Aufzug oder das Stehen im Stau auf dem Weg zur Arbeit.

Diese Minipausen gilt es im Homeoffice und im Kontext von virtueller Führung ganz bewusst einzusetzen. Wenn Sie eine Onlinekonferenz beendet haben, gönnen Sie sich eine Pause. Stehen Sie auf, bewegen Sie sich, trinken Sie einen Tee oder ein Glas Wasser oder machen Sie etwas anderes. Jedoch nicht einfach nur weiter. Fügen Sie Ihrer Tagesroutine diese Minipausen ganz bewusst zur Regenerierung hinzu. Zum Beispiel kann Blumengießen zu einem Gedankenfließen führen. Eine Programmleiterin brachte es auf den Punkt: „In mir denkt es den ganzen Tag. Aber ich kann nicht den ganzen Tag arbeiten. Eine Pause hilft, wieder neu und anders weiterzumachen.“

Die Reservierung von 5 Minuten zwischen aufeinanderfolgenden Onlinekonferenzen bietet einen wertvollen Naherholungsurlaub. Der Wechsel von Anspannung und Entspannung führt zu neuer Kraft. Selbst eine Stretching-Übung oder Atemübung von nur 30 Sekunden kann Stress reduzieren und zu neuen Bewegungsräumen führen. Hingegen führt das Surfen im Internet auf Ihrem Smartphone während einer Pause zu keiner kognitiven Erholung. Im Gegenteil.

Energiemanagement im Alltag. Es gibt so viele Möglichkeiten, Sport zu treiben – Sie werden sicher etwas finden, was Ihnen liegt und Spaß macht. Um Ihre Leistungsfähigkeit systematisch zu optimieren, besorgen Sie sich ein gutes Buch über Ausdauertraining, Rückentraining oder vertrauen Sie sich professioneller Hilfe in einer seriösen Sportinstitution an. Je nach Trainingszustand wird Ihnen ein nach Ihren Bedürfnissen und Möglichkeiten maßgeschneidertes Programm zusammengestellt. Alternativ können Sie es auch mit Tanzen versuchen und den Stress ganz einfach abtanzen. Viele After-Work-Partys machen sich diesen Faktor erfolgreich zunutze. Nach einem harten Stresskampf am Arbeitsplatz können Sie eine After-Stress-Party feiern und so das Energiesystem aufladen.

Lachen als Stressventil. Lachen Sie den Stress ganz einfach weg. Das von dem Inder Dr. Madan Kataria erfundene Lachyoga hat bereits in vielen Städten in Deutschland Hochkonjunktur. Hier kichern, gackern, lachen und prusten Menschen in allen Varianten des Hahaha, Hohohaha und Hihihi in mehrstimmigen Chören. Neben der Aktivierung Ihrer Lachmuskeln tun Sie Ihrem Immunsystem, dem Herzen und der Lunge einen guten Liebesdienst. Die Kombination aus speziellen Atemübungen mit künstlichem Lachen erzeugt einen unwillkürlich echten Heiterkeitsreflex mit angenehmen Nebenwirkungen für die eigenen Abwehrkräfte. Diese Frohsinnsgymnastik lässt uns glücklich kichern. Lachen reduziert die Stresshormone und das Schmerzempfinden und stärkt das Immunsystem. Ferner wird der Atemrhythmus normalisiert, die Lungenkapazität optimiert und der koronarprotektive Sauerstoffspiegel im Blut erhöht. Humor hilft heilen – wer häufig und gern lacht, wird schneller gesund.

Persönliche Zielvereinbarung zum Umgang mit Ihrer Energie. Um in Zukunft gelassener mit dem Stress umzugehen, bietet sich das Abschließen einer persönlichen Zielvereinbarung nach dem Management-by-Objectives-Modell (MbO) an. In ihr wird genau aufgelistet, welche konkret messbaren Maßnahmen Sie einleiten werden. Bestimmen Sie die Kriterien für die Zielerreichung schriftlich und definieren Sie Handlungen, die erfolgen müssen, falls Sie Ihr Ziel nicht erreichen, und formulieren Sie eine Belohnung, wenn das Ziel erfüllt oder übererfüllt wird. Wichtig ist, dass Sie die Zielvereinbarung veröffentlichen – in dem Sie z. B. Ihre Partnerin oder Freunde als Begleiter einbinden. Das Einbinden eines Begleiters verstärkt die Handlungsnotwendigkeit ganz enorm. Im Folgenden ist ein Formblatt dafür abgebildet. Im Anschluss finden Sie ein Beispiel für eine solche Zielvereinbarung.

Hier das Beispiel einer persönlichen Jahreszielvereinbarung von Paula Pauer, die als Projektleiterin sehr häufig durch Spannungskopfschmerzen in Stresssituationen geplagt ist:

Fallbeispiel: Jahreszielvereinbarung von Paula Pauer

Persönliche Anti-Stress-Jahreszielvereinbarung

Jahresziel: Stressbewältigung und Wege zur Gelassenheit

Das Ziel ist erreicht, wenn ich bis zum 01. November

- den Tag mit einem entspannten Frühstück nach einer guten Frühgymnastik beginne;
- meinen Terminkalender nicht mehr komplett verplane;
- in Stresssituationen gelassener bleibe und mich nicht mehr selbst so ernst nehme;
- die Symptome meines Körpers sehr genau wahrnehme und mehr auf mich selbst achte;
- jeden Tag eine Verabredung mit mir selbst treffe und mir eine kurze Auszeit gönne;
- mir Klarheit verschaffe, welche Aufgaben ich an andere delegieren kann, damit ich mich um wesentliche Dinge kümmern kann;

Meine ganz persönliche Weiterentwicklungsvereinbarung	
Name	**Name des Begleiters**
Meine Lebensvision	
Mein persönlicher Entwicklungsplan	**Termin**
Meine Stärken	**Hier sehe ich Verbesserungspotenzial**
Mein persönliches Commitment	
Das Ziel ist erreicht, wenn ich ganz konkret Folgendes in Zukunft lasse	**Das Ziel ist erreicht, wenn ich ganz konkret Folgendes in Zukunft mache**
Messbare harte Fakten, die dies belegen, sind:	
Thema	**Termin**
Bemerkungen:	
Bei voller Zielerfüllung	
Bei Übererfüllung	
Bei Nichterfüllung	
Datum, Unterschrift	Datum, Unterschrift des Begleiters
Reminder durch Begleiter am	per E-Mail

- einmal wöchentlich meinen Schreibtisch aufräume und für Ordnung und Überblick sorge;
- an drei Tagen einfach mal gar nichts mache – im Bett bleibe oder einfach die Seele baumeln lasse;
- zweimal wöchentlich zum Qigong gehe;
- mich am Wochenende mit meiner Freundin zum Walken verabrede.

Bemerkungen:
- Bei voller Zielerfüllung gönne ich mir ein Wellness-Wochenende im Wallis.
- Bei Übererfüllung leiste ich mir ein einwöchiges Yoga-Seminar auf La Palma.
- Bei Nichterfüllung beginne ich nochmals von vorn, überprüfe die Ziele und mache mir erneut Gedanken, wie ich in Zukunft besser mit Stress umgehen kann.

Datum, Unterschrift

___

Jetzt sind Sie an der Reihe – Schreiben Sie Ihre persönliche Jahreszielvereinbarung zur Stressbewältigung auf. Vielleicht mögen Sie die Vorlage dazu nutzen.

Alkohol, Medikamente und Drogen. Nur kurz ein paar Anmerkungen zum schlechten Umgang mit Ihrer Energie: Wenn der Stress im Arbeitsalltag als zu stark empfunden wird, mögen Tabletten den Stress erträglicher machen. Doch das kann zu Tablettenabhängigkeit führen, aus der Betroffene nur schwer wieder herausfinden. Langfristig steigern Tabletten den Stress.

Der Griff zur Tablette ist ein Davonlaufen vor der Wirklichkeit. Damit ändern wir nichts – im Gegenteil, wir fixieren die bestehenden Verhältnisse. Vermehrter Alkoholkonsum und Drogen sind Selbstsabotage. Wenn Sie beispielsweise immer öfter nachts nicht einschlafen können, ist dies ein klares SOS-Signal des Körpers, dass es so nicht weitergehen kann. Wenn Sie lediglich das Symptom ausschalten, in dem Sie Schlaftabletten oder Alkohol zu sich nehmen, gehen Sie nicht an die Wurzel des Problems. Dies ist so, als wenn Sie den Schalter einer Alarmanlage lediglich auf Aus kippen, anstatt den Grund für den Alarm zu suchen.

Wie steht's bei Ihnen mit Medikamenten, Alkohol oder gar Drogen? In welchen Situationen greifen Sie nach Tabletten? Veränderungen setzen bereits ein, wenn Sie sich bewusst machen, wann Sie auf welches Ereignis wie reagieren.

Balance und Rhythmus für Recovery finden. Die Balance von Körper, Seele und Geist ist eine wichtige Voraussetzung für eine gesunde Stressbewältigung. Uns allen sind Gesundheit, Wohlbefinden und Lebensqualität wichtig. In den letzten Abschnitten haben wir erfahren, wie wir besser mit unserer Energie und Stress umgehen können, in dem wir uns selbst ändern, in dem wir mit der Situation besser umgehen und Ereignisse in Zukunft anders bewerten und so unsere Einstellung ändern. Das verloren gegangene Gleichgewicht wieder herzustellen, ist eine der größten Herausforderungen an uns alle in der von Effizienz getriebenen Globalisierungsgesellschaft.

5.4 Schlafen Sie gut

Nur aufgeweckte und ausgeschlafene Führungskräfte können effektiv Wirkung erzielen. Doch die Fakten sprechen eine andere Sprache: Bei Führungskräften ab 45 Jahren leidet jede dritte Führungskraft an Ein- und Durchschlafstörungen. Mit Auswirkungen auf die Leistungsfähigkeit im Business und auf die Führungsqualität. Vielen Führungskräften fehlt deshalb die Kraft, weil sie einfach zu wenig schlafen.

Nehmen Sie Schlafstörungen ernst. Sie sind wirkliche Energievampire und Stressoren par excellence. Wir brauchen den Schlaf, um unsere Energiebatterie wieder aufladen zu können. Nacht- und Schichtarbeit stressen uns. Unser Biorhythmus wird massiv irritiert, da er während der Nacht auf Erholung schalten möchte. Schlafmangel hat negative Auswirkungen auf die Regenerationsfähigkeit, den Energiehaushalt, die Stresstoleranz und Fehleranfälligkeit. Zudem steigt die Unfallgefahr.

In Mitarbeiterjahresgesprächen werden Kriterien für Leistungsfähigkeit und Ziele für das neue Jahr benannt. Allerdings wird die Schlafqualität überhaupt nicht erwähnt, obwohl sie das wichtigste Kriterium für Leistungsfähigkeit ist. Sie können für Ihr Self-Empowerment etwas tun, in dem Sie dem Schlaf eine hohe Priorität einräumen. Treffen Sie die Entscheidung, möglichst ausgeruht und erholt in den Tag zu starten.

Das Drama ist nur: Je dringender man schlafen muss, desto länger liegt man wach. Das Einschlafen wird dadurch erschwert, dass man sich darum sorgt, wie man ein so hohes Pensum schaffen soll, wenn man nicht ausgeschlafen ist. Es entsteht ein Teufelskreis aus immer mehr Wollen und immer weniger Können.

Unsere Interviews mit Führungskräften zeigten, dass Schlafprobleme besonders aufgrund von Versagensängsten und Erschöpfung entstehen. Die Person fokussiert zu sehr Defizite: nicht erreichte Ziele, persönliche Schwächen und potenzielle Gefahren. Betroffene beachten die Negativsignale überproportional stark und deuten diese als persönliche Schwäche. Das ergebnisgeile Schielen auf einen gesunden Schlaf macht genau diesen unmöglich.

Statt also auf das Defizit zu schielen, ist es besser, sich selbst besser zu verstehen und eigene Stärken in den Blick zu nehmen: Sind Sie ein Frühaufsteher oder eine Nachteule? Dementsprechend sollten Sie Ihre Zu-Bett-Geh-Zeit verändern. Wichtig ist, dass Sie 6 bis 8 Stunden Schlaf erhalten. In einem ruhigen, gut durchlüfteten Zimmer bei für Sie richtiger Temperatur und Dunkelheit.

Schlafen Sie, so viel es Ihnen guttut. Unser Schlafbedürfnis ist individuell verschieden und altersabhängig. Verhaltensweisen, die die individuelle Physiologie nicht berücksichtigen, führen jedoch neben dem Schlafentzug zu vermehrtem Stress. Wenn Sie beispielsweise in Frankfurt leben und eine wichtige Besprechung in Zürich um 9:00 Uhr haben, müssten Sie den 6:50-Uhr-Flieger erwischen. Nicht jeder Biorhythmus wird mit dieser Uhrzeit einverstanden sein. Wenn Sie keine Frühaufsteherin sind, bietet es sich an, bereits am Tag zuvor anzureisen. So können Sie sich auf die neue Umgebung einstellen und sich gedanklich auf das Meeting einstimmen. Sie vermeiden Stress und können das Gespräch effektiver führen.

Alkohol, schwere Mahlzeiten, Bildschirmarbeit und Koffein vor dem Schlafengehen sind ein absolutes No-Go. Neurowissenschaftler haben herausgefunden, dass Koffein im Körper eine Halbwertszeit von bis zu 6 Stunden hat. Das gilt übrigens auch für schwarzen Tee, Energydrinks und schwarze Schokolade. Wenn Sie spät abends noch Kaffee trinken, befindet sich gegen Mitternacht noch Koffein in Ihrem Körper, und das hält Sie vom Schlafen ab. Sicher wissen Sie das schon. Jedoch ist es wichtig, diese Gewohnheit auch tatsächlich abzustellen.

Sorgen Sie dafür, dass Sie vor dem Schlafengehen Ihr Erregungsniveau runterfahren können. Ein IT-Manager drückte es so aus: „Ich nehme mir am Morgen keine Zeit für mich, und abends bin ich viel zu müde dazu. Stattdessen bin ich noch mit Vollgas unterwegs und wundere mich, dass ich nicht einschlafen kann." Im Coaching arbeiteten wir mit Ritualen und einer Erinnerungshilfe. „Slow down before sleep" stand auf seinem Klebezettel auf dem Badezimmerspiegel.

Empfehlen möchten wir eine kleine Übung, damit Sie entspannt und gelassen in den Schlaf finden:

Übung „Atemübung für entspannten Schlaf"

Legen Sie sich entspannt hin und atmen Sie durch die Nase tief ein. Zählen Sie während des Einatmens bis 4 und atmen Sie so ein, dass sich die Bauchdecke nach außen wölbt. Halten Sie danach den Atem kurz an und zählen Sie dabei wieder bis 4. Nun atmen Sie aus und zählen dabei ganz entspannt bis 8. Wenn Sie vollständig ausgeatmet haben, halten Sie den Atem wieder kurz an und zählen wieder bis 4.

Wiederholen Sie diesen Vorgang ein paar Mal, sodass es für Sie angenehm ist. Wenn Sie mögen, können Sie Ihre Hände auf die Bauchdecke legen und spüren, wie sich diese beim Einatmen nach oben und beim Ausatmen nach unten absenkt.

Tiefes Atmen entspannt enorm und sorgt für eine angenehme innere Ruhe. Diese Übung können Sie auch als Instant-Entspannung im Büro nach einem intensiven Meeting oder in Vorbereitung auf den nächsten Conference-Call machen.

Und noch etwas: Schlaf lässt sich nur bedingt nachholen. Das lange Ausschlafen am Wochenende könnte eine Art Jetlag am Wochenende auslösen mit negativen Folgen für einen energetisierten Start in die neue Woche.

5.5 Life-Booster durch gute Ernährung

Unsere Ernährung ist ein wesentlicher Faktor der Stressprävention. Schlechte Ernährungs- und Essgewohnheiten können zu Erkrankungen führen. Dazu gibt es hervorragende Bücher. Ist Ihnen Ihr Essverhalten und die Zusammensetzung Ihrer Nahrung bewusst? Wichtig ist, dass Sie für sich einen persönlichen Ernährungskompass entwickeln, der Ihnen ganz individuell entspricht. Welche Ernährung tut Ihnen gut? Jeder Mensch tickt anders. Für den einen muss es vegan sein, der andere steht auf Paleo, ein Dritter bevorzugt Pommes mit Mayo. Im Coaching von vielen Führungskräften ist klar geworden, dass ein Erkennen von selbstschädigendem Essverhalten ein erster guter Schritt ist, die Negativspirale gesundheitsschädlichen Essens zu verlassen und wieder in die Kraft zu kommen.

Bei dieser Form von Empowerment geht es nicht nur um das, *was* wir essen, sondern vor allem darum, *wie* wir essen. Häufig muss bei effizient durchgetakteten Führungskräften alles zack zack gehen: Mikrowelle an – und los gehts. Die meisten von uns essen zu schnell, zu hastig und zu viel. Um keine Zeit zu vergeuden, wird dann in der Mittagspause durchgearbeitet – d.h. dann Business-Lunch. Doch das In-sich-Reinstopfen lässt unsere Wahrnehmung abstumpfen.

Der schnelle Griff zur Schokolade als kompensatorisches „Löcherstopfen" für beispielsweise fehlende Wertschätzung beruhigt das Nervenkostüm und vermittelt über die Serotoninfreisetzung Glücksgefühl. Aber Zucker ist schädlich für den Körper. Das Glücksgefühl lässt sich besser mit mehr Achtsamkeit und Gelassenheit, vielleicht auch durch ein wohltuendes Gespräch oder durch Sport erzeugen.

Wenn wir täglich mehr essen, als wir energetisch verbrauchen, nehmen wir an Körpergewicht zu. Wir schleppen Ballast in Form von Fett mit uns herum und werden langsam und träge. Gerade bei den Führungskräften über 45 Jahre schwindet die Kraft, die Muskulatur erschlafft, die Kondition sinkt, der Bauch wächst, der Körper steift ein und die Gelenke schmerzen. Hinzu kommen Schlafstörungen durch falsche Ernährung. Doch mit Übergewicht, Schlafmangel und Kraftlosigkeit lässt sich keine Höchstleistung im Unternehmen erbringen. Ganz abgesehen davon, dass die Führungskraft so kein Vorbild ist für seine Mitarbeitenden.

Fakt ist: Durch zu hohe Fett- und Kohlenhydratanteile werden entzündungsfördernde Effekte generiert. Das Ergebnis: Im Körper kommt es vermehrt zu Entzündungen. Die Unzufriedenheit mit dem eigenen Körper, die mangelnde Kraft und das Nachlassen der Leistungsfähigkeit haben einen negativen Effekt auf die emotionale Stimmung und können in eine depressive Verstimmung führen.

Hinzu kommt das Multitasking: Etliche Führungskräfte lesen neben dem Essen E-Mails, sie chatten, schauen Youtube-Videos oder Sendungen im Fernsehen oder verbringen Zeit mit Internet-Recherchen. Doch damit sind wir nicht achtsam im Umgang mit unserem Körper.

Kurzfristige Diäten zur Gewichtsreduktion greifen häufig zu kurz. Sinnvoller ist eine Ernährungsumstellung und Veränderung der inneren Haltung. Lassen Sie sich auf einen ergebnisoffenen Selbstversuch ein, bei dem Sie sich liebevoll beobachten.

Weniger ist mehr – das gilt vor allem für die Lebensenergiekiller wie Fett und weißen Zucker. Weißen Zucker sollten Sie – wenn überhaupt – nur in kleinen Mengen zu sich nehmen, bei Fett sollten Sie sparsam sein und lieber auf pflanzliche Fette zurückgreifen, tierisches Fett macht uns schwer, lahm und bedeutet Stress. Achten Sie auf eine ausgewogene Ernährung und finden Sie heraus, welche der gesunden Nahrungsmittel Ihnen schmecken und gute Power für den Tag geben.

Unsere Gesundheit und damit Leistungsfähigkeit haben wir selbst in der Hand. Der Mensch ist, was er isst – obwohl wir diesen Satz bereits zigmal gelesen oder gehört haben, genügt ein Blick in einen Einkaufswagen an der Kasse, um zu wissen, dass die Nervenleitung vom Leseverständnis bis zur Handlungserzeugung oft sehr lang ist. Deshalb ist es eine große Hürde, den Verlockungen standzuhalten.

Starterkit für schnelles Denken

Besonders in den Büros brauchen Hirnarbeiter ein optimales Brain-Food. Eine Kombination aus komplexen Kohlenhydraten, ausreichend Vitaminen, Aminosäuren und fettarmen Eiweiß sowie vollwertigen Beilagen sind besser als die immer noch zu fetten Mahlzeiten mit Crème-fraiche-Salatsaucen und Sahnedesserts mancher deutscher Konzernkantinen. Anstatt einer großen Mittagspause sollten Sie lieber drei kleinere kurze Pausen einlegen, in denen Sie die jeweiligen Energiebausteine genüsslich zu sich nehmen.

Zur gesunden Ernährung gehört auch das Trinken von genügend Wasser. Unser Körper besteht bis zu 70 % aus Wasser. Ohne dieses Lebenselixier könnte unser Körper gar nicht funktionieren. Zu wenig Wasser zu trinken macht träge, führt zu Kopfschmerzen und insbesondere bei Kopfarbeitern in Büros zu Müdigkeit, Abnahme des Kurzzeitgedächtnisses und einer Verringerung der Lernfähigkeit. Achten Sie daher auf genügend Flüssigkeit – Trinken Sie mehr, als Ihr Durst verlangt, aber nicht in Form von Kaffee, schwarzem Tee, koffeinhaltigen oder alkoholhaltigen Getränken.

Beginnen Sie mit kleinen Veränderungen Ihrer Trinkgewohnheiten. Richten Sie z. B. eine Trinkpause als Miniritual im Meeting ein. Stellen Sie sich dazu einfach ein Glas Wasser am Schreibtisch hin. Bis zum Ende des Meetings sollten Sie das Glas ausgetrunken haben. Vor der nächsten Onlinekonferenz können Sie in die Küche zu gehen, um es wieder aufzufüllen. Eine weitere Möglichkeit ist, dass Sie ein Glas Wasser vor dem Essen trinken. Wenn Sie dies regelmäßig machen, generieren Sie damit ein neues Verhaltensmuster.

Ingwer-Shots für Abwehrkräfte

Ingwer-Shots, auch „Ginger Shots", genannt, sind für uns mittlerweile das morgendliche Kultgetränk, um unsere Abwehrkräfte gezielt zu boostern und Erkältungssymptomen vorzubeugen. Erwiesenermaßen kurbeln sie den Stoffwechsel an, stärken das Immunsystem und verleihen einen Extra-Energieschub. Das Coole daran: Bereits 30 bis 50 Milliliter pro Tag reichen aus, um die Effekte des Shots zu spüren. Gemischt mit einem Schuss Zitronensaft und ein wenig Honig oder Ahornsirup schmeckt es zudem superlecker. Im Internet finden Sie zahlreiche Rezepte, aus denen Sie sich dasjenige aussuchen können, was Ihnen am meisten mundet.

Je besser wir unsere Wahrnehmung für unseren Körper schärfen, desto besser gelingt es uns, dem Körper die Dinge zuzuführen, die er wirklich braucht.

Wir wünschen einen guten Appetit!

5.6 Rhythmus und Frequenz verändern

Mit der Methode „Frequenzwechsel®" arbeiten wir seit vielen Jahren daran, wie Führungskräfte Ihre persönliche Frequenz hochfahren und dem Team einen positiven Spin geben können. Der Wechsel von Engagement und Erholung und das Erreichen einer guten persönlichen Balance ist dabei essenziell. Dieser Rhythmus ist die energetische Voraussetzung für Leistungsfähigkeit und Performance.

Niemand kann den ganzen Tag fokussiert arbeiten. Fokus bedeutet Konzentration. Wenn Sie konzentriert auf einen Punkt schauen, akkommodiert das Auge auf diesen Punkt, damit Sie diesen Bereich scharf sehen können. Dazu wird ein bestimmter Muskel im Auge angespannt. Zu langes Schauen auf diesen Nahbereich kann zu Kopfschmerzen führen. Daher ist es wichtig, nach dem Fokussieren wieder zu defokussieren. Lassen Sie Ihre Augen in die Ferne schweifen und entspannen Sie Ihre Augenmuskeln.

Lernen Sie, bewusst zwischen Anspannung und Entspannung sowie Fokus und Defokussierung zu wechseln, um die eigene Effektivität zu verbessern und im Business einfach besser drauf zu sein. Gut drauf zu sein, ist ein Zeichen für gutes Energiemanagement. Ihre persönliche Balance hat eine Auswirkung auf Ihr Team. Wenn bei Ihnen die Anspannung sinkt, steigt die Stimmung im Team. Alle sind besser drauf. Aber wie geht das? Wir möchten Ihnen drei Methoden beschreiben, die wir in unseren Führungskräfte-Workshops vermitteln. Uns geht es dabei um Lebensoptimismus, neue Perspektiven und gesunde Eigenverantwortung für eine bessere Lebensenergie. Um das, was jede Einzelne für sich und ihre Teams tun kann, um einfach besser drauf zu sein und frei und beschwingt aufspielen zu können. Folgende Knöpfe sind ein guter Starpunkt für Veränderungen der Stimmung. Wenn Sie diese drücken, geht es Ihnen wahrscheinlich schon viel besser.

1. Musik auf die Ohren. Wie ist die Stimmung im Team? Alles in Moll gestimmt? Das führt schnell zu einem Stimmungstief. In der Beziehung mit Ihrem Partner und im Team. Als Führungskraft können Sie die Frequenz ändern. Stimmen Sie um auf Dur und gehen Sie mit gutem Beispiel voran. Durch gute Musik lässt sich die Stimmung schlagartig ändern und die Laune verbessern. Für viele ist mitreißende Musik ein toller Energie-Booster. Abtanzen zu lauter Musik ist großartig. Sie bringt uns in Bewegung und führt zu guter Laune.

2. Aufrechte Körperhaltung. Im Kapitel 3 haben wir im Kontext von Sicherheit über die Wechselwirkungen von Geist, Emotionen und Körper gesprochen. Das Thema Embodiment spielt eine große Rolle auch für unser Energiemanagement im Führungsalltag. Wie fühlt sich Ihr Körper an, wenn Sie wirklich glücklich sind? So wie Emotionen unseren Körper beeinflussen, beeinflusst auch unser Körper unsere Emotionen. Die können wir gezielt nutzen, indem wir unsere Körperhaltung ändern: Stellen Sie sich vor, dass Sie ein anstrengendes Meeting vor sich haben: Stellen Sie sich aufrecht hin, ziehen Sie die Schultern zurück und lächeln Sie. Das erzeugt Wirkung. Eine aufrechte Haltung hilft auch, die innere Haltung wiederaufzurichten.

3. Lass die Sonne scheinen. Viele von uns kennen den Winterblues. Winterdepressionen, auch „Seasonal Affective Disorder" (SAD) genannt, entstehen hauptsächlich durch Lichtmangel. Nicht umsonst ereignen sich mehr Selbstmorde in den Monaten von November bis Februar. Studien haben bewiesen, dass fehlende Einwirkung des natürlichen Lichts auf den menschlichen Körper zu Erkrankungen führen. Bei dem „Sick Building Syndrome" (SBS) handelt es sich um Krankheiten und Symptome, die auf einen längeren Aufenthalt in geschlossenen Räumen zurückzuführen ist: z. B. Müdigkeit, Kopfschmerzen, Konzentrationsschwäche. Schon aus der Seefahrerzeit wissen wir, dass Sonnenlicht für die Bildung von Vitamin D verantwortlich ist. Dieses ist nicht nur für unsere Knochengesundheit enorm wichtig, sondern auch für unsere Energie. Künstliche Beleuchtung in Büros ist eine der wichtigsten Ursachen des „Sick-Building-Syndroms“.

Sonnenlicht ist ein sanfter Muntermacher. Bei blauem Himmel bekommen wir ca. 100 000 Lux auf die Augen. Im Büro sind es gerade einmal 500 bis 2000 Lux. Bezüglich guter Beleuchtung ist also noch viel Luft nach oben. Was passiert dabei eigentlich im Körper? Das Hormon Melatonin steuert den Wach-Schlaf-Rhythmus des Menschen (circadianen Rhythmus). Tagtäglich sorgt es für einen Reset unserer inneren Uhr. So reguliert sich unser Energielevel zur richtigen Zeit, Hormone werden ausgeschüttet, die uns wach oder müde machen und unsere Konzentrationsfähigkeit senken oder steigern. Kommt unsere „innere Uhr“, etwa durch Nachtschichten oder falsche Beleuchtung, aus dem Rhythmus, kann sich das negativ auf unsere körperliche und psychische Gesundheit auswirken. Die Folge: Stimmungstiefs, Schlafstörungen oder Konzentrationsschwierigkeiten bis hin zur Depression.

Das Besondere am Sonnenlicht: Bereits 10 Minuten bei starkem Sonnenlicht täglich reichen, um den zirkadianen Biorhythmus wieder korrekt zu justieren. Zudem steigert Sonnenlicht die Hirnleistung und damit die Lernfähigkeit und Erinnerungsvermögen. Sonnenlicht und frische Luft kosten nichts und bringen so viel. Also Laufschuhe an und raus in die Natur.

Fangen Sie an. Mit kleinen Schritten. Kommen Sie in Bewegung, um einfach besser drauf zu sein, und boostern Sie Ihr Energiesystem. Diese Impulse können sie ganz einfach ausprobieren. Erzielen Sie Wirkung – ohne Risiken oder unerwünschte Nebenwirkungen.

5.7 Puls-Check für Führungskräfte

- Was hilft mir, mein Energiesystem zu füllen?
- Was zieht mir Energie ab?
- Wie steht es um meine Balance?
- Was braucht es, um resilienter zu werden?
- Schlafe ich gut?
- Ernähre ich mich gesund und nehme ich mir die Zeit für gutes Essen?
- Trinke ich ausreichend Flüssigkeit?
- Wie viel Sonne lasse ich in mein Leben?

5.8 Auf den Punkt gebracht

Unser Energiemanagement ist die Voraussetzung für unsere Leistungs- und Führungsfähigkeit. Auf der Zellebene sind Mitochondrien, die für den Informationsaustausch zwischen den Zellen verantwortlich sind, ein wichtiger Schlüssel zur Gesundheit.

Achten Sie darauf, dass Ihr Energiehaushalt in Balance ist. Nach Anspannung braucht der Körper eine Entspannungsphase.

Nicht „schneller – höher – weiter“, sondern situationsadäquat handeln, heißt die Devise. Als Führungskraft können Sie Ihren Mitarbeitenden das Thema Energiemanagement bewusst machen. Zeigen Sie Problemlösungen unter Zuhilfenahme geeigneter Techniken auf.

Akzeptanz der Situation ist ein guter Ausgangspunkt für die sieben Ebenen zur Steigerung Ihrer Resilienz und Selbstwirksamkeit.

Machen Sie eine persönliche Zielvereinbarung zum Umgang mit Belastungen und nutzen Sie die Instrumente und Methoden aus dem Projektmanagement im Umgang mit Stresssituationen und Menschen, die Ihnen Energie abziehen.

Vermeiden Sie Alkohol, Aufputsch- und Einschlafmitteln und verzichten Sie auf Drogen.

Guter Schlaf, Bewegung und gesunde Ernährung sind wichtig für Ihre Vitalität und damit für Ihre persönliche Leistungsfähigkeit. Vermitteln Sie dies auch Ihrem Team. Denn unausgeschlafene Mitarbeitende sind nicht produktiv. „Slow down before sleep“ könnte dazu ein sinnvoller Reminder sein.

Wichtig ist, dass diese Empowerment-Elemente nicht nur verstanden werden, sondern aktiv in die Umsetzung gelangen. Das passiert am besten, wenn mit kleinen Veränderungen begonnen wird.

Stress und Gelassenheit sind wie gegensätzliche Pole eines Magneten. Für einen sinnvollen Umgang mit Stress brauchen wir eine gute körperliche Verfassung und müssen uns in ausgeglichener Balance bewegen.

Quälen Sie sich nicht, ein hohes Pensum ableisten zu müssen, indem Sie sich auch in der Freizeit unter Druck setzen, sondern starten Sie mit himmlischem Vergnügen, guter Laune und Spaß eine Körper-Rundum-Wohlfühlaktion, um sich von den Strapazen des Tages zu erholen. Intensivieren Sie Ihre Mind-Body-Awareness. Die Kunst ist es, mühelos und ohne Anstrengung zum Erfolg zu gelangen. Loslassen führt zu Gelassenheit.

Mit der Methode „Frequenzwechsel®" arbeiten wir seit vielen Jahren daran, wie Führungskräfte Ihre persönliche Frequenz hochfahren und dem Team einen positiven Spin geben können. Probieren Sie es aus, was Ihnen hilft, einfach besser drauf zu sein im Business. Sinnvolle Ansätze sind gute Musik, eine aufrechte Haltung und Sonnenlicht. Sonnenlicht sorgt nicht nur für gute Laune, sondern steigert auch die Konzentrations- und Lernfähigkeit.

6 Stufe 6: Create momentum – Bewegung, Bewegtheit und Beweglichkeit

„Der Langsamste, der sein Ziel nicht aus den Augen verliert, geht immer noch schneller als der, der ohne Ziel umherirrt.“

Gotthold Ephraim Lessing (Philosoph, 1729–1781)

6.1 In Bewegung kommen

Bleiben wir in Bewegung und wagen wir den nächsten Schritt auf die sechste Stufe. In diesem Kapitel geht es genau darum: Wir möchten Sie dazu bewegen, Ihrem Körper einen neuen Stellenwert zu schenken.

Bewegung, Bewegtheit und Beweglichkeit sowie das verkörperte Gewahrsein sind wesentliche Aspekte von Empowerment. In dieser Stufe geht es für die Führungskräfte darum, Momentum zu erzeugen – also in Bewegung zu kommen. Die Wechselwirkungen von Gehirn, Emotionen und Körper sollen dazu aktiv und dynamisch in den Führungsalltag integriert werden. Der Denkanstoß für heute lautet für Sie als Führungskraft: Was bewegt Sie selbst? Wie bewegt sind Sie? Wie steht es um Ihre körperliche, geistige und emotionale Beweglichkeit? Wenn wir in Bewegung kommen wollen, brauchen wir bewegende Momente. Neue Bewegungsexplorationen laden dazu ein, bisherige Verhaltensweisen und Gewohnheiten zu erfahren und nachzuspüren, nach Alternativen zu forschen und dadurch das Bewegungs-, Beweglichkeits- und Handlungsrepertoire sinnvoll und gesund zu erweitern.

Unsere Empfehlung lautet: Motzen Sie Ihre Bewegungsfrequenz auf. Um Teams erfolgreich zu führen, soll Führung beschwingte Leichtigkeit vermitteln. Das gibt neue Power und boostert Ihr Energiesystem. Denn anstrengend zu arbeiten, können die meisten schon. „Weiter so“ ist daher nicht der Fokus. Es ist also Zeit, an- und innezuhalten und neue und andere Chancen des Umgangs mit sich selbst und anderen auszuloten. Legen wir also eine Pause ein. Entspannen Sie sich, damit dann eine neue Bewegung entstehen kann. Entspannt und gelassen gelingt es am leichtesten, den Körper als Verbündeten für die Transformation intensiver Emotionen zu nutzen und in dieser neuen Bewegung zu erleben, was es heißt, innere Balance und Empowerment zu verkörpern.

Fakt ist: Angestrengtes Rödeln führt nicht zu neuen Spielformen der Bewegung. Loslassen ist essenziell, um beweglicher zu werden und um mit mehr Leichtigkeit neue Entwicklungen zu ermöglichen. Wenn wir uns auf lebendige und natürliche Wirkungssysteme beziehen, wie die Organismen und deren Interaktionen, können wir uns auf das Wesentliche be*sinn*en. So kann eine neue Power entwickelt werden. Ziel ist es daher, ein persönliches Dynamikum zu etablieren, das Sie in Ihrem Empowerment als Führungskraft stärkt. Bewegung setzt Beweglichkeit und innere Bewegtheit voraus. Sowie eine Kongruenz von geistiger und körperlicher Haltung. Diese beginnt bei den Führungskräften. Fragen Sie sich:

- Wann fühlen Sie sich hoch beweglich und wann fühlen Sie sich eingeschränkt und starr?
- Wie agil fühlen Sie sich im Alltag?

Viele Führungskräfte haben zwar Prokura oder sind sogar Mitglied der Geschäftsleitung, fühlen sich jedoch im Korsett der Vorgaben und Führungsleitlinien eingeengt. Bitte beantworten Sie dazu folgende Fragen:

- Auf einer Skala von 0 bis 10: Wie schätzen Sie Ihre persönliche Beweglichkeit ein?
- Auf einer Skala von 0 bis 10: Wie schätzen Sie Ihre Einflussfähigkeit in Ihrem Führungsalltag ein?
- Was hilft Ihnen im täglichen Führungsalltag, beweglicher zu werden?
- Was bewegt Sie?
- Was wollen Sie bewegen?
- Was löst Schwung aus?
- Wie erzeugen Sie als Führungskraft im Team Momentum?

Fallbeispiel Gustl Greifer

Gustl Greifer leitet die Hauptabteilung Medizin eines mittelständischen Pharma-Unternehmens. Trotz sehr guter Erfolge seiner Abteilung fühlt er sich durch die ständigen Vorgaben und engmaschigen Kontrollen der Organisation sehr eingeengt. Er sagte im Coaching: „Global drangsaliert die Länderorganisationen durch sinnlose Meetings. Es wird eigentlich nur Bullshit-Bingo gespielt. Begriffe wie Agility und Well-Being haben in der neuen bunten Welt von New Work scheinbar einen höheren Stellenwert als die eigentliche Arbeit. Doch am Ende zählen doch nur die Zahlen. Da nützt auch kein Bällebad mit Rutsche im neu gebauten Office-Cube."

Er fühlte sich hilflos und überfordert im Korsett der Vorgaben. Dabei hatte er sich ehrgeizig in die Projekte reingekniet, korrekt geplant und hatte seine Prozesse voll im Griff. Zudem besitzt er alle fachlichen Kompetenzen und die Erfahrung, die es braucht, um seine Hauptabteilung erfolgreich zu führen. Im Coaching erkannte er für sich, was ihm wirklich fehlt. Er sagte: „Ich brauche mehr Bewegungsfreiheit und eine innere Leichtigkeit, die mir eine Ausstrahlung vermittelt, dass wir voller Energie nach vorn gehen können." Seine Leichtigkeit war durch die massiven Einschüchterungen der globalen Unternehmenseinheit des Mutterkonzerns gefühlt auf dem Nullpunkt angelangt. Dazu sagte er: „Früher konnte man hier noch diskutieren und Neues ausprobieren. Jetzt heißt es lapidar: Du solltest deinen Mindset hinterfragen, ob du noch der Richtige für diese Position bist." Diese bedrohliche Vorwurfshaltung führt weder zu mehr Commitment, noch löst sie Bewegungsfreiheit oder Schwung nach vorn aus. Im Gegenteil.

Im Coaching arbeiteten wir im Kontext von Sicherheit, Embodiment und innerer Haltung mit Vorbildern, die genau diese Form von Beweglichkeit und innerer Leichtigkeit besitzen. In einer Fantasiereise ließ er vor seinem inneren Auge einen Leoparden auftauchen. Er ist jung, stark, hoch beweglich und springt mit Leichtigkeit über die Steppe. Der Leopard weiß: Er braucht nichts zu fürchten, denn in diesem Gebiet tummeln sich viele Tiere und er ist selbst kräftig und strotzt vor Energie. Im Coaching sollte er sich vorstellen, wie es ist, dieser Leopard zu sein. Gustl Greifer schaute durch die Augen des Leoparden über das weite Land, in dem er viele Tiere sieht, die Steppe riecht, die heiße Luft und die Kraft in seinen Läufen spürt. So gelang es, alle Sorgen, Ängste und Verunsicherungen abfallen zu lassen. In seinem Körper spürte er in der Bauchregion eine gute Energie, die sich leicht und kraftvoll anfühlt. Dieses Gefühl konnte er verstärken, in dem er sich mit seinem Atem verband und voll und ganz in der Präsenz war.

Durch regelmäßiges Üben dieser Embodiment-Techniken konnte er dieses Gefühl vollständig verinnerlichen. Als Bildschirmschoner wählte Gustl das Bild eines rennenden Leoparden. An seinen Badezimmerspiegel klebte er ebenfalls ein Bild dieses kraftvollen Tieres. Mittlerweile fühlt sich Gustl in Meetings im Umgang mit Anfeindungen seiner Kollegen deutlich unbeschwerter und kann mit neuer Leichtigkeit freier aufspielen. Zudem nutzt er seine Einflussfähigkeit aktiv und erweitert so seinen Bewegungsradius.

6.2 Bewegung und Agilität im Business

Eine Transformation im Unternehmen lässt sich nicht anordnen. Jedoch kann diese agile Journey gestaltet werden – im Denken als auch im Handeln kann Bewegung erzeugt werden. Doch wie sollen Unternehmen agil werden, wenn die Mitarbeitenden 8 Stunden auf ihrem Bürostuhl sitzend auf Notebooks glotzen und auf Plastiktasten tippen? Mal ganz ehrlich: Wie viele Schritte machen Sie täglich? Erreichen Sie die magische Grenze von 10 000 Schritten, wie es von vielen Fitnesstrackern empfohlen wird?

Immer mehr Führungskräfte integrieren den Sport in den vollgepackten Arbeitstag. Statt mit der Ausrede „Ich habe keine Zeit für den Sport" auf Bewegung zu verzichten, nehmen sie sich bewusst die Zeit, um die eigene Leistungsfähigkeit gezielt zu steigern. Bewegung, z. B. durch Laufen oder Fahrradfahren, gibt dem Körper Energie und macht den Geist frei. Beides können Führungskräfte gut gebrauchen. Mit wachem freiem Kopf können wir die Dinge aus einer anderen Perspektive sehen und Probleme besser meistern. Nicht wenige Herausforderungen lassen sich so während des täglichen Joggings auflösen.

Die Erfahrungen von Profisportlern helfen Führungskräften im Business: die erforderliche Disziplin für Leistungssteigerung, der Fokus auf Erfolg und das Dranbleiben nach Niederlagen. Dazu gehören Durchhaltevermögen, gerade in Belastungssituationen, Selbstmotivation und Steuerung der eigenen Emotionen.

Eine Form des Selbstempowerments, um eine Bewegung auszulösen, besteht darin, zu sich selbst zu sagen: „Ich will." Wollen löst eher eine Handlung aus als Müssen. Daher ist es gut, wenn Führungskräfte ihre Teams animieren, das Wollen zu schulen und damit für mehr Bewegung zu sorgen. Als Führungskraft können Sie die Bewegung und Beweglichkeit Ihrer Mitarbeitenden fördern. Nicht nur durch Laufgruppen, Yoga und Rückengymnastik in Sportkursen. Sondern konkret am Arbeitsplatz. In langen Meetings im Sitzen empfehlen wir kurze *Steh*ungen: Unterbrechen Sie längere Meetings durch aktive Bewegungselemente, stehen Sie gemeinsam auf, strecken und recken sich. Das gibt verbrauchte Energie sofort zurück und erhöht die Konzentration. Und wieso müssen Mitarbeiterjahresgespräche im Büro stattfinden? Niemand braucht Excel-Charts, Checklisten, Wiedervorlagemappen oder Zielvorgaben für das wichtigste Gespräch zwischen der Führungskraft und dem Mitarbeitenden. Vielmehr sollte es doch um einen persönlichen und produktiven Austausch gehen. Gehen Sie raus. Draußen ist mehr Luft zum Atmen und mehr Bewegung ist möglich. Draußen ist Frei-Raum. Dazu braucht es nicht viel: Gehen Sie mit dem Mitarbeitenden in den nächsten Park oder Wald oder an einen See. Bereits der Tapetenwechsel ermöglicht eine andere Perspektive. Im gemeinsamen Gehen können so die Dinge im Gespräch in Bewegung gebracht werden. Dies ermöglicht neuen Schwung. Teambesprechungen können ebenfalls draußen stattfinden: Das Team stellt sich im Kreis auf. Nach ein paar körperlichen Bewegungs- und Dehnungsübungen entsteht eine neue Form der Beweglichkeit für die Inhalte der Besprechung. Und bei schlechtem Wetter dauern diese Team-Meetings weniger lang. Also los.

Auch bei der Arbeit allein im Büro gilt es natürlich, das lange Sitzen zu vermeiden. Stehen Sie regelmäßig auf. Nicht nur Ihr Rücken wird es Ihnen danken. Wir sprechen immer von Beweglichkeit in den Unternehmen. Doch die meisten sitzen die ganze Zeit bewegungslos herum. Zu langes Sitzen verkürzt bestimmte Muskeln und verlangsamt den Stoffwechsel. Nicht umsonst heißt es, Sitzen wäre das neue Rauchen. Nehmen Sie sich vor, alle 20 bis 30 Minuten vom Schreibtisch aufzustehen. Das geht sogar in Meetings. Stellen Sie sich einfach hinter Ihren Stuhl, während Sie zuhören oder sprechen. Als Reminder können Sie Ihr Smartphone nutzen, damit Sie das Aufstehen nicht vergessen. Alternativ können Sie zwischendurch auch an einem Stehpult arbeiten.

In dem Song von Culcha Candela „Von allein“ heißt es in einer Textpassage „Dein Arsch bewegt sich – von allein“. Aber das stimmt eben nicht. Beim Stillsitzen bewegt sich gar nichts. Mitarbeitende dürfen sich mehr bewegen. Als Führungskraft können Sie Ihre Teams ermutigen, sich mehr zu bewegen. Schaffen Sie ein Bewegungsforum in den Besprechungen. Sorgen Sie für Bewegungspausen. Das geht im Präsenzmodus genauso wie online. Die meisten Mitarbeitenden werden nicht fürs Stillsitzen bezahlt. Also runter vom Hocker und rein in die Bewegung. Das ist nicht neu: Die alten Griechen haben das Gespräch im Gehen entwickelt. Es geht darum, in Bewegung zu sein, in Bewegung neue Wege zu gehen.

Beginnen Sie die Woche damit, zu notieren, welche Besprechungen Sie als *Steh*ung oder *Geh*ung abhalten können, anstatt vor Ihrem Laptop zu sitzen. Das schärft die Wahrnehmung und schult den Blick auf die konkrete Umsetzung.

Unternehmen, die die Zukunft erfolgreich gestalten wollen, müssen in Bewegung bleiben, sprich agiler werden. Das fängt bereits mit dem Führungsstil an. Wenn Sie wollen, dass die jungen Menschen in ihrem Unternehmen etwas bewegen, dann müssen sich die älteren Mitarbeitenden auf die Jungen zubewegen und umgekehrt. Das heißt: sich einstellen auf neue Lebenspläne, Ansprüche und Wertvorstellungen der Generationen Y und Z. Und selbst beweglich und flexibel bleiben.

Früher hieß es: Stillstand ist Rückschritt. Heute sind wir einen Schritt weiter und können behaupten: Stillstand bedeutet Untergang. Für das Individuum und die Gesamtorganisation. Grund genug, sich zu bewegen. Geistig, emotional und körperlich. Vor allem unternehmerisch.

Stellen Sie sich als Führungskraft Fragen zu folgenden Aspekten:

- Ausdauer: Wie lang ist der Atem für das Projekt?
- Kraft: Mit wie viel Kraftaufwand können wir das Change-Projekt gemeinsam stemmen?
- Schnelligkeit: Ist die Änderungsgeschwindigkeit realistisch? Nehmen wir alle mit?
- Koordination: Wie behalten wir den Überblick im Projekt?
- Beweglichkeit: In welchem Reifegrad befindet sich das Unternehmen? Sind wir im Aufbau oder in der Stagnation?

6.3 Embodiment im Business leben

Wir sind davon überzeugt, dass eine neue Bewegung im Team ausgelöst wird, wenn diese im Körper spürbar wird. Körperliche Bewegung löst scheinbar feststehende Gedankenkonstrukte, und ein Betrachten der Dinge aus einer anderen Perspektive wird erleichtert. Konstruktives Arbeiten, gelungene Kommunikation und vieles mehr, was wir für das Vorankommen brauchen, beginnt bereits im Körper und nicht im Kopf.

„Mach dich mal locker“, sagt der Kollege zum anderen. Gar nicht so einfach, denn genau das ist ja das Problem. Ein Bemühen darum, geistig loszulassen, wird nichts bringen. Denn das Geistige ist nicht fassbar. Aber über körperliche Entspannung kann uns das gelingen. Unsere Körperhaltung beeinflusst unsere Emotionslage – und umgekehrt. Hilflosigkeit, depressive Verstimmung, Versagensangst und Mutlosigkeit führen zu einer gekrümmten Haltung. Lockerlassen und entspannt sein ist für viele Führungskräfte Neuland. Lockerungsübungen, Meditationen, Yoga und Achtsamkeitsübungen können in Bewegungspausen während der Arbeit durchgeführt werden. Mal ganz locker statt verkrampft, wäre sicher ein guter Vorsatz, das Meeting zu beginnen.

Warum muss denn alles immer so anstrengend sein? Mitarbeitende, die den Mehrwert der Körperlichkeit erfahren haben, beginnen, sich selbst neu zu spüren. Sie finden Zugang zur eigenen Mitte. Wenn wir die Verbindung zum eigenen Körper und der Körperlichkeit wieder erfahren, können wir z. B. das eigene Rückgrat als Symbol für Aufrichtung und Aufrichtigkeit neu erleben. Statt also gekrümmt zu sitzen, sollten wir uns immer wieder bewusst aufrichten.

Im Coaching erleben die Führungskräfte durch Embodiment-Techniken eine Veränderung ihrer Wahrnehmung des eigenen Selbst. Dazu eine kleine Übung, wenn Sie Lust haben:

Übung „Sich-Aufrichten"

Stellen Sie sich entspannt hin. Richten Sie sich auf. Ziehen Sie Ihren Kopf wie durch einen imaginären Faden am Scheitelpunkt Ihres Kopfes nach oben, spannen Sie Ihre Wirbelsäule auf, schieben Sie den Brustkorb nach vorn und ziehen Sie den Bauchnabel leicht bis zum Brustbein. Ziehen Sie die Schultern nach außen und dehnen Sie Ihre Schlüsselbeine. Wie fühlt sich das an?

Verdeutlichen Sie sich, was es bedeutet, sich aufrecht im Leben zu bewegen. Vielleicht werden Sie dann spüren, wie eingesackt und unbeweglich Sie vorher waren. Dazu ein paar Fragen zur Reflexion:

- Mit welcher Haltung arbeite ich? Denken Sie bitte dabei an Ihre innere und Ihre körperliche Haltung.
- Bin ich meinen Mitarbeitenden (körperlich und emotional) zugeneigt oder abgeneigt?
- Wie gut kann ich loslassen?
- Wie locker bin ich?
- Wie angespannt bin ich?
- Wo spüre ich die Anspannung und die Verspannungen?
- Wie steht es um meine Atmung?
- Wie steht es jetzt um meinen Bewegungsradius?

Die Kunst ist es, das Embodiment in den Businessalltag sinnvoll einzubinden. Als Fach- und Führungskraft können Sie lernen, aktiv von der Anspannung in eine tief gespürte Ent-Spannung zu wechseln. Wir setzen Embodiment-Elemente in verschiedenen Formen im Coaching ein: Entspannungsverfahren, Energieaufbau-Techniken, Reflexionen unter professioneller Begleitung, Bewegungselemente aus Kampfkunst und Tanz und vor allem das praktische Einüben neuer körperlicher Haltungen stärken die Persönlichkeit und ermöglichen High-Performance auf nachhaltige und gesunde Art und Weise.

Die Vorteile:

- Sie bekommen spürbar Klarheit bezüglich Ihrer Potenziale.
- Sie lernen einen gesunden Umgang mit Stress und decodieren die Signale Ihrer psychosomatischen Marker.
- Sie docken an eigene Ressourcen und an die eigene Stärke an und werden sich Ihrer Kraft bewusst.
- Sie entwickeln mehr Gelassenheit – von innen.
- Sie gehen wirkungsvoller mit Ihren Kräften um.
- Sie stärken Ihre Widerstandskraft.
- Sie sind lockerer in Belastungssituationen und lernen, loszulassen.

In der Ausbildung zum Business-Facilitator ist das Embodiment eine tragende Säule. Das Ziel ist eine ressourcenorientierte Selbstwirksamkeit, die ein Self-Empowerment und lebendiges Wachstum ermöglicht.

Führungskräfte können über Körpererfahrung lernen, ihr Mind-Set neu auszurichten und die verlorene Einheit aus Denken und Körper wiederzufinden, um stark in Führung gehen zu können.

Der zentrale Aspekt ist, dass Führungskräfte lernen dürfen, dass Entspanntsein nicht unproduktiv zu sein bedeutet. Im Gegenteil. Eine aktive Entschleunigung ist die Voraussetzung für Hochgeschwindigkeit und kraftvolles Handeln.

6.4 Wie beweglich ist das Team? Erlebnis schafft Ergebnis

6.4.1 Bewegtheit fördern

Alle sprechen von „agil". Doch im Online-Teammeeting wirken viele Teammitglieder vor der Videokamera wie erstarrt. Hier ist Führung gefragt.

Fragen Sie sich zunächst: Wie geht es mir selbst im Onlinemeeting? Wann fühle ich mich unbeweglich? Vielleicht in der Enge oder einer Sackgasse? Ein Abteilungsleiter brachte es auf den Punkt: „Ich fühle mich wie ein steifer Bock. Meine Physiotherapeutin hat mir gezeigt, dass ich nur noch eine Kopfdrehung von 17° durchführen kann. Meine Dehnung war eine Katastrophe. Ich konnte mich nicht einmal mehr im Schneidersitz hinsetzen. Durch das viele Autofahren waren viele Muskeln extrem verkürzt. Die Rückenschmerzen haben mir deutlich gemacht, dass ich etwas ändern muss."

In Führungskräfte-Workshops setzen wir Bewegungs- und Beweglichkeitsübungen ein. Dazu stellen wir beispielsweise das Gleichgewicht durch gezielte Techniken beim Stehen und Sitzen auf die Probe. Anschließend werten wir die Körperübung aus: Wie beweglich ist die Person? Folgt sie einer fixen Vorstellung, die Innovation und Kreativität einschränken? Diese Beweglichkeitsübungen sind für Führungskräfte spürbar wirksam, sie realisieren den Zusammenhang zwischen der körperlichen Beweglichkeit und der geistigen Flexibilität. In dem Moment, in dem der Aktionsradius des Körpers wächst, vergrößern sich ebenfalls geistige Perspektiven. Aus der eingesteiften Körperhaltung entsteht neue Bewegung. Dies überträgt sich auf neue kreative Möglichkeitsräume.

Agil zu sein, heißt, in Bewegung zu bringen, was Sie bewegt, d.h., was Sie fühlen. Fühlen Sie sich erschöpft? Dann zwingen Sie sich nicht in dynamische Bewegungen. Fühlen Sie sich frisch und munter, dann zeigen Sie das mit Ihrer offenen Körperhaltung. Wenn Sie das, was Sie als Führungskraft wirklich bewegt, authentisch rüberbringen, dann haben Sie die Menschen Ihres Teams hinter sich. Diese Authentizität wird dann ebenfalls für die Mitarbeitenden spürbar.

Was bewegt uns wirklich? Wie erreicht eine Führungskraft, dass eine Mitarbeiterin sich wirklich einbringt? Durch Ziele vorgeben? Durch Lehren der neuen Unternehmensstrategie? Durch Nahebringen, dass sie die Excel-Chart analysiert oder die Führungsleitlinie liest? Wohl kaum.

Da das reine Verstehen zu keiner Handlungsbereitschaft führt, braucht es also etwas anderes, um in Bewegung zu kommen: Purpose, Leichtigkeit und echten Kontakt. Ein echter Impact lässt sich über ein Erlebnis schaffen. Was berührt uns, damit wir uns bewegen? Was zieht uns so stark an, dass wir es auch machen würden, wenn wir kein Geld dafür erhielten? Zum Beispiel wenn wir Dinge machen, die uns besonders interessieren oder einfach nur Spaß machen. Aus vielen Workshops haben wir Folgendes gelernt: Erlebnis schafft Ergebnis. Der Spaß und positive Gefühle sind der Schlüssel zur Veränderung. Bewegende Momente haben wir immer dann, wenn wir uns einbringen und gestalten dürfen.

Wir bieten Organisationen an, beispielsweise eine Jahresauftaktklausur, Führungsworkshops oder den Beginn eines Transformationsprozesses mit einem Graphical Recorder durchzuführen. Das ist ein Illustrator, der den Workshop als aufmerksamer Beobachter begleitet. Dabei zeichnet er, z.B. auf einem Flipchart, die relevanten Punkte als Bild, Cartoon oder Grafik. Ergebnis: Ein Bild sagt mehr als 1000 Worte. Wir kennen das aus der Kindheit. Bevor wir gelernt haben, zu schreiben, haben wir verspielt gemalt. Teilweise stundenlang. Ohne Vorgaben, ohne Struktur. Einfach so. Statt also nur argumentative Punkte mit Vor- und Nachteilen aufzulisten, ist es viel besser, ein gemeinsames Bild entstehen zu lassen, welches von einem Profi gezeichnet wird.

Ein gemeinsames Bild kann ein neues Verständnis erzeugen. Über das Gemalte lassen sich neue Inhalte viel leichter und verspielter erzeugen und in eine plastische Umsetzung bringen. Dabei setzen wir bewusst darauf, dass unser Unbewusstes auf eine metaphorisch-bildhafte Sprache besser anspricht als auf die Vermittlung rein analytischer Fakten. Damit wird die referenzielle Kompetenz geschult. Die Fähigkeit, Fakten aus der bewussten Verstandessprache in die Bildsprache des Unbewussten zu übersetzen, bekommt bei der Ideensammlung einen hohen Stellenwert. Die im

Brainstorming entstandenen Ideen der teilnehmenden Personen im Workshop werden durch das Zeichnen zur Wirklichkeit. Der Spaß ist der Schlüssel zur Veränderung. Das Resultat ist gelebte Selbstwirksamkeit der Teilnehmenden in einem agilen, iterativen und bewegten Setting.

Ziel ist es, die Führungskräfte im Workshop in die Leichtigkeit zu bringen. Über die Schwingung kommt es zu einem neuen Schwung an Motivation und zu einer starken Bewegung nach vorn. Besonders in starr und festgefahrenen Organisationen kann so eine neue Spannung und neue Offenheit initialisiert werden, um wieder beweglicher zu werden.

Diese Spannung gilt es vor allem im kommunikativen Bereich zu nutzen. Statt sich also bei einem Onlinemeeting nur auf die Inhalte zu fokussieren, macht es Sinn, den Spannungsbogen, die Dramaturgie und die Inszenierung zu gestalten. Es geht nicht um das, WAS wir tun (Inhalt), sondern um das WIE (Art und Weise) und das WOZU (Sinnhaftigkeit). Durch eine Geschichte oder das Erarbeiten einer neuen Vision oder eines Narrativs entsteht etwas wirklich Spannendes.

In Workshops entsteht mit der Technik des Story-Tellings ein gutes Emotionalisieren der Teilnehmenden. Das gilt vor allem für Onlineveranstaltungen. Hier spielt unser Motto „Erlebnis schafft Ergebnis“ eine große Rolle. Sorgen Sie als Führungskraft für das richtige Maß an emotionaler Spannung. Schaffen Sie eine Anspannung, die kein Verkrampfen ist. Erzeugen Sie durch das Einbeziehen von Übungen und Perspektivenwechsel Gelassenheit und Lockerheit, ohne lasch zu sein.

Die Mischung machts.

6.4.2 In Bewegung kommen: Übungen

„Create momentum“ stand auf dem Flipchart im Besprechungsraum des Entwicklungsteams in einem Blechwalz-Unternehmen. Der Abteilungsleiterin ging es darum, Schwung zu erzeugen, statt sich an Altem festzuklammern. Der Blick auf diesen Spruch ist für die Teilnehmenden im Meeting ein guter Reflexionsimpuls, wie es um die eigene Bewegung und Beweglichkeit steht.

Was assoziieren Sie mit dem Begriff „create momentum“? Was geht Ihnen durch den Kopf, wenn Sie an Schwung denken? Nutzen Sie die Schwungkraft, statt statisch zu arbeiten? Stellen Sie sich vor, Ihr Job wäre, ein Klettergerüst zu besteigen. Sie hangeln sich von Haken zu Haken, immer in der Hoffnung, dass Sie den nächsten Holm erwischen und nicht abrutschen und runterfallen. Die Kunst beim Hangeln durch das Klettergerüst liegt darin, im richtigen Moment loszulassen. Wer sich zu fest klammert, verbraucht zu viel Kraft und verliert den Schwung und vor allem Geschwindigkeit. Mit wie viel Schwung sind Sie unterwegs?

Dazu ein Beispiel: Anfahren am Berg ist mit dem Fahrrad anstrengend. Wenn Sie jedoch gut in Schwung sind, gelingt es viel leichter, den Berg hochzufahren. Für die Führung im Team gilt das Gleiche: Es geht um ein Aufeinander-Zugehen, Zurückgehen – In-Bewegung-Sein.

Regelmäßig Sport treiben klingt für jeden vernünftig. Doch Hand aufs Herz: Wie viel Bewegung schenken Sie Ihrem Körper täglich? Etliche Führungskräfte haben im Coaching berichtet, dass sie sich im Homeoffice viel weniger bewegt haben als im Büro in Zeiten vor der Pandemie.

Regelmäßige Bewegung steigert die Stimmung, reduziert Entzündungen und hilft, unsere Emotionen zu regulieren. Planen Sie kurze Trainingseinheiten von 10 bis 15 Minuten ein, einschließlich zügigen Gehens. Selbst regelmäßiges Training mit geringer Intensität steigert unsere Energie und reduziert Müdigkeit und Erschöpfung. Es geht nicht um große Veränderungen, sondern um kleine Schritte in eine neue Richtung. Setzen Sie sich ein kleines Ziel, das Sie gern erreichen wollen. Zum Beispiel 10 000 Schritte am Tag zu laufen. Besorgen Sie sich einen Schrittzähler oder aktivieren Sie eine Gesundheits-App auf Ihrem

Smartphone. Werden Sie selbst zum Schrittmacher Ihrer Veränderung.

Hier ein paar Vorschläge, die Sie für sich ganz individuell modifizieren können:

- Gehen Sie öfter zu Fuß, z. B. wenn Sie Brötchen holen, statt mit dem Wagen zum Bäcker zu fahren.
- Benutzen Sie die Treppen, anstatt Lift oder Rolltreppe zu fahren.
- Parken Sie Ihr Auto weiter weg von der Eingangstür.
- Fahren Sie mit dem Fahrrad.
- Machen Sie Bewegungsübungen und Kurzentspannungen während der Arbeit.

Vielen macht es Spaß, sich sportlich auszupowern. Wer aktiver ist, lebt nicht nur gesünder, sondern ist auch leistungsfähiger und wacher. Je nach Vorlieben, sportlicher Ambitionen, möglichen Einschränkungen und individuellen Fähigkeiten und Neigungen bieten sich verschiedene Möglichkeiten an. Sinnvoll ist so viel Aktivität, um am Abend müde und entspannt zu sein. Sport hat eine stimmungsaufhellende Wirkung. Sie fühlen sich besser und der Selbstwert steigt.

Präventiv möchten wir für Durchstarter, Liegengebliebene, für Aufrechte und Steckengebliebene, für erschöpfte und voll energetisierte Führungskräfte ein paar Impulse und Anregungen aus Coaching-Sitzungen mit Ihnen teilen, womit andere Führungskräfte gute Erfahrungen gemacht haben:

Trampolin-Springen erzeugt ein Glücksgefühl und stärkt durch das Rebounding Koordination und Spannkraft. Verspannungen im Nacken, in den Schultern und dem Rücken lassen sich durch das rhythmische Hüpfen lösen. Zudem wird der Osteoporose, also dem Knochenabbau vorgebeugt. Das Gewebe wird gut durchblutet, der Lymphabfluss wird gesteigert und das Immunsystem geboostert.

Speed Walking, Slow-Jogging oder achtsames Gehen sind ebenfalls empfehlenswert. Beim Speed Walking gehen Sie schnell, aber ohne zu rennen. Oder machen Sie das Gegenteil: Einfach ganz langsam und gemütlich Joggen. Dreimal wöchentlich für 30 Minuten tut einfach gut. Wenn Sie noch eine Stufe langsamer unterwegs sein wollen, empfehlen wir das achtsame Gehen. Das ist Meditation in Bewegung. Achtsames Gehen heißt konkret, den Geist und den Körper im Hier und Jetzt zu verankern. Dabei sollen wir nicht unseren Gedanken nachhängen, sondern uns auf genau das konzentrieren, was wir gerade tun: gehen, und auf genau das, was uns in diesem Moment umgibt – was wir sehen, hören, riechen, berühren oder fühlen können. In der Traumatherapie wird dies „Grounding“ genannt. Mit wachem freiem Kopf ganz präsent zu sein, heißt nicht, über die Vergangenheit zu grübeln. In diesem Augenblick, genau jetzt, wahrnehmen, was gerade ist – das ist das Ziel dieser Laufform.

Krabbeln. Dank der wunderbaren Youtube-Videos und Seminaren von Ido Portal sind wir selbst große Fans von ganz einfachen Bewegungen geworden. Dazu gehört das Krabbeln. Als Kind sind wir auf dem Hosenboden durch die Gegend gerutscht. Wir hatten einen tiefen Schwerpunkt und konnten uns in alle Richtungen bewegen. Heutzutage sitzen viele Führungskräfte wie angewurzelt auf ihrem Chefsessel. Mit verkürzten Sehnen und eingeschränkter Beweglichkeit. Im Coaching wie auch in Workshops ist es spannend, wieder eine Bodenhaftung und ein hohes Maß an Beweglichkeit zu spüren und zu vermitteln, wenn wir uns auf dem Popo durch den Raum navigieren oder wie eine Wildkatze auf allen Vieren durch den Raum laufen. Diese Form von ganzheitlicher Krabbelbewegung nutzt den gesamten Körper und alle Gelenke und Muskeln und vermittelt ein neues Spüren von Bewegung – ganz im Gegensatz zu vielen Sportarten, bei denen nur bestimmte Teile unseres Körpers belastet und andere vernachlässigt werden. So gelingt es, das volle Bewegungspotenzial auszuschöpfen und somit durch die Bewegung mehr Beweglichkeit zu erlangen. Ein wichtiger Aspekt dabei ist, die Bewegung als kreatives ganzheitliches Erlebnis zu erfahren, in dem gespürt wird, wie sich die Bewegung im

Ganzen anfühlt. Wir empfehlen Führungskräften diese ganzheitlichen Dehnungs- und Bewegungsübungen. Im Büro können Sie z.B. das Sitzen in der tiefen Hocke üben. Am besten morgens vor oder nach einem längeren Meeting. Diese Übungen machen uns beweglich und halten den Körper geschmeidig. Letztlich hat das für Führungskräfte eine direkte Auswirkung auf die eigene (Führungs-)Kraft, Koordination, Flexibilität, Ausdauer und die Leistungsfähigkeit sowie Performance im Business.

Abrollübungen. Wann sind Sie das letzte Mal aus der Rolle gefallen? Wann haben Sie zuletzt Ihre Rolle verändert? Und wie steht es um den Rollenwechsel und neue Rollenspiele? Für Führungskräfte bieten wir in Workshops Abrollübungen als Bewegungstechnik an. Diese sind hervorragend, um die Beweglichkeit zu verbessern und um die Perspektive zu wechseln. Vom Boden sieht vieles ganz anders aus. Sie brauchen dazu nur eine dickere Iso-Matte, die Sie auf dem Fußboden ausrollen können. Abrollen ist nicht nur Kampfkunstarten wie Judo oder Aikido relevant. Statt hart auf die Matte zu fallen, gleiten Kampfkünstler sanft und elegant durch die Rolle zu Boden. Doch eine Rolle rückwärts ist mittlerweile für viele gar nicht mehr so einfach. Wir meinen damit keine Rolle rückwärts durch den Handstand, sondern ein achtsames In-Kontakt-Gehen mit dem Boden. Teilnehmende berichten, dass ihnen anfangs durch das Rollen schwindelig wird. Das liegt daran, dass uns Rollbewegungen vor lauter starrem Sitzen fremd geworden sind. Doch nach und nach gewöhnt sich der Körper an die sanfte Bewegung. Starten können Sie auch mit Schaukelbewegungen auf dem Rücken, um den Körper auf die Rolle vorzubereiten.

Übungen für die Wirbelsäule. Wie steht es um die Beweglichkeit Ihrer Wirbelsäule und des gesamten Rückens? Im Coaching berichten Führungskräfte immer wieder von Verspannungen in der Halswirbelsäule, Einschränkungen in der Brustwirbelsäule und von Schmerzen im Bereich der Lendenwirbelsäule. Das liegt nicht nur an Bewegungsmangel, sondern häufig daran, dass die gefühlte Verantwortung einfach zu groß ist. Die Last auf den Schultern ist zu schwer. In solchen Situationen kann die Wirbelsäule zur Notrufsäule werden. Mit viel Bewegung und Selbstempathie kann auch für diese Bereiche eine Lockerung und neue Beweglichkeit erfahren werden.

Durch achtsame Bewegung der Wirbelsäule von der lockeren Hängematte bis zum gespannten Katzenbuckel gelingt es, die einzelnen Segmente der Wirbelkette zu spüren und beweglicher zu machen. Ein Feldenkrais-Lehrer drückte es so aus: „Jeder Wirbel macht Wirbel."

Dehnungsübungen. Viele Führungskräfte geben den ganzen Tag Vollgas und powern sich aus. Doch die meisten sitzen einfach nur auf einem Stuhl. Also braucht es eine Bewegungspause mit Beweglichkeitsübungen. Wenn Sie in den Meeting-Pausen etwas für Ihre Gelenkigkeit tun wollen, sind Dehnungsübungen sinnvoll. Dabei ist es wichtig, nicht über die eigene Grenze zu gehen. Vor allem nicht, wenn Sie Schmerzen verspüren. Gehen Sie liebevoll mit Ihrem Körper und sich selbst um. Strengen Sie sich beim Dehnen nicht an, sondern lassen Sie Ihren Körper der Schwerkraft folgen.

Faszienrolle. In jedem Büro ist Platz für eine Gymnastik mit der Faszienrolle. Insbesondere nach einem längeren Meeting oder Sitzen tut eine Massage gut, die Verspannungen im Nackenbereich löst. Das Faszientraining ermöglicht eine größere Mobilität und Elastizität von Muskeln, Sehen und Bandstrukturen.

Aerial Yoga wird ebenfalls immer beliebter. Das ist Yoga in einem von der Decke herunterhängenden Tuch. Die Körperübungen werden sozusagen in der Luft ausgeführt. Sie können sich in das Tuch hineinhängen, sich darin ein- und wieder auswickeln, am Boden liegend das eine Bein nach dem anderen in das Tuch legen usw. Erinnern Sie sich an das Gefühl, als Sie als Kind auf einer Schaukel frei und leicht hin- und hergeflogen sind? Beim Aerial Yoga können Sie sich wieder genauso fühlen. Mit Aerial Yoga werden Ausdauer, Kraft und Beweglichkeit, gesteigert. Es verbessert auch das Wohlbefinden und wirkt harmonisierend auf Körper und Geist. Im Coaching haben Führungskräfte zudem von einem stressreduzierenden Effekt gesprochen.

Stand-up-Paddling. Ein super Gute-Laune-Macher ist aus unserer Sicht auch das Stand-up-Paddling (SUP), das sich zunehmender Beliebtheit auf Seen und Meeren erfreut: das Paddeln auf einem Board stehend. Durch das ständige Ausbalancieren und gleichzeitigem Paddeln werden der Oberkörper, Bauch, Rücken sowie die Tiefenmuskulatur des Rumpfes und der Beine trainiert. Der Gleichgewichtssinn und die Propriozeption der Gelenke werden ebenfalls verbessert. Stand-up-Paddling ist auf allen Gewässern möglich.

Rollerskating. Das Rollerskating gilt als eine der Wiederentdeckungen von schneller Beweglichkeit bei leichter kardiovaskulärer Aktivität. Es ist ein echtes Herz-Kreislauf-Training, das durch seine fließenden Bewegungen die Gelenke weniger beansprucht als Jogging, Aerobic oder Fußball- oder Tennisspielen. Gerade bei Knieverletzungen ist es eine gute Alternative zum Jogging. Insgesamt werden über 600 Muskeln im gesamten Körper aktiviert – besonders in der Hüfte, dem Gesäß, dem Rücken sowie an den Extremitäten im Arm- und Beinbereich.

Indian Club-Bell-Swinging, das ist einer unserer Geheimtipps. Es handelt sich um eine Gewichtskeule für ein anspruchsvolles Workout des gesamten Körpers. Je nach Gewicht der Keule kann ein kompletter Workout für den gesamten Oberkörper gemacht werden. Die Keulen werden in bestimmten Bahnen am Körper vorbeigeführt. Die Haltung und Core-Stabilität können verbessert und die Griffkraft kann gestärkt werden. Zudem werden Beweglichkeit und Koordinationsvermögen verbessert.

High Intensity Interval Training. Als kleines Belastungstraining für zwischendurch empfehlen wir das High Intensity Interval Training (HIIT), das sich auch im Büro leicht durchführen lässt. Dabei werden Belastungsübungen wie Liegestütze oder Boxen kurz, aber in hoher Intensität ausgeführt: Üblich ist eine Belastung von 15 bis 60 Sekunden und eine aktive Ruhephase von 10 bis 30 Sekunden. Insgesamt 4 Minuten reichen schon aus, um die Anspannung aus dem letzten Meeting gezielt abzubauen. Oder Sie machen einen Power-Run zum Drucker oder zum nächsten Briefkasten.

Kickboxen. In Workshops setzen wir bewusst Elemente aus Kampf und Tanz ein. Ostasiatische Kampfkunst, Boxen und Kickboxen bieten große Variationsmöglichkeiten. In einer internationalen Unternehmensberatung haben wir Kurse für Führungskräfte angeboten, die Kickbox-Elemente einbeziehen. Nach einem toughen Workout fühlten sich viele Teilnehmenden gut reenergetisiert und wieder voll in der Balance.

Besonders bei weiblichen Führungskräften haben wir im Box- und Kickboxtraining einen großen Effekt erzeugen können. Sie lernen, sich und Ihre Power besser zu spüren, und entwickeln in der Bewegung ein neues Gefühl für Dynamik. Im Kampf ist es wie im Business-Alltag: Es geht um das richtige Timing, um Fokus, Kondition und Kraft. Und um den richtigen Moment, zuzuschlagen und gezielt anzugreifen oder auszuweichen. Die Elemente Fokus, Beweglichkeit, Koordination, Kraft, Ausdauer, Schnelligkeit, Durchschlagskraft und Regeneration spielen hier eine große Rolle.

Es gibt viele unterschiedliche Formen der Bewegung, die sich positiv auf Psyche und Physis auswirken. Entscheidend dabei ist: Tun Sie das, was Sie tun, bewusst. Konzentrieren Sie sich auf das Hier und Jetzt, lenken Sie Ihre Aufmerksamkeit auf Ihren Körper. Nicht immer fällt dieser „Aufmerksamkeitswechsel" leicht: Unser Geist ist darauf trainiert, sich stets mit Dingen zu beschäftigen, die in der Vergangenheit oder in der Zukunft liegen. Die Lösung ist Embodiment, eben den Fokus bewusst auf den Körper zu richten.

6.4.3 Kickboxen am Fallbeispiel Tina Bremer

Die 42-jährige Tina Bremer hatte als Bereichsleiterin eines internationalen Konzerns mehr als genug um die Ohren. Im Coaching klagte sie: „Es fällt mir so schwer, mir selbst Zeit zu schenken. Neben meiner Ü-40-Stundenwoche als alleinerziehende Mutter noch meine beiden Kinder zu versorgen, allem gerecht zu werden und dabei zu versuchen, dass mein Körper nicht zu kurz kommt – das überfordert mich. Selbst beim Yoga oder Meditieren überkommt mich oft ein schlechtes Gewissen, oder die To-do-Liste gewinnt einfach die Überhand. Den Fokus auf das Hier und Jetzt zu lenken, setzt mich dabei sogar fast noch mehr unter Druck."

Das ist ein Beispiel, das viele engagierte Führungskräfte kennen. Um nicht zu sagen: der Klassiker. Ein festes Date mit sich selbst in die übervolle Tagesplanung zu setzen ist für viele eine große Herausforderung – jedoch beginnt genau damit das Basistraining für Ihr ganz persönliches Empowerment. Auch Frau Bremer hat es geschafft, sich Zeiträume für sich freizuschaufeln, um ihre Yoga- und Meditationspraxis zu üben. Doch offensichtlich gab es etwas, das ihren Geist immer wieder auf Wanderschaft gehen ließ. Um diesen „Ablenkungen" auf den Grund zu gehen, sind sicherlich einige Coaching-Stunden notwendig. Häufig kommen wir dabei den persönlichen Antreibern auf die Spur: „Sei perfekt!", „Es muss anstrengend sein, damit es gut ist!" usw.

Die Liste der inneren Antreiber von Tina Bremer war lang, als sie begann, sich ihrer Glaubenssätze bewusst zu werden. Wir arbeiteten gezielt daran, den Fokus auf den augenblicklichen Moment zu lenken. Genau dort ist unsere gedankliche Energie.

Ich (Natalia Blank) lud Frau Bremer dazu ein, eine ganz besondere Erfahrung zu machen: Sie würde ihren Körper und Geist für einen Zeitraum von 1,5 Stunden in Balance bringen. Frau Bremer hatte nach ihren bisherigen Erfahrungen ihre Zweifel, ob es ihr gelingen würde. Doch mein Versprechen an sie war: Es *wird* funktionieren! Wir trafen uns im Dojo der Fachsportschule für Boxen und Kickboxen, dem „magischen Ort", an dem ich selbst seit knapp 20 Jahren trainiere, unzählige Trainingseinheiten in der Vorbereitung für meine Meisterschaften im Kickboxen verbracht habe – und heute meine Erfahrungen als Trainerin weitergebe. Frau Bremer beherrschte nach der ersten Trainingseinheit die wesentlichen Grundtechniken des Kickboxens:

- den sicheren Stand
- die vordere Gerade (Jab)
- die hintere Gerade (Punch)
- die Fußtritt-Technik des Frontkicks mit dem vorderen und hinteren Bein

In den folgenden Abschnitten stellen wir Ihnen die motorischen Fähigkeiten (Beweglichkeit, Koordination, Kraft, Ausdauer, Schnelligkeit), den Fokus sowie die Regeneration anhand des Kickboxsports vor – und wie wir diese motorischen Fähigkeiten auch mental trainieren können und in die ganz individuellen Lebenskontexte übertragen können.

6.4.3.1 Fokus

Schnell stellte Frau Bremer fest, dass es hier um einiges mehr geht, als lediglich auf einen Sandsack draufzuhauen. Denn um die Techniken effektiv und effizient ausüben zu können, braucht es erst einmal eine wesentliche Grundvoraussetzung: den Fokus einnehmen. Der Begriff „Fokus" bedeutet: der Punkt, auf den alles gerichtet ist. In der Fotografie ist er die Ebene, auf die scharf gestellt wird. Man kann sagen, das ist die Grundhaltung des Boxers, mental und physisch. Oder auch: Die innere und äußere Haltung sind entscheidend. Mit Frau Bremer trainierte ich die Fokussierung, indem sie sich auf den sicheren Stand konzentrierte, die Ausgangsposition für alle weiteren Techniken und

Bewegungen, die das (Kick-)Boxen beinhalten. Körperhaltung, Stabilität, Konzentration und Fokussierung auf das, was ich umsetzen will, sind in der Grundhaltung, im stabilen Stand, wesentlich. Im Boxsport geht es immer wieder darum, den Fokus bewusst darauf zu richten, wohin die Energie, also die Kraft, hinzielt. Es geht um Präsenz – mental und physisch. Sobald der Blick minimal vom Ziel abweicht, verringert sich automatisch die Schlagkraft.

Im Sinne des Embodiments und Empowerments ist die Frage des Fokus entscheidend:

- Worauf richte ich aktuell meinen Fokus?
- Wohin fließt dadurch bedingt meine Energie?
- Sehe ich das halb volle Glas? Oder das halb leere?

Überlegen Sie, welchen Gedanken Sie tendenziell mehr Aufmerksamkeit schenken: den lösungsorientierten – oder den problemorientierten? Sie entscheiden.

6.4.3.2 Beweglichkeit

Der nächste Schritt ist nun, aus dem Fokus in die Beweglichkeit zu kommen, sich sowohl mittels der Beinarbeit in verschiedene Richtungen zu bewegen als auch die Boxtechniken zu trainieren. Das entspricht der herkömmlichen Bedeutung von Beweglichkeit: die Fähigkeit, Bewegungen willkürlich und gezielt mit der erforderlichen bzw. optimalen Schwingungsweite der beteiligten Gelenke ausführen zu können.

Hier wurde Frau Bremer schnell bewusst: „Oh, wenn ich boxe, dann ist ja mein gesamter Körper im Einsatz! Nicht nur die Arme! Und die Kraft kommt ja viel mehr aus der Hüftrotation als durch die Faust allein! Ich hätte nie gedacht, dass ich so eine Reichweite mit den Armen habe!"

Führhand (Jab), Schlaghand (Punch), vorderes und hinteres Bein Frontkick – die Grundtechniken des Kickboxens. Das erfordert Beweglichkeit – jedoch keine besonderen „sportlichen Vorkenntnisse". Das sind Elemente, die für alle Menschen gemäß den individuellen anatomischen Möglichkeiten umsetzbar sind. Zunächst wendeten wir die Trainingsmethode des sogenannten Schattenboxens an. Später kombinierten wir die Kickboxtechniken mit einem Widerstand: Hierzu nutzten wir den Sandsack. Dabei bemerkte Frau Bremer weiterhin: „Jetzt wird mir bewusst, wie wichtig es ist, genau dorthin zu blicken, wohin ich meine Technik platzieren will. Denn dann ist die Wirkung am stärksten. Und auch der Sandsack bewegt sich und ist nicht statisch. Das ist herausfordernd. Ich muss also meine Beweglichkeit immer wieder anpassen und flexibel bleiben."

Verbinden wir Fokus, also die stabile Kickboxstellung, mit der Beweglichkeit, stellen wir fest: Je fester und sicherer der Stand ist, also die Basis, desto beweglicher/flexibler bin ich. Die Lebenskontexte sind häufig wie der sogenannte Sandsack: Er bewegt sich hin und her, in alle Richtungen, reagiert auf meine Aktionen, also auf meine Techniken.

Übertragen Sie dieses Bild analog in Ihren Kontext und stellen Sie sich folgende Fragen:

- Was bedeutet Stabilität für mich – und wo erlebe ich sie in meinem Leben?
- Was bedeutet Flexibilität und Agilität in meinem Leben?
- Benötige ich aktuell mehr Stabilität – oder mehr Flexibilität?

Häufig gelangen wir in diversen Coaching-Settings über den Begriff Beweglichkeit zum Thema Resilienz. Das Verständnis und die Bedeutung von Resilienz sind mittlerweile insbesondere in Unternehmen in aller Munde. Wir möchten an dieser Stelle betonen, dass wir Resilienz weniger mit der Widerstandsenergie in Verbindung bringen, sondern vielmehr als Verbindung zwischen Agilität und Stabilität verstehen. Bedürfnisse nach Agilität bzw. Stabilität sind sehr individuell und kontextabhängig. Daher ist das Training von Resilienz ebenfalls stets ein individueller Prozess. Und genau während dieser Reflexion der oben genannten Fragen beginnen Sie bereits, innerlich beweglicher zu werden, und ermöglichen sich mehr Resilienz. Denn eine weitere Definition von Beweglichkeit lautet: der Zustand, dass der Mensch lebhaft und an (geistiger und/oder körperlicher) Bewegung interessiert ist.

6.4.3.3 Koordination

Unter Koordination versteht man das Zusammenwirken des dezentralen Nervensystems, der Sinnesorgane und der Muskulatur: Während Frau Bremer damit beschäftigt war, ihre einzelnen Kickboxtechniken gut und wirkungsvoll am Sandsack zu platzieren, forderte ich sie zum nächsten Trainingsziel heraus: Die Techniken sollten nun miteinander koordiniert werden. Eine Kombination aus koordinierten Kickboxtechniken könnte z. B. wie folgt aussehen: zweimal die Führhand, einmal die Schlaghand schlagen – und das hintere Bein Frontkick hinterher. So könnte eine klassische Trainingsanweisung lauten. Ziel ist es, die Techniken gut miteinander zu koordinieren, sodass sie möglichst ansatzlos hintereinander erfolgen, also ohne Pause. Die Voraussetzung ist, dass bereits ein gutes Gefühl in der Beweglichkeit entwickelt wurde. Ich gab den einzelnen Techniken Zahlen von 1 bis 4, das machte es für Frau Bremer deutlich einfacher, sich auf die Koordination zu konzentrieren. Dabei musste sie gedanklich die Kombination aus z. B. „1 – 1 – 3“ (2 × Führhand, 1 × hinteres Bein Frontkick) in die Kickboxtechniken übersetzen und diese aus ihrem stabilen Stand in ihr Ziel, den Sandsack, zu schlagen: „Ich muss mich so konzentrieren, dass ich die Bewegung richtig ausführe! Es ist gar nicht so leicht, mich dabei nicht zu stark unter Druck zu setzen. Und den Druck mache ich mir ja nur selbst, sobald ich Ihre Zahlenkommandos höre!“

Spätestens jetzt war Frau Bremer in ihrem Element. Sie war voll und ganz mit Fokus, Beweglichkeit und Koordination beschäftigt, mental und physisch, und wirkte dabei hoch konzentriert.

Kennen Sie Situationen, womöglich in Ihrem Führungsalltag, in denen Sie hoch konzentriert und agil Projektschritte und Prozesse miteinander koordinieren? Nicht immer klappt alles zu 100 %. Und Übung macht den Meister. Das ist Techniktraining. Das muss jeder Hochleistungssportler kontinuierlich tun: immer wieder an der Technik feilen. Übertragen Sie diese Elemente in Ihren Hochleistungssport „Führung“:

- Wo können Sie an Ihren Techniken feilen, um für sich mehr Zeit und Raum zu gewinnen?
- Haben Sie in der Koordination Ihrer Aufgaben und Verantwortungen noch Möglichkeiten, effektiver und effizienter für sich zu werden?
- Schaffen Sie es, Ihre Agenda so zu planen, dass Sie Ihre Me-Time regelmäßig umsetzen können?

Welche Auswirkungen Koordinationstraining auf unseren Geist hat, lässt sich ganz einfach anhand der Aktivität unseres Gehirns erkennen, z. B. unserer Konzentrationsfähigkeit. Sogenannte Brain-Gym-Übungen werden heute aus medizinischer Sicht fast immer im Rahmen von körperlicher Bewegung empfohlen.

6.4.3.4 Kraft

In der physikalischen Definition bedeutet Kraft, wie stark zwei Körper aufeinander wirken. Kräfte sind erforderlich, um Arbeit zu verrichten. Unbestritten ist, dass wir immer wieder Kraft benötigen, um mit diversen Lebenskontexten umzugehen: beruflich und privat. Dass man beim Kickboxsport Kraft benötigt und vor allem trainiert sein muss, ist wohl ebenfalls unbestritten. Frau Bremer machte diese Erfahrung direkt während ihres Trainings am Sandsack. Während des Koordinationstrainings stellte sie fest: „Hm ... irgendwie könnte ich, glaube ich, noch mehr Wirkkraft erzielen ... der Sandsack sollte sich doch noch mehr bewegen, nachdem ich meine Technik gezielt platziert habe. Und ich stelle gerade fest, dass ich mich gar nicht so richtig traue, richtig draufzuhauen."

Diese Erkenntnis war für Frau Bremer während des Trainings wesentlich. Das war der Anteil der „Selbsterkenntnis", der ihr durch die körperliche Betätigung bewusst geworden ist. Ich habe Frau Bremer dabei begleitet, ihrer Boxtechnik durch eine stabile und auch nach vorn fokussierte Körperhaltung sowie durch die Körperrotation ihre Wirkkraft zu stärken – und somit auch boxerisch ihre Reichweite zu vergrößern.

Interessant ist, dass wir in unterschiedlichen Sprachen unterschiedliche Dinge mit Führung assoziieren, was allein schon die Begrifflichkeit mit sich bringt. In der deutschen Sprache wird stets von der Führungs*kraft* gesprochen. Im Englischen ist es z. B. das Leader*ship* – das Führungs*schiff*, oder im Italienischen il dirigente – der Dirigent. Führungskraft kann anstrengend klingen – kann jedoch auch inspirierend, agil und kraftvoll klingen. Auch hier ist es wieder eine Frage der Haltung:

- Was bedeutet Führung für mich und mit welchen Attributen ist Führung für mich besetzt?
- Wo und wie erlebe ich mich in meiner Führungs*kraft?* Und in meiner Selbstführungs*kraft?*
- Wie möchte ich meine Kraft in der (Selbst-) Führung noch wirkungsvoller gestalten – und trainieren?

Vielleicht entdecken Sie, dass auch körperliches Krafttraining eine Auswirkung auf Ihre mentale Kraft hat. Und vielleicht haben Sie diese Erfahrung sogar selbst schon mal gemacht.

6.4.3.5 Ausdauer

In der Bewegungs- und Sportlehre geht das Krafttraining mit Ausdauertraining einher. Der Begriff „Ausdauer" hat zwei Definitionen. Zum einen: die Fähigkeit, eine (körperliche) Leistung über einen langen Zeitraum erbringen zu können. Und zum anderen: die Eigenschaft, sich einer Sache (mental) eine lange Zeit und ohne Nachlassen des Interesses zu widmen. Wir begegnen diesem Begriff also auch mehrdimensional.

Nachdem Frau Bremer bereits Fokus, Beweglichkeit, Koordination und Kraft während des Kickboxtrainings trainiert hatte, gelang es ihr nun über einen von mir festgelegten Zeitraum von einigen Minuten (mit kurzen Pausen) ihr ganz individuelles Tempo zu finden, mit dem sie die Kickboxtechniken in einem gleichbleibenden Rhythmus am Sandsack verrichtet. „Auch wenn es anstrengend ist, es ist ein tolles Gefühl, so einen Rhythmus selbst zu kreieren – und meine Wirkkraft so deutlich zu spüren!" – war Frau Bremers Rückmeldung nach dem Ausdauerteil.

Körperliches Ausdauertraining ist in vielen verschiedenen Facetten möglich und stärkt unser Herz-Kreislauf-System. Mentale Ausdauer trainieren wir, wenn wir uns disziplinieren, an einer Sache oder einem Projekt über Dauer dranzubleiben, oder aber auch, wenn wir für etwas „brennen". Dann vergessen wir Raum und Zeit und entwickeln eine hohe Ausdauer, konzentriert etwas umzusetzen.

- Auf einer Skala von 1 bis 10: Wie schätzen Sie Ihre körperliche Ausdauer im Sport ein?
- Wann und wie haben Sie zum letzten Mal Ihre *mentale* Ausdauer trainiert?
- Haben Sie schon einmal die Erfahrung gemacht, dass körperliche Ausdauer sich positiv auf Ihre mentale Ausdauer auswirkt?

Oft entdecken wir Parallelen zwischen körperlichen und geistigen Aktivitäten, wenn wir uns an konkrete Situationen erinnern. Vielleicht ist es eine besonders ausgiebige Wander- oder Fahrradtour, die plötzlich zu kreativen Impulsen und Einfällen geführt hat, oder auch dazu, dass Sie auf die Dinge aus einer neuen Perspektive schauen. Ein gleichbleibendes Tempo zu finden, das *eigene* Tempo und den eigenen Rhythmus, führen automatisch dazu, sich mehr „empowert" zu fühlen.

6.4.3.6 Schnelligkeit

Zu all den bereits erwähnten motorischen Fähigkeiten bzw. Grundeigenschaften zählt die Schnelligkeit. Sie wird in zwei Komponenten aufgeteilt: die Aktions- und Reaktionsgeschwindigkeit. Dabei spielt die Höhe des Widerstands die ausschlaggebende Rolle. Die Aktionsschnelligkeit beschreibt Bewegungsabläufe, die bei geringem Widerstand mit maximalem Tempo ausgeführt werden. Beim Kickboxen hat Frau Bremer diese Aktionsschnelligkeit trainiert, in dem sie innerhalb von 30 Sekunden so schnell sie konnte mit der vorderen und hinteren Geraden im Wechsel (Kombination) in den Sandsack geschlagen hat. Jedoch schnell und locker – und ohne Kraft. Die Reaktionsgeschwindigkeit beschreibt die Möglichkeit, einem Reiz so schnell wie möglich mit einer Bewegungshandlung zu antworten. Das muss eine Kampfsportlerin immer wieder trainieren, denn sie muss der Aktion des Gegners Ausweichen, sie blocken und schnellstmöglich kontern. Ein Kampfsportler nutzt also alle motorischen Eigenschaften inklusive des mentalen Fokus, um immer wieder Aktions- und Reaktionsgeschwindigkeit zu trainieren.

Bewegungen, die mit Schnelligkeit ausgeführt werden, sind nur über einen kurzen Zeitraum möglich, weil der Körper hierfür sehr viel Energie zur Verfügung stellen muss. Wenn Sie schon mal einen Sprint zum Bus oder zur Bahn gemacht haben, dann wissen Sie, wie viel Energie das kostet. Man ist vollkommen aus der Puste. Voraussetzungen für das Training von Schnelligkeit sind gute Koordination und Technik. Frau Bremer stellte fest: „Ich merke, dass beim Trainieren der Schnelligkeit durchaus die Qualität der Technik nachlässt. Dafür muss ich wohl noch einige weitere Trainingsstunden aufwenden, um auch in der Schnelligkeit die Qualität der Technik nicht zu verlieren." Und auch hier übertrug Frau Bremer diese Erfahrung in ihren beruflichen und privaten Alltag: „Wie oft vergesse ich die Hälfte, wenn ich Dinge schnell erledigen will. Das kennen wir wohl alle. Was ich jedoch mitnehme, ist, meine Reaktionsgeschwindigkeit einmal zu reflektieren und ob ich dabei eher zum Konterschlag ansetze – oder zum Ausweichen bzw. Meiden tendiere. Eine wesentliche Reflexion für mich in meiner Führungsrolle."

- Überlegen Sie, wozu Sie in Ihrem Führungsalltag eher tendieren: Offensiv zum Konterschlag ausholen? Ausweichen, um möglichst nicht „getroffen" zu werden? Defensiv die Deckung hochziehen?
- Wann und wie trainieren Sie im Alltag Ihre Aktionsgeschwindigkeit? Und wann Ihre Reaktionsgeschwindigkeit?

Möglicherweise erkennen Sie, dass sie Schnelligkeit schon gut können. Manchmal neigt man dann zum „Überpacen", d.h. nichts mehr als: über die vorhandenen Energiereserven hinauszugehen und immer noch schnell zu sein, obwohl Körper und Geist keine Kapazität mehr haben, das Tempo zu halten. Grund genug, an- und innezuhalten.

6.4.3.7 Regeneration

Der Begriff „Regeneration" kommt aus dem Lateinischen und steht für Neuentstehung. Regeneration ist die Rückgewinnung verbrauchter Kräfte, was man auch mit Erholung gleichsetzen kann. Im sportlichen Kontext geht der Regeneration immer eine Belastung voraus und wird als Prozess verstanden, den physiologischen Gleichgewichtszustand wiederherzustellen, als „versorgende Funktion". In der Medizin wird mit Regeneration die funktionelle sowie morphologische Wiederherstellung eines geschädigten Gewebes oder Organs verstanden. Dieser Prozess erfolgt durch Neubildung von

Zellen. Insgesamt kann man erkennen, dass in der Regenerationsphase immer etwas Neues entsteht. Sowohl beim Kickboxen als auch in jeder anderen Sportart oder körperlichen Anstrengung ist die Regeneration ein sehr wichtiger Prozess: Sie beugt einer Übersäuerung der Muskulatur vor, die bei zu hoher und langandauernder Anstrengung entsteht. Die Folgen sind Muskelkrämpfe, Muskelschmerzen und auch Gelenkbeschwerden.

Mit Frau Bremer machte ich 15 Minuten ausgiebige Dehnungs- und Entspannungsübungen. Der Fokus liegt hier vor allem auf dem bewussten Atmen. Nach dieser Regenerationsphase sagte Frau Bremer: „Das war für mich ein wertvoller Moment. Während der Regeneration konnte ich auch mental loslassen – und wirklich wahrnehmen und genießen, was ich soeben geleistet habe!" Auf meine Frage hin, woran sie denn die letzten 1,5 Stunden gedacht hat, antwortete Frau Bremer: „Jetzt, wo du mich das fragst, wird mir bewusst, dass ich tatsächlich an gar nichts gedacht habe. Obwohl ich es zwischendurch als körperlich anstrengend empfunden habe, war mein Geist wirklich im Hier und Jetzt – und nicht irgendwo anders unterwegs." Tatsächlich ist Frau Bremer bei Weitem nicht die erste Klientin, die diese Erfahrung beim Kickboxen bzw. Boxen macht. Gut 98 % der bisher befragten Personen geben nach dem Training genau diese Antwort. Mit anderen Worten: Körper und Geist befinden sich in dieser Zeit in Balance und erleben auf diese Weise auch eine Regeneration. Vom Alltag.

- Wie häufig am Tag nehmen Sie sich bewusst Zeit, Ihren Körper und Geist zu regenerieren?
- Was genau tun Sie, wenn Sie regenerieren?
- Auf einer Skala von 1 bis 10: Wie schätzen Sie Ihre Regenerationsfähigkeit ein?

Oft kann schon ein kurzer Moment der mentalen Regeneration ausreichen, wenn wir uns immer öfter Selbstempathie schenken. Nach jedem Training bitte ich die Person oder die Gruppe, sich wirklich dessen bewusst zu sein, was sie gerade geleistet und an neuen Erfahrungen gewonnen haben – indem Sie die Zeit Ihrem Körper und Geist gewidmet haben. Manchmal genügt bereits schon der innere Anker: „Ich weiß jetzt nicht nur, wie Boxen funktioniert – ich kann es auch." Häufig ist genau dieser Gedanke schon ein wichtiger und positiver Trigger für das Selbstvertrauen. In diesem Sinne: Kick your (Self-)Leadership!

6.4.3.8 Der richtige Zeitpunkt

Der Zeitpunkt für die körperliche Bewegung spielt eine wichtige Rolle. Physiologisch sinnvoll ist das Training am Morgen, da Testosteron- und Cortisolspiegel dann am höchsten sind. Ein abendliches Power-Training kann möglicherweise zu Einschlafproblemen führen. Die Wirkung der Bewegung auf das Gehirn ist in allen Übungsvarianten interessant: Die Dopamin- und Serotoninlevel im Gehirn steigen. Das Ergebnis: besseres Aussehen, mehr Fitness, mehr Kraft. Vor allem jedoch: mehr Energie, mehr Power, bessere Laune.

Probieren Sie einfach mal was Neues aus, und machen Sie das, was Ihnen Spaß macht. Körperliche Bewegung fördert die Gesundheit, den Stressabbau und die mentale Fitness. Dafür muss es aber nicht jeden Tag ein Marathonlauf sein. Wichtig ist die Regelmäßigkeit. Dabei zählt, dass Bewegung und Beweglichkeit als integrale Aspekte des Lebens verstanden und gelebt werden.

6.5 Corporate Activity beginnt mit bewegter Sprache

Agility bedeutet im Kontext von New Work „tun, machen, handeln". Führungskräfte haben daher die Aufgabe, Beweglichkeit, Flexibilität, Leichtigkeit, Spannung, Dynamik und Aktivität zu initiieren. Es braucht eine gute Schwingung in der Kommunikation, um das zu ermöglichen. Was haben Sie in Ihrem Team oder Ihrem Bereich bereits initiiert?

Lieber zusammenzuspielen, als allein zu schuften, könnte ein Beginn sein, für mehr Beweglichkeit und Bewegung im Team zu sorgen. Wie steht es um die Synchronisierung der Prozesse auf kommunikativer Ebene? Wie tauschen sich Ihre Mitarbeitenden aus? Wie gelingt ein lebendiger Kontakt? Was macht bewegte Artikulation aus?

Folgende Ziele sind für die Initiierung von Corporate Activity lohnenswert:

- Mehr Flexibilität im Team ermöglichen
- Nicht Standardsituationen, sondern das Neue ausprobieren
- Grenzen spielerisch erweitern

Das fängt schon mit der Art der gewählten Sprache an: Sprache ist ein System von Zeichen und Regeln zur Herstellung, Speicherung, Verarbeitung und Weitergabe von Bedeutung. So weit, so schlau. Wie nehmen Sie diese Aspekte in Ihrem Führungsalltag wahr? Ist die Sprache in Ihrem Unternehmen handlungsorientiert? Löst diese eine Bewegtheit aus? Sind die Inhalte begreifbar und sinnstiftend? Insbesondere in Onlinemeetings ist es wichtig, eben nicht nur die Faktenebene zu bedienen. Das Wording muss spürbar sein, damit sich Mitarbeitende involviert und emotional abgeholt fühlen.

Achten Sie als Führungskraft auf Ihre Sprache und Sprechweise: Reden Sie in Substantiven oder benutzen Sie eine bewegte Sprache mit lebendigen Verben? Wie setzen Sie Gestik und Mimik im Onlinemeeting ein? Sind Sie als Mensch spürbar?

Verkrustungen und sklerotische Zustände lassen sich spielerisch überwinden, wenn wir durch Mimik, Gestik und den Rhythmus des Sprechens für mehr Beweglichkeit sorgen. Dehnung lässt sich auch während des Sprechens erzielen, in dem Sie Pausen machen und die Sprechgeschwindigkeit variieren.

Im Business-Alltag zeigt sich, dass Mitarbeitende die Verwendung von Gesten, Gebärden und einer intensiven Mimik als spannend, motivierend und handlungsanregend erleben. Im Kapitel Embodiment haben wir herausgestellt, dass das Gehirn mit dem Körper nicht einfach nur durch den Hals verbunden ist. Unser Gehirn und Körper bilden eine untrennbare Einheit. Die Synergie von Denken, Fühlen und Handeln gilt es in Meetings kommunikativ zu nutzen, damit wir insbesondere in Onlinekonferenzen nicht Gefahr laufen, uns selbst zu verlieren.

Für eine bewegte Sprache ist es wichtig, Spannung aufzubauen. Es geht eben nicht nur um die Korrektheit der Fakten. Schaffen Sie durch gezielte Inszenierung und eine gute Dramaturgie für Bewegung in Ihren Meetings. Häufig ist es sinnvoll, eine persönliche Geschichte zu erzählen. Bauen Sie dabei eine Vorspannung auf. Dann können Sie den inhaltlichen Punkt wie einen Pfeil blitzschnell abschießen. Sie treffen damit auch die Herzen der Mitarbeitenden.

Auch die Wortwahl kann Wunder bewirken. In Onlinekonferenzen ist der Raum für echte Begegnung häufig eine Herausforderung. Um die Teilnehmenden kommunikativ in Bewegung zu bringen, ist es wichtig, dass ein bewegender Austausch stattfindet. Das Sprechen über Probleme oder Herausforderungen zieht häufig die Energie in den Keller und vermiest die Laune. Mitarbeitende wissen häufig sehr genau, was sie nicht wollen und wo es klemmt. Etwas positiv zu formulieren, was man wirklich will, fällt vielen schwer. Führungskräfte können den Prozess beweglicher machen, indem sie helfen, gemeinsam an einem Strang zu ziehen, der lösungsorientiert ist. Ganz einfach gelingt es durch das Wort „sondern“. „Sondern“ kann wie ein Zauberwort wirken, wenn es Kollegen berichten, dass es nicht mehr das problematische Verhalten gab. Dazu ein Beispiel, das von einem Mitarbeitenden geäußert wurde: „In der letzten Zoom-Konferenz hatten wir vereinbart, uns besser zu reflektieren. Seit diesem Treffen war es mir nicht mehr so schlecht ergangen, ich fühlte mich nicht mehr so schlapp und energetisch leer.“ Die Führungskraft antwortete daraufhin: „Aha, dir ging es in der letzten Woche nicht so schlecht, sondern wie ging es dir denn?“ Durch diese Frage nach dem „Sondern“

öffnet sich eine Tür in einen Austausch, der das Problem konkret macht.

In Workshops nutzen wir häufig Beispiele aus dem Sport, um ein Bild entstehen zu lassen: Beim Hürdenlauf ist die schwierigste Hürde immer die letzte. Warum? Die Muskeln sind übersäuert. Die Kunst ist es daher, für ein gutes Milieu zu sorgen, dass das Meeting Spaß macht und die Leichtigkeit erhalten wird. Vermitteln Sie das Motto, gemeinsam die Hürden zu nehmen, anstatt Hürden durch Probleme aufzubauen.

Auch beim Staffellauf ist nicht das Laufen das Problem, sondern die Übergabe des Staffelstabes. Hier wird viel an Geschwindigkeit verloren. Die Kunst liegt in einer gelungenen Kommunikation und sauberen Koordination, damit die Übergabe reibungslos funktioniert. In Workshops bietet es sich an, einen kleinen Staffelstab aus Holz an die Teilnehmenden zu verschenken, der sie an eine gute Kommunikation erinnert. Motto: Take the lead.

Eine neue Bewegung entsteht ebenfalls, wenn die Kreativität wiederbelebt wird. Die einen ertrinken in den E-Mail-Fluten, die anderen ersticken an alten Organisationsregelungen. Daher klagen viele Führungskräfte über zu wenig Zeit für Kreativität und Innovation. Doch Agilität und Vorstellungskraft spielen sich vor allem im Kopf ab. Ein französischer Unternehmer sagte in einem Coaching, dass deutsche Architekten im Ausland wenig gefragt seien. Ein deutscher Architekt, fuhr er fort, der sich im Instrument der wirtschaftlichen Sicherheit – der HOAI: Honorarordnung für Architekten und Ingenieure – und den ISO-9000 und Sicherheitsvorschriften verstrickt hat, kann sich kaum vorstellen, dass eine Eingangshalle eines Einzelhauses 250 Quadratmeter groß sein kann, wenn er nur nach der Energieeinsparverordnung (EnEV) optimierte Reihenhäuser entwirft, deren gesamte Wohnfläche 115 Quadratmeter ausweisen. Grund genug, sich aus dem Klein-Klein der Vorschriften und Anweisungen zu lösen und groß karierter zu denken. Führungskräfte sollen sich nicht im Detail verlieren, sondern weit bleiben für den Blick auf das große Ganze.

Viele Führungskräfte fühlen sich so zurechtgestutzt, dass sie gar nicht mehr fliegen können. „Wir haben das Fliegen verlernt“, sagte ein Abteilungsleiter eines flugzeugherstellenden Unternehmens in Toulouse. Er fuhr fort: „Dabei sind Bewegung, Beweglichkeit, Dynamik, Kraft und Leichtigkeit die Voraussetzung für unseren Geschäftserfolg.“

Wichtig ist, dass Sie als Führungskraft für Beweglichkeit sorgen dürfen. Das fängt schon bei der Kleiderordnung an. Beispielsweise sind Kleiderbügel häufig leicht nach vorn gebogen. Jacketts sind bei Männern so geschnitten, dass die Schultern in Pronation, also leicht nach vorn gebeugt sind. Dabei wird der Bewegungsradius der Schultern eingeschränkt. In konservativen Berufen wie bei Unternehmensberatern, Bankern oder Notaren wird teilweise immer noch eine Krawatte getragen. Diese kann den Hals einschnüren. Sogar ein tiefes Einatmen ist schwierig. Häufig sind auch Schuhe so geschnitten, dass die Zehen eingeengt werden. Erleichtern Sie die Arbeitsbedingungen in Ihrem Team, in dem Sie solche alten Zöpfe einfach abschneiden. Die Krawatte bringt keinen Mehrwert. Wie wäre es, Kleidung zu tragen, die dem Körper Bewegungsspielraum lässt? Studien belegen, dass Freiheitsgrade bilanzwirksam sind und dazu führen, dass die Arbeitsunfähigkeitstage in den Unternehmen abnehmen. Nutzen Sie diese Erkenntnisse. Schaffen Sie also als Führungskraft Erleichterungen und gewähren Sie mehr Freiheit. Das fängt mit der Kleiderordnung an.

Zudem ist es wichtig, dass Beziehungspotenzial als Bewegungselement zu nutzen. Menschen sind keine Ressource, die Kosten produzieren. Der Handlungsimpuls zu mehr Bewegung beginnt mit der inneren Haltung. Sehen Sie Mitarbeitende als Kostenfaktor oder als Innovationsgarant oder Wirtschaftserfolg? Wenn Mitarbeitende das Teuerste im Unternehmen sind, warum machen wir sie nicht wertvoll? Häufig vernehmen wir in den Unternehmen, wenn es um Kosten geht, die Aussage: „Headcounts, headcounts.“ Unsere Antwort darauf ist ganz einfach: Make head counts!

Manchmal ist es nur ein kleiner Schritt vom Verstehen im Oberstübchen bis zur Erzeugung einer neuen Bewegung zu mehr Freiheit.

Sind Sie bereit?

6.6 Aufbruch ins Unbekannte

„Empower and encourage" war das Motto eines unserer Führungsworkshops in einer wunderschönen Location in Luzern. Mit grandiosem Blick auf das Seebad am Vierwaldstättersee begann das Meeting, und trotz professionellen Lächelns der Geschäftsführung hatten die teilnehmenden Führungskräfte ein mulmiges Gefühl. Das Unternehmen befand sich in einem großen Transformationsprozess. Die zentrale Frage, die die Geschäftsleitung beschäftigte, war: Wie gelingt der Aufbruch ins Unbekannte, wenn die Rahmenbedingungen doch fixiert sind und Menschen Stabilität und Sicherheit brauchen? Eine Bewegung in eine andere Richtung ist ein Schritt ins Ungewisse und Unbekannte. Doch es lohnt sich, wenn wir uns mehr wagen. Bald wird das Unbekannte bekannt und das Neue vertraut sein.

Ziel des Führungsworkshops war es, eine Aufbruchsstimmung für eine neue Bewegung zu erzeugen. Sich-Zutrauen, Vertrauen und Mut lassen sich nicht verordnen, anordnen oder als Ziel vereinbaren. Sie können sich nur entwickeln. Wenn die Voraussetzungen und Rahmenbedingungen dafür geschaffen werden. Im Workshop arbeiteten wir mit der Metapher eines Gartens. Führungskräfte können einen Rahmen setzen, in denen Mutkulturen wie kleine Pflänzchen auf einem vorbereiteten Boden angelegt werden, um langsam ins Wachsen zu kommen. Führungskräfte sind die Gärtner, die sich die Pflanzen individuell anschauen, die Bodenparameter überprüfen, damit ein Anwachsen gelingt und dann durch sorgsame und liebevolle Pflege und mithilfe von Sonne, Wasser, Düngern und Pflanzenschutzmitteln ein Wachstum ermöglichen. Für die Revitalisierung erschöpfter Pflanzen bedarf es häufig lediglich Wasser und Sonne. Das Wasser steht im übertragenen Sinne für unser Maß an Fluidität und die Fähigkeit, im Fluss zu sein. Die Sonne steht möglicherweise für die menschliche Wärme, für Empathie und Wertschätzung. Das sind schon wichtige Voraussetzungen für gelingende Führung. Selbstregulation beginnt mit dem Wort „Selbst". Die innere Haltung macht den Unterschied.

Im Führungsalltag ist es für Führungskräfte wichtig, auf folgende Punkte zu achten:

- Reflexion
- Orientierung vermitteln
- Achtsamkeit trotz Hektik
- Energiemanagement im Team
- Mindfulness at Work
- Persönliche Balance zwischen Abgrenzung und Hinwendung

Das jedoch gelingt nur, wenn sich Teams aus dem engen Korsett von Vorschriften und haarkleinen Vorgaben lösen und einfach starten, Dinge anders zu gestalten, in dem sie sich auf ein Experiment einlassen. Stabilität klingt sinnvoll, solange sie nicht einschränkt und einengt. Ein neuer Freiraum mit einem positiven Menschenbild hilft, Ambivalenzen, Befürchtungen und Ambiguität auszuhalten.

Wenn wir uns mit den Themen New Work und agile Transformationen beschäftigen, kommen wir auf die Ambidextrie zurück, die wir im Kapitel 2 „Loslassen und Gelassenheit" bereits gestreift haben. Ambidextrie bezeichnet die Fähigkeit eines Unternehmens, gleichermaßen auf das operative Geschäft und die Entwicklung von Innovation ausgerichtet zu sein. Doch wie steht es um Ihre Fähigkeit, ambidex zu handeln?

Fakt ist: Die Mitarbeitenden sind oftmals mit dem operativen Geschäft bereits an ihrer gefühlten Belastungsgrenze. Das Neue zusätzlich zu den alten bisherigen operativen Aufgaben zu schultern, lässt viele Führungskräfte und Mitarbeitende unter der Last fast zusammenbrechen. Ein Geschäftsführer eines mittelständischen IT-Unternehmens drückte sich zum Thema Ambidextrie so aus: „Die Mitarbeitenden fühlen sich wie auf der Streckbank. Die Anforderungen an das operative Geschäft sind enorm. Und es gibt überhaupt keine Zeit, sich um das Neue zu kümmern."

Im Rahmen der organisationalen Ambidextrie geht es um die Integration von Exploitation (Ausnutzung von Bestehendem) und Exploration (Erkundung von Neuem). Genau hier setzt der Frequenzwechsel® ein: raus aus der alten angestrengten Machen-Frequenz hinein in eine neue kokreative Gelingen-Frequenz. Dazu braucht es Zuversicht, dass es schon klappen wird. Es braucht eine Haltung des Sich-Einlassens auf das Neue. Spielerische Experimentierfreude und Staunen, was alles geht. Dazu dürfen Sie Ihre Frequenz ändern. Nach dem Motto: „Das mach ich mit links" könnte eine Lust auf das Neue entstehen. Damit wird eine neue Leichtigkeit vermittelt.

Was heißt der Frequenzwechsel® konkret? Als Rechtshänder wechseln Sie einfach die Hände. Die bisher bekannte Sache machen Sie mit links – also bedeutet das, den Fokus der linken Hand auf das bisherige operative Geschäft mit der Ausnutzung des Bestehenden, sprich Exploitation, zu legen. Das Alte beherrschen Sie ja aus dem Eff Eff. Die rechte Hand benutzen Sie für das Neue. Also heißt das, den Fokus auf neue Produkte oder ganz neue Marktbereiche zu lenken. Damit bekommt das Neue auch den Stellenwert, der ihm zukünftig gebührt. Konzentrieren Sie sich mit Ihrer kräftigen Schlaghand auf das, wohin Sie Ihr Unternehmen entwickeln wollen. Diese Kraft sollte auf die Erkundung des Neuen – also die Exploration gerichtet sein. Diese Kraft strahlt dann auch eine Zuversicht und Sinnhaftigkeit aus. Dadurch entstehen vielleicht ganz neue Innovations- und Kreativitätsspielräume mit zukunftsweisenden Produkten.

Gute Führungsskills werden bei Führungskräften vorausgesetzt. Erfolgskonzepte mit Zukunftsvisionen zu kombinieren, bietet einen Nährboden für Unsicherheit und Konflikte. Darum haben Führungskräfte in erste Linie die Aufgabe, Vertrauen innerhalb des Unternehmens zu schaffen und Sinnhaftigkeit zu vermitteln. Dazu sind folgende Aspekte relevant:

- Die Mitarbeitenden sollten ausreichend Freiheiten haben.
- Es braucht gegenseitiges Vertrauen zwischen Mitarbeitenden und Führungskräften – gar nicht so einfach, wenn wir nur mal an das Thema Homeoffice denken.
- Es braucht die Motivation auf ein gemeinsames Ziel.
- Den Mitarbeitenden sollte Verantwortung übertragen werden. Damit meine ich nicht das Delegieren von Aufgaben, sondern eine Übertragung von Verantwortung für ein Projekt.
- Den Mitarbeitenden sollte die Chance zur Mitbestimmung gegeben werden.
- Es sollte eine Feedbackkultur in beide Richtungen geben.

Die innere Haltung dazu ist entscheidend. Sie beeinflusst den Teamspirit in Ihrer Organisation. Der Mindset-Change in den Köpfen der Topführungskräfte entscheidet, ob ein Transformationsprojekt tatsächlich erfolgreich sein wird.

Für die Führungskräfte bedeutet dies auch, sich Unterstützung zu holen. Dazu folgende Fragen:

- Wer könnte mich unterstützen?
- Was brauchen wir ganz konkret, um durch das unsichere Fahrwasser zu gelangen, ohne dabei unterzugehen oder zu ertrinken?

Manchmal sind es die ganz kleinen Dinge, die hilfreich sind: eine Beratung durch einen Kollegen, ein Impuls, eine Sparringspartnerin, die Sie im operativen Pfad unterstützt. Nur so können wir es schaffen, das Tagesgeschäft und inkrementelle Innovation zu managen als auch in der Lage zu sein, disruptive Innovation voranzutreiben. Bisher haben wir inkrementell gearbeitet. Inkrementell heißt Schritt für Schritt. Das ist das alte kleinteilige Prozessdenken. Disruptiv bedeutet, einen Paradigmenwechsel anzustoßen, in dem die Dinge eben ganz anders gestaltet werden.

Ambidextrie ist keine angeborene Fähigkeit, sondern ein trainierbares Verhalten. Diese kann eine tiefgreifende Transformation ermöglichen, die im Ergebnis leicht und anstrengungsfrei gelingt. Wenn wir Arbeit wirklich neu erfinden wollen, sind die Mitarbeitenden das Wichtigste. Wenn wir die Bedürfnisse, Nöte und Ängste ernst nehmen, stellen wir auch die menschliche Seite im Business stärker in den Mittelpunkt.

Wir brauchen Führungspersönlichkeiten, die aus dem New-Work-Blickwinkel das Potenzial der Menschen sehen, wie kokreativ gemeinsam Neues gestaltet werden kann. In der Umsetzung braucht es ein agiles Methodenset: Wir brauchen menschzentrierte Designmethoden – von Design Thinking über Agile bis hin zu Lean Start-up and Sprint. Methoden, Techniken und Tools sind nur die Ausführungswerkzeuge eines inneren Klärungsprozesses. Denn nicht die Methoden und Tools stehen im Vordergrund, sondern die Haltung der Unternehmensleitung und der Führungskräfte. „Leading from the inside out“ ist das Vorgehensmodell, das am Vierwaldstätter See zum Erfolg verholfen und eine neue Bewegung ausgelöst hat.

Statt einer Arbeitsanweisung und Regeln ist es hilfreich, mit einem weiten Rahmen der Ausrichtung zu arbeiten. Diese bieten eine gute Orientierung für die Mitarbeitenden. Die Aufgabe der Führungskräfte dabei ist es, die Ausrichtung zu vermitteln, damit sich die Energie auf die Umsetzung fokussieren kann.

Es lohnt sich.

6.7 Puls-Check für Führungskräfte

- Was bringt Sie in Bewegung?
- Was steigert Ihre Beweglichkeit?
- Was bewegt Sie wirklich?
- Was sind Ihre ersten Schritte zur Veränderung?
- Mit wie viel Schwung sind Sie unterwegs?
- Was ist Ihr Fokus?
- Wie steht es um Ihre Koordination, Kraft und Schnelligkeit?
- Was hilft, um schnell regenerieren zu können?
- Was unternehmen Sie, um Momentum zu erzeugen?
- Wann ist der richtige Zeitpunkt für eine Veränderung?
- Wie lebendig und beweglich ist Ihre Sprache und Sprechweise?
- Wie könnten Sie sich selbst und dem Team mehr Freiheitsgrade gewähren?

6.8 Auf den Punkt gebracht

Nehmen Sie sich täglich einfach 5 Minuten Zeit, um Ihrem Körper zu lauschen. Das kann eine Atemübung oder das Hüpfen auf dem Trampolin sein. Wenn Sie viel am Computer sitzen, stehen Sie öfter auf und bleiben Sie beweglich. Das erweitert Ihren Handlungsrahmen enorm und setzt Energie frei.

Bewegungsexplorationen laden dazu ein, bisherige Verhaltensweisen und Gewohnheiten zu erfahren und nachzuspüren, nach Alternativen zu forschen und dadurch das Bewegungs-, Beweglichkeits- und Handlungsrepertoire sinnvoll und gesund zu erweitern. Die Körpererfahrung lohnt sich: Zwischen voll verspannt und zentral erschlafft können Körper-Geist-Entspannungsübungen wie Atemübungen, Meditationen zur Stressreduktion, autogenes Training oder geführte Trance-Induktionen dazu beitragen, dass Führungskräfte im täglichen Business besser loslassen können, sich schneller entspannen, fokussierter und gelassener werden.

Kommen Sie in Bewegung und nutzen Sie den Schwung der Bewegung. Sogar Mitarbeiterjahresgespräche müssen nicht in einem Büro geführt werden. Ziehen Sie sich die Sportschuhe an und gehen Sie mit Ihren Mitarbeitenden raus! In Bewegung geht alles leichter.

Nutzen Sie die Ambidextrie, wenn es um eine echte Transformation und gelingende

Kommunikation geht, damit Sie in der Teamentwicklung hoch agil mit Schwung nach vorn kommen. Machen Sie einen Frequenzwechsel® und fahren Sie Ihre intuitive Gelassenheitsfrequenz hoch. Lassen Sie sich ein auf das Neue – ohne die Anstrengung, alles in den Griff bekommen zu müssen. Gemeinsam gelingt es – ganz leicht.

Viele Führungskräfte geben den ganzen Tag Vollgas und powern sich aus. Durch gezieltes körperliches Auspowern, wie z. B. beim Kickboxen, können Sie den Stresspegel senken und Ihrem Körper wirklich Gutes tun. Doch es gibt Grenzen. Und es braucht Pausen. Nicht angestrengt etwas machen, sondern einfach mitgehen ist der Fokus. Sie dürfen bis an die Grenze gehen. Jedoch nicht weiter. Machen Sie eine Pause, um dann wieder in Schwung zu kommen.

Das Zauberwort heißt: *Anfangen* – auch lange Wege beginnen mit den ersten Schritten. Oft ist es der innere Schweinehund, der uns nach dauerstressbedingter Erschöpfung und Unlust davon abhält, uns jetzt auch noch körperlich zu betätigen. Wenn Sie diesen ersten Schritt in Richtung körperlicher Fitness machen, haben Sie bereits gewonnen.

7 Stufe 7: Empowerment und Inspiration

„Die Zukunft sollte man nicht vorhersehen wollen, sondern möglich machen."
Antoine de Saint-Exupéry (1900–1944)

7.1 Eigen-Fair-Antwortung übertragen

Zu unserem Motto „Grow as a person – inspire as a leader – act as an influencer" haben wir in den bisherigen Kapiteln viel über Reflexion auf der Individual- und Teamebene gearbeitet. Auf dieser 7. Stufe geht es darum, als Führungskraft zu inspirieren und unternehmerisch zu gestalten. Es geht es um Ihre Einflussfähigkeit als Führungskraft in der Gesamtorganisation mit Auswirkungen auf die Makrowelt, auf die Gesellschaft und der Welt, in der wir leben und gestalten (transzelluläre Ebene/Wir-Welt). Gemeint ist die innerhalb bestimmter Leitplanken praktizierte Beteiligung und Einbindung der Mitarbeitenden, um die übertragenen Aufgaben maximal eigenständig und eigenverantwortlich bewältigen zu können.

Auf der Unternehmensebene geht es darum, wie Sie Ihre Gestaltungsfähigkeit als Influencer nutzen, um die Unternehmenskultur proaktiv zu beeinflussen und so die Gesamtorganisation zu empowern. Führungskräfte haben die Aufgabe, einen Rahmen zu gestalten, der Menschen ermutigt und befähigt, Verantwortung zu übernehmen. Dazu braucht es Inspiration und die Vermittlung einer zukunftsgestaltenden Perspektive durch das Setzen von Leitplanken für das Handeln in einer angstfreien Atmosphäre.

Führen durch Vorbild ist dabei essenziell. Mitarbeitende spüren schnell, ob es sich um Lippenbekenntnisse oder echtes Handeln aus Überzeugung und Herzblut handelt. Durch eine Stärkung der Eigenverantwortung und das Setzen von Leitplanken für verantwortliches Handeln können Sie echtes Commitment und Verbindlichkeit erreichen. Es geht um folgende Aspekte:

- Durch Vorbild führen
- Durch Reframing die Einflussnahme auf die Unternehmung stärken
- Eigenverantwortung leben
- Im Unternehmen vermitteln: „Mein Beitrag zählt"
- Menschen involvieren und echtes Commitment erreichen

Wichtig ist, dass Sie als Führungskraft andere inspirieren, damit sich die Art des Miteinanders im Team verändert. Leader sollen Performance erzeugen. In der Führungsleitlinie eines Konzerns stand folgender Satz: „Setzen Sie klare Ziele, motivieren und inspirieren Sie Ihr Team, finden Sie Lösungen für komplexe Probleme und treffen Sie Entscheidungen." Wow, das liest sich prima. Zum Thema Empowerment gelingt dies vor allem durch folgende Aspekte: Lassen Sie los und lassen Sie Ihre Mitarbeitenden die Antworten auf die Herausforderungen des Business selbst finden.

Erzeugen Sie ein Klima, in dem Mitarbeitende sich eigenverantwortlich ausprobieren dürfen, damit sie Verantwortung auch wirklich übernehmen können. Dazu braucht es Mitarbeitende, die auch fähig und willig sind, Verantwortung zu übernehmen. Gar nicht so einfach, wenn wir bedenken, dass eigenverantwortliches Handeln durch die Konditionierungen und Sozialisation in den Organisationen systematisch aberzogen wurde. Mitarbeitende hatten zu funktionieren. Viele verhielten sie über Jahre wie Kindrollenspieler, denen man sagt, was sie zu tun haben. Eigenverantwortung war nicht gefragt und konnte daher nicht gelebt werden.

Ein Ministerialbeamter brachte es in einem Workshop auf den Punkt: „Wenn ich morgens ins Ministerium komme, gebe ich mein Hirn an der Rezeption ab und hole es abends wieder ab. Als Beamter habe ich gelernt, dass ich nichts annehmen darf – nicht einmal Vernunft." Gut, die Zeiten haben sich gewandelt. Zumindest im Äußeren: Wo früher Akten zu wälzen waren, gibt es heute digitalisierte Dokumente mit organisierten Workflows. Dennoch ist die Übernahme von Verantwortung immer noch nicht selbstverständlich. Die Bereitschaft, sich um etwas zu kümmern und eigenverantwortlich zu handeln, ist eine Frage der Einstellung und der inneren Haltung.

Führungskräfte können Mitarbeitende nur schwer verändern. Versuchen Sie mal, sich selbst zu verändern. Führungskräfte sollen Mitarbeitende entwickeln – so steht es in den Leitbildern vieler Unternehmen. Doch das Wort „entwickeln" ist ein reflexives Verb. Es heißt „sich entwickeln". Keine Führungskraft kann Mitarbeitende entwickeln. Sie können als Führungskraft jedoch einen Rahmen schaffen, in dem es gelingt, dass sich jeder im Rahmen seiner Potenziale, Talente und Möglichkeiten entwickeln kann. *Das* ist Führungsaufgabe.

Empowerment beginnt mit dem Schaffen von Veränderungen und Freiräumen für kreative Experimentierfelder und Lernkulturen. Machen Sie dem Team klar, dass es jetzt nicht um eine Null-Fehler-Kultur und um Standards, sondern um einen Neuanfang handelt, in dem sich jeder nach seinen Potenzialen und Fähigkeiten einbringen darf. Erzeugen Sie eine Neugier, um Neues und Eigenverantwortung auszutesten. Führen Sie vor Augen, dass es keine vorgefertigten Wege oder Patentrezepte gibt. Es geht um ein Sich-Hineintasten in unbekanntes Terrain. Ganz ohne Druck soll Lust gemacht werden auf Neues. Gestehen Sie den Mitarbeitenden Möglichkeitsräume zu und vermitteln Sie Zutrauen. Ein Bereichsleiter in einer Krankenversicherung sagte ganz einfach: „Gemeinsam wuppen wir das."

Die Message „Fehlerfroh ans Werk" gilt für das Brainstorming und den Mut zum Umschwenken. „Einfach mal machen" ist jetzt besser als ein 100-%-Projektplan. Damit vermitteln Sie dem Team, dass sie sich keine Sorgen zu machen brauchen, dass ein nicht so guter Gedanke bestraft werden könnte.

Kommunizieren Sie offen und klar, was Ihnen wichtig ist, was Eigenverantwortung betrifft. Sprechen Sie auch kritische Punkte ehrlich und konstruktiv an und geben Sie kontinuierlich Feedback, wie Sie die Entwicklung Ihrer Mitarbeitenden sehen.

Als Führungskraft sind Sie nicht Opfer der Umstände. Sie dürfen gestalten. Dazu dürfen Sie zuerst die Verantwortung für sich selbst übernehmen. Wie fair sind Sie zu sich selbst? Wie fair gehen Sie mit sich selbst um? Eigen-Fair-Antwortung ist nicht die Last, sondern die Aufgabe, für sich selbst zu sorgen und dafür die volle Verantwortung zu übernehmen.

Der Preis ist heiß: Die Anpassung an Vorschriften, Regeln und Leitlinien kann die Preisgabe des Selbst zur Folge haben. Umso wichtiger ist es, sich eigen-fair-antwortlich die eigenen Freiheitsgrade zu gewähren. Führungskräfte sollen sinnstiftende Freiräume gestalten und eine Aufbruchsstimmung erzeugen, in der eine eigenverantwortliche Begeisterung entstehen kann. Durch echtes Empowerment vermitteln Sie den Schwung und bringen Dinge nach vorn. Leadership bedeutet, Spirit im Team zu erzeugen. Fordern, Fördern und Unterstützen ist wichtig. Und ein Zugestehen und Zutrauen, dass das Team das Ziel gemeinsam erreicht werden kann.

Unser innerer Verhaltenskompass ist durch zwei Richtungen beeinflusst: Kontrolle und Autonomie. Kontrolle führt zu Compliance und dem Befolgen und Ausführen von Vorgaben.

Die Umsetzung in den Unternehmen erfolgt durch Jahreszielvereinbarungen (Management by objectives – MbO). Aufgaben werden delegiert und deren Ergebnisse werden kontrolliert, bonifiziert oder sanktioniert. Das Ergebnis jedoch ist häufig lediglich mittelmäßig. Im Fall der Autonomie wird eine Verantwortung für ein Projekt übertragen. Das Gewähren von Autonomie und das Stärken von Eigenverantwortung führen zu echtem Engagement. Und letztlich zu besseren Ergebnissen.

In Zeiten von Homeoffice und Remote Leadership (Führung auf Distanz) scheiden sich die Geister: Die einen Führungskräfte verstärken die Kontrolle und ziehen die Zügel an – andere vertrauen ihren Mitarbeitenden und lassen los – so können sie einfach in Ruhe arbeiten. Wie ist Ihre Haltung? Autonomie unterstützt die Möglichkeit eines jeden, in einer Sache, die wirklich wichtig ist, besser und besser zu werden. Weil diese sinnhaft ist. Für Routinetätigkeiten war es bisher wichtig, dass Vorgesetzte Compliance-Regeln aufgestellt hatten. Doch für komplexere Herausforderungen braucht es die Bereitschaft, sich experimentell einen neuen Weg zur Lösung zu suchen. Das persönliche Engagement ist der Gradmesser für die Performance in Unternehmen. Dies gilt es zu empowern.

7.2 Proaktiv statt reaktiv

Als Führungskraft sind Sie nicht Opfer der Umstände oder Rahmenbedingungen. Unsere innere Haltung bestimmt die Zahl der Lösungsmöglichkeiten. Äußere Einflüsse oder Rahmenbedingungen können wir meist nicht beeinflussen. Wir können jedoch Einfluss nehmen und selbst bestimmen, wie es weitergeht. Wir können eine innere Haltung einnehmen, die es möglich macht, lösungsorientiert mit äußeren Einflüssen umzugehen. Wir können immer wählen: Love it, change it, or leave it.

Viktor Frankl hat den Bezug zur inneren Haltung auf den Punkt gebracht: „Zwischen Freiheit und Reaktion liegt der Raum der inneren Freiheit. Die Größe dieses Raumes wird durch unsere eigene Haltung bestimmt."

Übung: „Ausmaß meines Einflusses"

In welchem Ausmaß meinen Sie, dass Sie Ihre Zukunft bewusst und aktiv beeinflussen können? Wo würden Sie auf einer Skala von 0 bis 10 Ihr Kreuzchen setzen?

0-------------------5-------------------10

Die Corona-Pandemie bietet eine Steilvorlage für gelebte Proaktivität. Es gibt einige, die abgewartet haben, die darauf hofften, dass andere für sie sorgen würden, wie es im Unternehmen weitergeht. Und es gibt andere, die sich aufgemacht haben, kreativ neue Perspektiven zu entwickeln, wie es anders weitergehen könnte. Die Haltung entscheidet.

In vielen Gesprächen mit Topentscheidern, Meinungsbildnerinnen und Multiplikatoren ist uns klar geworden: Wenn wir nicht selbst die Zukunft im Unternehmen und für unser Leben gestalten, werden andere über uns entscheiden. Sie haben die Wahl.

Etliche Führungskräfte glauben, dass sie abhängig sind von den Verhältnissen und auf die äußeren Bedingungen nur reagieren können. Dies hat Auswirkungen auf unser Lebensgefühl und schränkt den Selbstwert ein. Statt sich proaktiv und hilflos treiben zu lassen, können wir das Ruder der Entwicklung auch selbst in die Hand nehmen und den Kurs proaktiv gestalten. Als Führungskraft können Sie die Mitarbeitenden von der Zuschauertribüne runter aufs Spielfeld holen. Beteiligen Sie Ihre Mitarbeitenden. Und werden Sie selbst aktiv.

Empowerment heißt auch, dass Führungskräfte und Mitarbeitende die Kindrolle verlassen und proaktiv ihr eigenes Erwachsenen-Ich entwickeln. Entwickeln und wertschätzen Sie sich selbst und Ihr Team. Durch Vertrauen und Übertragung von Verantwortung fördern Sie die Eigenverantwortung und die Zusammenarbeit untereinander. Verdeutlichen Sie Ihrem Team, das jeder seinen Beitrag leisten kann, wie sich das Unternehmen verändert. Damit vermitteln Sie eine Steuerungskompetenz und Selbstwirksamkeit.

7.3 Fokus auf Deep Work – loslegen statt aufschieben

Viele Führungskräfte fühlen sich überarbeitet, überfordert und erschöpft. Dringlichkeit, dauernd wechselnde und sich widersprechende Ziele, hohe Komplexität, viele Aufgaben gleichzeitig und ein extrem hohes Arbeitspensum machen es schwierig, den Fokus im Business-Alltag aufrechtzuerhalten. Als Führungskraft können Sie andere nur dann empowern, wenn Sie selbst klar und fokussiert loslegen können (Goleman, 2014).

Die Umstellung auf Remote Work macht es für viele Arbeitgeberinnen trotz gut gemeinter Homeoffice-Vereinbarungen nicht einfacher: Viele Mitarbeitende sitzen von morgens bis abends am Küchentisch oder im Wohnzimmer und verbringen ihre Zeit mit Videokonferenzen, E-Mails, arbeiten an Präsentationen und Routineaufgaben und erledigen scheinbar viele Dinge gleichzeitig. Allerdings nur scheinbar. Denn wir wissen: Multitasking ist aus neurobiologischer Sicht nicht möglich. Wir sind nicht multiprozessual veranlagt. Das Hin- und Herhüpfen zwischen der einen und anderen Aufgabe schafft lediglich perfekte Bedingungen für eine kognitive Überlastung und Stress.

Auch die Vielseitigkeit der Dinge, die man in einer Onlinekonferenz machen könnte, kann leicht dazu verleiten, mal hierher zu hüpfen und mal dorthin. Dabei besteht die Gefahr, den Fokus aus den Augen zu verlieren. Unsere mentale Aktivität ist ständig im Fluss. Dabei hat unsere Aufmerksamkeit mit unserer Kapazität und der Fähigkeit zu Selektion zu tun. Führungskräfte haben gelernt, sich zu konzentrieren. Gut so. Doch vor lauter fokussierter Aufmerksamkeit für Details entsteht eine Blindheit für das große Ganze. Wer den ganzen Tag durchs Mikroskop schaut, versteht irgendwann die Zusammenhänge nicht mehr. Je anstrengender die Konzentration, desto mehr entgeht uns, und desto enger wird unser Blickwinkel.

Daher ist es wichtig, immer wieder den Blick von den Details zum großen Rahmen zu wechseln. Was ist für Sie jetzt in diesem Moment absolut wesentlich? Liegt Ihr Fokus auf diesem Aspekt oder verzetteln Sie sich im Detail? Richten Sie störungsfreie Zonen ein, in denen sich die Mitarbeitenden auf eine Sache fokussieren können.

Das Motto „Streng dich an" führt genau ins Versagen. Also braucht es mehr Lockerheit, um loslegen zu können. Da Sie entscheiden dürfen, was Sie machen und was nicht, dürfen Sie auch die Verantwortung übernehmen.

Eigenverantwortung gilt vor allem auch für die Lebenszeit. Jedes Meeting, was anberaumt wird, belastet die Work-Life-Balance anderer Menschen. Grund genug, sich auf das große Ganze zu fokussieren.

Unser Impuls lautet: Blockieren Sie sich Zeiten für ein ungestörtes Arbeiten. Reservieren Sie jeden Tag mindestens eine Stunde Zeit in Ihrem Kalender, um sich wirklich auf etwas Wichtiges zu konzentrieren. Und dann machen Sie eine Pause.

Reduzieren Sie Ablenkungen, um gedanklich nicht auszufransen: Sagen Sie Nein zu Zeitdieben und Ja zu sich selbst und Ihren Prioritäten. Ja zu sich selbst zu sagen, ermöglicht echte Power. Zudem hat das Wort „Nein" einen zeitsparenden Effekt: Sie kümmern sich wirklich um Ihre Führungsaufgaben, statt schon wieder nur Dringliches zu erledigen.

Wir empfehlen Führungskräften folgende Profivarianten:

- Richten Sie störungsfreie Zonen ein (zeitlich und/oder örtlich gemeint).
- Hängen Sie ein Schild an die Tür: „Bitte nicht stören, ich arbeite intensiv an einer Strategie" oder was immer Sie genau jetzt umsetzen wollen.
- Schalten Sie Messenger-Dienste, E-Mails, Chats und Social Media aus und legen Sie Ihr

Smartphone außerhalb Ihrer Reichweite, damit Sie sich in Ruhe einer wichtigen Aufgabe widmen können.
- Stellen Sie Ihr Notebook auf einen Schwarz-Weiß-Hintergrund um, so gelangen weniger ablenkende Reize in Ihr Auge.
- Machen Sie vor allem im Onlinemodus zwischendurch auch ausreichend Pausen.

Onlinemeetings haben viele Vorteile, erzeugen jedoch auch Stress. Die Notwendigkeit, nonverbale Hinweise, längeren Augenkontakt und Galerieansichten für mehrere Personen zu erfassen, kann sich wie ständiges Multitasking anfühlen. Das ist eine Belastung für Geist und Körper. Experimentieren Sie daher mit den unterschiedlichen Sinneskanälen. Die meisten Sinneseindrücke erfassen wir über das Sehen. Schalten Sie von Zeit zu Zeit den visuellen Kanal aus, in dem Sie Ihr eigenes Video ausschalten. So können Sie sich nur auf die gesprochenen Worte Ihres Gegenübers konzentrieren.

Über das Aufschieben, auch in ihrer pathologischen Form, der Prokrastination, sind viele Studien publiziert worden. Die Ausreden für das Aufschieben sind vielfältig: Nein, heute gehe ich nicht zum Joggen, denn ich muss den Hund zum Tierarzt fahren oder es ist viel zu kalt oder es regnet zu stark oder oder. So wird das Projekt Jogging immer wieder auf morgen verschoben. Und schwupp ist schon wieder ein Jahr vergangen.

Prokrastination ist nicht nur eine schlechte Gewohnheit, sondern auch ein Persönlichkeitsmerkmal. Die Verbesserung der Selbststeuerung und Selbstoptimierung mithilfe von Ratgebern allerdings führt nicht unbedingt zum Erfolg. Jeder kennt das: Beim Verzicht auf Rauchen, beim Lernen einer neuen Sprache und beim Starten eines Laufprogramms sind häufig Misserfolge vorprogrammiert.

Jeder Anfang hat ein Zaudern inne – das schlechte Gewissen findet überall Nahrung: ungelesene E-Mails, verschobene Rückrufe, fehlende Ablage, aufgeschobene Einkäufe, ungewaschene Wäsche, nicht ausgefüllte Steuerformulare, das schmutzige Geschirr, die Hochrechnung des nächsten Quartals, ganz abgesehen von den ausgefallenen Sporteinheiten.

Apropos: Ein schlanker, sportlicher Körper zeigt, dass diese Führungskraft nicht jeder Versuchung folgt, sondern sich erfolgreich selbst diszipliniert hat. Das jedoch kann auf Dauer sehr anstrengend sein. Fakt ist: Keine Führungskraft schafft es, ständig effektiv und auf Kommando motiviert zu sein. Es braucht auch die Muße, zur richtigen Zeit das Richtige zu tun. Um es mit Johann Sebastian Bach zu sagen: „Es gibt kein Geheimnis. Man muss nur zur rechten Zeit die rechten Tasten mit der rechten Stärke drücken, dann gibt die Orgel ganz von selbst die allerschönste Musik."

Vom Nutzen des Nichtstuns haben die wenigsten Führungskräfte bisher gehört. Im Buch „Der OMEGA-Faulpelz" (Schröder, 2006) habe ich verdeutlicht, dass es nicht um noch mehr Disziplin geht, um loslegen zu können. Das können Sie schon. Es geht beim Loslegen eben nicht nur um Prioritäten und um ein angestrengtes Durchziehen eines Projektes. Im Gegenteil: Das erhöht nur den Druck und das schlechte Gewissen. Vor allem aber das Gefühl, es nicht zu schaffen.

Bei Frequenzwechsel® haben wir im Coaching ein System etabliert, das Prioritäten nach dem höheren Sinn ausrichtet, statt im angestrengten Korsett des Funktionierens zu performen. Dazu dürfen Sie sich die Fragen stellen: Was ist wirklich wesentlich: den Rasen zu vertikutieren, Belege für die Steuer zu sortieren, Zeit für den Partner oder eine Auszeit?

Haben Sie genügend Fähigkeit, Abstand zu nehmen, um zu sehen, was wirklich wichtig ist? Wir empfinden folgende Frage von James Clear (2020) aus seinem Buch „Die 1 % Methode" als sinnvoll: Stellen Sie sich vor, wir machen einen Zeitsprung von 6 Monaten. Was würden Sie sich wünschen, wie Sie die Zeit heute verbracht hätten? Diese Frage schärft den Fokus. Was ist für Sie wirklich wichtig? Spiegelblanker Parkettfußboden und miese Stimmung im

Team oder ein Funkeln in den Augen bei abgeschrammtem Holzfußboden?

Stellen Sie sich dazu eine weitere Frage, um Ihren Spaßfaktor und Ihr Empowerment zu reflektieren: Hat mir das Meeting Spaß gemacht oder war es anstrengend und zäh? Ein Abteilungsleiter schmunzelte nach einer Kreativübung im Onlinemeeting und sagte: „Es war zwar sinnlos, aber es hat viel Spaß gemacht – wie früher, z. B. beim Sackhüpfen oder bei einem Klingelstreich." Achten Sie darauf, dass das Meeting locker und unverkrampft bleibt.

Dabei lohnt sich der Blick auf das Ziel. „Reiß Dich zusammen", schreit der Personal-Coach beim Marathontraining, um den inneren Schweinehund zu überwinden. Unsere Wahrnehmung jedoch ist, dass sich Führungskräfte nicht zu wenig, sondern zu viel anstrengen. Sie sind motiviert. Allerdings teilweise so übermotiviert, dass die Lockerheit fehlt. Und genau an den zu hohen Erwartungen und der extremen Anstrengung scheitern sie. Wer beim Golfspiel auf den Winkel des Schlägers beim Abschlag achtet, verknallt den Ball. Nach einer anstrengenden Stunde mit dem Pro ist durch die vielen Fehlschläge vielleicht der Selbstwert im Keller. Auch höchste Disziplin und strenge Regeln haben zu nichts geführt. Es bleibt ein schaler Geschmack: Ich habe es einfach nicht geschafft. Das verbissene Sich-Festklammern an Techniken und das Schielen auf Ergebnisse führt dazu, dass uns der Spaß und die Präsenz im Hier und Jetzt flöten geht. Zudem verlieren wir den Schwung, um voranzukommen.

Das verbissene Ringen, den Schläger richtig zu halten, hat es also nicht gebracht. Auch noch mehr Anstrengung führt ins Scheitern. Statt also sich noch mehr zu pushen, ist es sinnvoller, loszulassen und sich das große Ziel vor Augen zu führen, wozu Sie das überhaupt machen, und dann locker und gelassen Schritt für Schritt nach vorn zu gehen. Im Vertrauen, dass es durch regelmäßiges Üben auch besser wird.

Schaffen Sie sich einen Fokus:

- Worauf haben Sie Lust, sich einzulassen?
- Welches Ziel lohnt sich für Sie?
- Welches Ziel ist für Sie erstrebenswert?
- Ist dieses Ziel auch wirklich ganz konkret erreichbar?
- Trauen Sie sich das zu?
- Was erzeugt eine magnetische Anziehungskraft?
- Welches Projekt gibt uns eine gute Energie?
- Was beschwingt Sie oder das Team?

Die Erreichbarkeit eines Ziels hat etwas mit Ihrem Selbstwert, der Einschätzung des Könnens und dem Mut, es auszuprobieren, zu tun. Dabei spielt unser Selbstbild eine große Rolle: Es begrenzt oder vergrößert den eigenen Handlungsspielraum.

Sie dürfen sich die Erlaubnis geben, Ihre eigenen Ansprüche runterzuschrauben und einfach und locker anzufangen. Sie brauchen nicht 4 Stunden pro Tag zu üben, Bass zu spielen, wenn Sie in Frankfurt in einer Band spielen wollen. Ein paar Minuten pro Tag reichen. Und wenn es viel Spaß macht, wird daraus vielleicht eine halbe Stunde. Vielleicht auch nicht. Das lockere Spielen führt zu besseren Ergebnissen als das sich ständige Ermahnen, dass Sie noch üben müssen.

Statt also sich selbst zusammenzureißen und die Zähne zusammenzubeißen und sich mit zähen Dingen zu quälen, lohnt es sich, dem Business-Alltag ein Lächeln zu schenken und durch Loslassen loszulegen.

7.4 Inspirierendes Empowerment im Onlinemodus: Kommunikation

Mit der Vermittlung von Sicherheit, Empathie und Zuversicht lässt sich in puncto Kommunikation und im gegenseitigen Verständnis viel verbessern – bei sich selbst und im Team. Dazu lohnt sich ein Blick auf die Wirkung von Kommunikation. Die alten Vorstellungen von Sender und Empfänger sind nicht mehr zeitgemäß. Kommunikation ist immer bidirektional. Das bezieht sich nicht nur auf die Sachebene und die

Appellebene, sondern tangiert vor allem die Beziehungsebene.

Robert Kegan und Lisa Laskow Lahey (2016) haben in ihrem Buch „How the way we talk can change the way we work" die Auswirkungen von Kommunikation im Kontext der Arbeit beschrieben. Wenn in Organisationen von einer Sprache der Beschwerde und des Vorwurfs zu einer Sprache des Miteinanders und von einer Sprache der Schuld und des Rechts zu einer Sprache der Verantwortlichkeit gewechselt wird, steigt nicht nur die Produktivität, sondern es verändern sich auch die sozialen Rahmenbedingungen zum Positiven.

In Workshops reflektieren wir dazu die benutzten Worte. Sätze wie „Wenn ich das nicht mache, werde ich einen Kopf kürzer gemacht" spiegeln die Unternehmenskultur. Das alte Management-Denken in Kategorien wie „Deadlines" vermittelt Angst. Wir können doch froh sein, dass es in Europa keine Todesstreifen mehr gibt. Auch die Übersetzung der Abkürzung CEO in „zentral exekutierender Offizier" sollte zu denken geben. Dennoch werden in Unternehmen häufig noch Wargaming-Übungen durchgeführt, um Wettbewerbsvorteile zu generieren.

In den Unternehmen, die eine gesündere Arbeitskultur leben wollen, nutzen wir in Workshops die Power des Loslassens, um kreative Intelligenz erzeugen zu können. Statt an der effizienten Optimierung von Prozessen zu arbeiten, fokussieren wir die Resilienz von Systemen. Dabei nutzen wir die Polyvagaltheorie (siehe Kap. 4.1) in der praktischen Anwendung. Kreativität und Innovation rutschen an die erste Stelle, wenn es um Essenzielles für die Zukunftsgestaltung geht. Das Überdenken von Eigenverantwortung und das Vermitteln von Sicherheit und Zuversicht sind dazu relevant.

Was bedeutet dies für den Führungskontext? Die Corona-Pandemie hat uns vor Augen geführt, dass viele Geschäftsreisen ein Luxusgut sind. Der Geschäftsführer eines großen Unternehmensverbands, der vor der Corona-Krise jeden Tag in ein anderes Land zu Meetings geflogen ist, berichtete im Coaching, dass er im Jahr 2020 überhaupt keine Präsenzveranstaltung wahrgenommen hatte. Digitale Tools und Videokonferenzen sind eine gute und sinnvolle Ergänzung des gemeinsamen Arbeitens. Präsenzmeetings sind also nicht immer notwendig.

Die Corona-Krise hat uns Gelegenheit gegeben, zu reflektieren, ob Unternehmen einfach weitermachen, wie bisher, oder Führung ganz und anders leben. Wichtige Fragen dazu können sein:

- Wie schaffen wir es, eine gesündere Produktivität zu definieren und zu erreichen?
- Wie gelingt es uns, gelassener zu arbeiten, um anders besser zu sein?
- Welche neuen Denkmuster, Rituale und Gewohnheiten braucht es für die Arbeitswelt der Zukunft?
- Wie führen wir die Mitarbeitenden in die Zukunft der Arbeit?

Eine gesündere und nachhaltige Arbeitskultur ist aus unserer Sicht ein wichtiger Faktor für echtes Empowerment. Dazu müssen Führungskräfte Umfelder schaffen, in dem Menschen Teil der Lösung sind und nicht Teil des Problems.

Über die Haltung haben wir bereits viel gesprochen. Diese wird manifestiert durch das, was wir tatsächlich machen und wie wir miteinander umgehen. Um Produktivität auf ein neues Niveau zu bringen, müssen Führungskräfte Modalitäten schaffen, die Resilienz stärken, Sicherheit und Zuversicht vermitteln, gezielt Stress abbauen, um ein neues Fundament für Kreativität, Innovation und Zusammenarbeit zu schaffen. Führen durch Vorbild ist für Führungskräfte essenziell, um bei Mitarbeitenden die Eigenverantwortung zu stärken. So kann die Verantwortung übertragen werden, nachhaltige Systeme aufzubauen, die sich dynamisch entwickeln und kontinuierlich verbessern.

Doch wie gelingt Ihnen als Führungskraft das Empowerment im virtuellen Rahmen? Das Erzeugen von maximaler Kollaborationskraft ist die Voraussetzung für Kreativität und Energie. Aufgabe der Führungskräfte ist es, die Menschen auch virtuell zusammenzubringen, um durch echten Kontakt neue Power und echtes Commitment zu ermöglichen.

Das Bespielen der Kollegen mit inspirierenden Power-Point-Vorträgen, Inputs und Impulsen nach dem Broadcasting-Modell funktionieren nicht mehr. Reine Informationsveranstaltungen erzeugen Frust auf der Sender- und auf der Empfängerebene. Das Resultat: Die Beteiligung fehlt. Die Energie verpufft. Alle fühlen sich energetisch leer.

Die Sprache der Führungskräfte spielt dabei eine große Rolle, wenn es um Empowerment und echte Leistungsbereitschaft geht. Unser Unbewusstes spricht auf eine metaphorisch-bildhafte Sprache besser an als die Vermittlung rein analytischer Fakten. Führungskräfte dürfen daher lernen, ihre referenzielle Kompetenz zu schulen. Gemeint ist damit die Fähigkeit, Fakten aus der bewussten Verstandessprache in die Bildsprache des Unbewussten zu übersetzen. Und umgekehrt.

Sie kennen das: Interessante Begegnungen fanden bei Seminaren früher in der Kaffeepause statt. Im persönlichen Austausch konnten die Teilnehmenden in echten Kontakt gehen. Im virtuellen Raum ist es eine Herausforderung, wirkliche Begegnung zu erzeugen und die kreative Energie gemeinschaftlich zu nutzen.

Etliche Führungskräfte machen im virtuellen Meeting jedoch das gleiche, wie in Präsenzmeetings. Sie haken Tagesordnungspunkte ab und zeigen Excel-Charts oder Power-Point-Folien. Das ist für viele langweilig. Um ein Umdenken in den Köpfen der Führungskräfte zu erzeugen, nutzen wir die Metapher aus der Landwirtschaft: Durch Monokulturen wird der Nährboden energetisch ausgelaugt und mittelfristig zerstört. Das Erzeugen einer organischen Wachstumskultur hingegen böte die Möglichkeit eines nachhaltigen Systems, der Potenziale zum Aufblühen im Sinne einer Stärkeentfaltung führt. Metaphorisch gesprochen entspricht die Stärke dem Samen, der bereits in den Menschen vorhanden ist. Bestimmte Rahmenbedingungen führen dazu, dass sich aus diesem Samen das volle Potenzial entfalten kann. Der Vollständigkeit halber möchten wir die fünf Aspekte benennen, die der amerikanische Psychologe Martin Seligman (2012) identifizierte, die Menschen brauchen, damit es zu dieser Stärkenentfaltung kommt:

- Positive Emotionen
- Engagement
- Verbundenheit (Relationships)
- Sinnhaftigkeit (Meaning)
- Rückkoppelung über Erreichtes über Lob und Feedback (Accomplishment)

Die Anfangsbuchstaben dieser fünf Aspekte ergeben das Wort „perma“, weshalb dieses Konzept PERMA-Konzept heißt.

Wichtig ist, dass Führungskräfte ihr Handeln ständig an die sich ändernden Bedingungen anpassen. Das ist hoch agil und dynamisch. Wir haben dazu ein konkretes Vorgehen für virtuelle Meetings in Organisationen entwickelt. Wir gehen dabei wie folgt vor: Im Führungskräfte-Workshop checken wir den Puls des Unternehmens und schauen auf die Level der Kommunikation, achten auf Widerstände, Spannung und den Innovationsfluss im Unternehmen. Gemeinsam geht es im ersten Schritt um Orientierung.

Orientierung schaffen

Für eine Orientierung stellen Sie sich folgende Fragen:

- Wie nehmen Sie Führung in Ihrer Organisation wahr?
- Wie können Sie Ihren Mitarbeitenden begegnen, damit diese ihre Bedürfnisse und Befürchtungen artikulieren können?
- Etablieren Sie Treiber und Vermittler im Transformationsprozess – wie machen Sie das?
- Hinterfragen Sie Prozesse und Strukturen – wie realistisch sind die Wünsche?
- Woran merken oder spüren es die Führungskräfte, dass sich der Widerstand verändert hat?

- Wie gelingt Partizipation?
- Was braucht es an Haltung?

Digitale Empathie stärken

Auf die richtige Ansprache kommt es in der internen wie externen Kommunikation in Krisenzeiten an. Das ist nicht immer einfach. Denn niemand möchte die falsche Tonlage anstimmen, zu persönlich und privat wirken. Schließlich sind wir alle stolz auf unsere Expertise und Professionalität. Dabei ist die richtige Dosis einer emotionalen und wertschätzenden Kommunikation sehr wichtig, um sowohl Mitarbeitende wie auch Kunden tatsächlich zu erreichen.

Der Philosoph und Ethologe Irenäus Eibl-Eibesfeld (1970) hat darüber publiziert, dass Konflikte innerhalb von anonymen Gruppen an Schärfe zunehmen. Dies sehen wir heute deutlich an Hasskommentaren in den Sozialen Medien. Er belegte dieses Verhalten damit, dass wir uns im anonymen Verband mit den Mitmenschen deutlich weniger verbunden fühlen. Die Verbindlichkeit und das Miteinander sind gering. Um dem Beziehungsschwund vorzubeugen, haben viele Unternehmen begonnen, den Mitarbeitenden virtuelles Grillen, Weinproben, Jonglierkurse und Varietés anzubieten. Das Ziel ist es, die Verbundenheit im Team trotz sozialer Distanz zu stärken und echte Nähe zu erzeugen. Das Gefühl von Zusammengehörigkeit stiftet Identität und Identifikation.

Gleichsam findet eine Begegnung nicht nur in der Rolle oder Funktion der Fachkollegin, sondern als echter Mensch statt. So gelingt es, Vertrauen zu schaffen und persönlich nahbar zu bleiben, auch wenn sich die Kollegen nur virtuell begegnen. Rücken Sie als Führungskraft Ihre Mitarbeiter in den Mittelpunkt und zeigen Sie den Mehrwert der menschlichen Seite im Business auf. Dazu dürfen Sie Ihre sozialen Kompetenzen stärken. Geben Sie Raum und Zeit für Begegnung und echten Austausch. So bleiben die Mitarbeitenden ansprechbar, sprech- und sprachfähig.

Die Dinge, die für ein gutes Miteinander in Präsenzmeetings ausschlaggebend sind, sind es auch in Onlinemeetings. Bleiben Sie im Kontakt, indem Sie folgende Fragen reflektieren:

- Wie gehen wir gerade miteinander um?
- Wie ist jetzt die Stimmung im Team?
- Wofür brennt das Team heute?
- Was ist das gemeinsam höhere Ziel für unsere Besprechung?
- Wie erreichen wir die Herzen der Mitarbeitenden?
- Haben wir eine gemeinsame Ausrichtung?
- Kommt jeder zu Wort?
- Fühlt sich jeder gehört und verstanden?

Bereits die Anzahl der E-Mails sagt viel über das Unternehmen aus: Wie viele E-Mails sind vom Kunden, wie viele E-Mails sind von intern? Auch die Anzahl der cc-E-Mails sagt viel über Kontrolle und Absicherungsdenken aus.

Check-in ins Onlinemeeting

Als Führungskraft braucht es Präsenz, Fokus, Balance, Purpose und Klarheit. Wir beginnen mit einer Entschleunigungsübung, indem wir nicht mit den Inhalten beginnen, sondern erst einmal den Fokus für die Gruppe setzen. Zum Check-in bieten sich folgende Fragen an: Wie geht es euch heute? Was ist das Motto der Veranstaltung? Stellen Sie Leitfragen: Was sind die Erwartungen an das Meeting? Was will ich von meinen Teamkollegen erfahren? Was wollen wir gemeinsam teilen? Sinnvoll ist es, wenn sich die Teilnehmenden handschriftliche Notizen machen. Ermutigen Sie Ihre Mitarbeitenden, sich einzubringen und sich zu beteiligen, wenn sie dies mögen. Jeder Beitrag zählt und jeder wird gehört.

Sicherheit vermitteln

Da wir wissen, dass die Stimmung in Team-Workshops möglicherweise angespannt sein könnte, sprechen wir die Dinge an, die den

Stresslevel erhöhen und Unsicherheit erzeugen. In diesem Kontext erläutern wir Hintergründe von Stress, zeigen den Mehrwert von resilienten Teams auf und erläutern die Polyvagaltheorie (siehe Kap. 4.1). Fragen Sie Ihre Teamkolleginnen, wie es ihnen gelingt, mit Belastungen, Stress und Unsicherheit umzugehen. Dadurch erzeugen Sie Offenheit und vermitteln Zutrauen. Offenheit und aktives Fragen führen dazu, dass sich die Teilnehmenden öffnen können.

Gelassenheit erzeugen

Zu den Aspekten der emotionalen Sicherheit, Resilienz und Verständnis erläutern wir den Mehrwert von Loslassen, Entspannung und Gelassenheit im Business. Im Workshop bieten wir ganz konkrete Meditationsübungen und Entspannungstrainings an, die helfen, neue Muster auszuprobieren. Es geht darum, Empathie und Wertschätzung neu zu lernen – und zwar miteinander. Für den Bereich Social Engagement System erhalten Führungskräfte bereits vor dem Workshop ganz konkrete Übungen und „Hausaufgaben". Je nach Vorkenntnis ist es sinnvoll, den Mitarbeitenden vorab Hilfestellungen zu den Aspekten Stress, Sicherheit, Resilienz und Gelassenheit zu geben. Dies lässt sich in Form von Impulstexten, Reflexionsfragen, Podcasts und Video-Botschaften umsetzen.

Tipps und Tricks im Alltag helfen, anders mit der Anspannung und Unsicherheit umzugehen. Entwickeln Sie im Meeting oder als Vorbereitung einer solchen Veranstaltung kleine Nuggets als Anregungen zum Umgang mit Stresssituationen. Beispielsweise haben wir in einem mittelständischen Industrieunternehmen mit dem Geschäftsführer in einem Videointerview über seine Herausforderungen mit Stress und Gelassenheit gesprochen. Das Eingehen auch auf das persönliche Spannungsfeld familiärer Erwartungen hat den Teilnehmenden verdeutlicht, dass jeder seine Themen und Herausforderungen hat. Später im Gespräch sind wir dann auf individuelle Rituale und Verhaltensmuster eingegangen, die die persönliche Resilienz stärken. Durch derartige Vorbereitungsmaßnahmen können sich die Teilnehmenden bewusst machen, welche Faktoren die Resilienz im Team und im Gesamtunternehmen stärken.

Diversity nutzen

Wir arbeiten seit vielen Jahren mit der dynamischen Persönlichkeitstypologie. Rich Bents und Reiner Blank waren Pioniere dieses Selbsteinschätzungsverfahrens (Bents & Blank, 1995; Blank & Bents, 2006). Früher haben wir mit dem M. B.T. I. gearbeitet. Seit einigen Jahren favorisieren wir den „Golden Profiler of Personality". Uns geht es dabei nicht um Qualitäten eines Tests, sondern um die Entwicklung eines gemeinsamen Verständnisses für Verhaltenspräferenzen. Wenn wir verstehen, wie wir selbst ticken, gelingt es leichter zu verstehen, warum andere anders ticken. Es ist uns wichtig, dass in den Workshops alle Präferenztypen beachtet und respektiert werden. Im Workshop mit Führungskräften nutzen wir dies ganz konkret, indem wir nicht zu kreativem Brainstorming aufrufen, da insbesondere Introvertierte inhaltlich aussteigen könnten. Wir geben jedoch dem Team Zeit für das Nachdenken und Einspüren in das Thema. Wenn Mitarbeitende tiefer in das Nachdenken gehen (dürfen), können sie sich leichter öffnen. Die Unsicherheit verringert sich.

Sechs Levels zu mehr Klarheit in der Kommunikation

„Führungskräfte reden zwar viel – erzielen jedoch zu wenig Wirkung", äußerte sich ein Geschäftsführer im Coaching. Er lobte die Vielfalt an Tools, Methoden und Interventionsansätzen. Jedoch beklagte er die Wirksamkeit in der Praxis im Business-Alltag.

Hinterfragen Sie die Kommunikation im Team. Wie klar sind Sie in Ihren Äußerungen?

Beim Mitarbeitenden wird beispielsweise ein Störgefühl erzeugt, wenn der Vorgesetzte von Wertschätzung und Respekt spricht, gleichsam dem Mitarbeitenden jedoch mit einer Handbewegung zu verstehen gibt, dass es ihm in Wirklichkeit nicht wichtig ist. Das Resultat: Die Kommunikation verpufft durch die Mehrdeutigkeit der Information. Die Haltung des Vorgesetzten drückt Ablehnung aus und vermittelt Desinteresse. Wie können Führungskräfte und Mitarbeitende in den Dialog kommen? Aus unserer Sicht ist Dialog keine informationelle Einbahnstraße.

Mit nachstehender **Tabelle 7-1** wollen wir mehr Klarheit hinsichtlich der Kommunikation vermitteln. Darin haben wir die relevanten Aspekte zusammengestellt. Die erste Spalte benennt den Level, die zweite das zentrale Thema, die den Kern des Levels beschreibt, und die dritte Spalte die Bezugsgröße, die vierte Spalte mögliche W-Fragen, die fünfte Spalte sinnvolle Anwendungsfragen.

Änderungen auf einem Level haben Einfluss auf andere Ebenen. Eine Führungskraft, die ihre Führungsrolle proaktiv gestaltet, wird für die Ergebnisse ihres Teams Verantwortung übernehmen.

Persönlichkeit, innere Haltung und Überzeugungen beeinflussen Verhalten. Der umgekehrte Fall gilt jedoch auch: Wer neue Kompetenzen und damit Selbstwirksamkeit erlebt, ändert auch seine innere Haltung.

Führungskräfte können lernen, die Kommunikation im Team besser zu decodieren und damit das Verhalten der Mitarbeitenden besser einschätzen zu können. Wenn ein Satz fällt wie „Ich kann den Bericht heute nicht fertigstellen!“, dann sind unterschiedliche Level tangiert. Die **Tabelle 7-2** zeigt, welche Worte des Satzes welche Level repräsentieren:

Empowerment entsteht, wenn über die innere Haltung das Verhalten reflektiert und eine Übereinstimmung von beidem angestrebt wird.

Tabelle 7-1: Sechs Levels zu mehr Klarheit in der Kommunikation

Level	Thema	Bezug	W-Frage	Sinnvolle Anwendungsfragen
1	Identität	Person, Rolle	Wer	Wer bin ich? Welche Rolle habe ich?
2	Sinn/Vision	Lebensziel	Wozu	Wozu mache ich das? Wo will ich hin? Was will ich gestalten?
3	Haltung	Motivation, Einstellungen, Werte, Überzeugungen	Warum	Warum mache ich das so? Was treibt mich an?
4	Fähigkeiten	Skills	Wie	Wie beginne ich mit der Aufgabe? Welche Tools und Techniken stehen mir zur Verfügung?
5	Verhalten	Reflexion	Was	Was ist mein Verhaltens- und Reaktionsmuster? Wie reagiere ich auf Stress? Wie gehe ich mit Schwierigkeiten um?
6	Rahmenbedingungen/Verhältnisse	Umfeld	Wo und Wann?	Wie sind die Rahmenbedingungen im Unternehmen, damit ich handlungsfähig bin?

Tabelle 7-2: Der Satz „Ich kann den Bericht heute nicht fertigstellen" dargestellt in den Levels zu mehr Klarheit in der Kommunikation

Ich	kann	den Bericht heute	nicht (können)	fertigstellen
1	3 und 4	6	3	4
Identität	Haltung/Fähigkeit	Kontext	Überzeugung	Verhalten

Die innere Haltung muss mit der körperlichen Haltung korrespondieren, um ein authentisches, glaubwürdiges und kongruentes Bild beim Mitarbeitenden zu erzeugen, wie oben im Beispiel mit dem Vorgesetzten gezeigt wurde, der von Respekt spricht, aber eine Handbewegung macht, die Desinteresse vermittelt. Daher ist es wichtig, dass die unterschiedlichen Level miteinander im Einklang stehen und sich sinnvoll ergänzen bzw. auf das große Ganze einzahlen: Die Führungskraft ist präsent, nimmt sich die Zeit für das Gespräch mit dem Mitarbeitenden, spricht in ruhigem Ton und vermittelt durch Sprache, Mimik und Gestik echten Kontakt, d.h. Interesse und Vertrauen.

7.5 Vertrauen – Umschalten von Compliance auf Engagement

Noch immer erhalten Führungskräfte zu wenig Autonomie. Vielmehr werden sie durch Kontrolle eingeengt. Hinter Kontrolle steckt eine bestimmte Haltung: nämlich der Glaube, dass Kontrolle zu Compliance und Zielerfüllung führt. Genau dieses Handeln bestimmte in den letzten Jahren den Führungsstil. Das Ergebnis war jedoch häufig nur angestrengte Mittelmäßigkeit.

Hinter Kontrolle steckt auch häufig Angst: nämlich nicht gut genug zu sein. Die Folge: Der Chef sagt, dass das Unternehmen besser werden muss. Bisher ist es also noch nicht gut genug. Die Mechanismen sind Zielerfüllungsgespräche, permanentes Monitoring, Bonifikationen und Sanktionierung von Einzelnen. Kontrolle beinhaltet Misstrauen. Im Coaching sagte eine Führungskraft: „An einem Montagmorgen rief mich mein Vorgesetzter an. Er fragte mich, wo ich sei. Ich entgegnete, dass ich im Auto auf dem Weg zu einem Kunden bin. Darauf entgegnete mein Chef, dass ich mal hupen soll." Die Führungskraft war stinkwütend auf ihren Chef, weil er ihr so viel Misstrauen entgegenbrachte. Einräumen von Freiheit sieht anders aus.

Hinter Gewährung von Freiheit steckt Vertrauen und Zutrauen. Eine Haltung aus Fülle. Die Folge: Die Chefin vermittelt ihren Mitarbeitenden, dass sie in Zukunft ihre eigenen Ideen ausprobieren dürfen. Doch Vertrauen lässt sich nicht als Rezept verordnen. Vertrauen entwickelt sich. Wenn Misstrauen und Kontrolle im Unternehmen vorherrschen, bringt es wenig, am Symptom Vertrauen herumzudoktern. Viel hilfreicher ist es, an dem Grad der Gelassenheit, den Freiheitsgraden und der Vermittlung von Sicherheit zu arbeiten.

In der Forschungsgruppe von Eberhard Fuchs (2008), Professor an der Universitätsmedizin Göttingen an Tupaia (Spitzhörnchen), wurden neurobiologische Grundlagen von Stress und Depression sowie Behandlungsmöglichkeiten von Alzheimer, Multipler Sklerose und Morbus Parkinson untersucht. Sie konnte belegen, dass das erwachsene Gehirn ständig neue Nervenzellen bildet. Und dass diese Neubildungen durch psychosozialen Stress gehemmt werden. Dies erklärt laut Professor Fuchs den Erfolg der gängigen Medikamente mit antidepressiver Wirkung, weil sie den Hirnstoffwechsel wieder normalisieren. Die Ergebnisse lassen sich auf Unternehmen übertragen: Die Gewährung von Freiheitsgraden und die Reduktion von psychosozialem Stress führt zu einer signifikanten Senkung von Arbeitsunfähigkeitstagen im Unternehmen.

Auch die Vermittlung von Sinnhaftigkeit und gemeinsamen Werten tragen dazu bei, dass das Engagement in Teams steigt. Ein Ergebnis der Gallup-Studie (2021) ist, dass 5,7 Millionen Mitarbeitenden allein in Deutschland innerlich gekündigt haben. Gemäß des Gallup Engagement Indexes belaufen sich die volkswirtschaftlichen Kosten aufgrund von innerer Kündigung in Deutschland auf eine Summe zwischen 96,1 und 113,9 Milliarden Euro. Im Jahr 2020 hat das Mitarbeiterengagement etwas zugenommen. Die Mehrheit der Arbeitnehmer fühlt sich jedoch weiterhin nicht an die Arbeitgeberin gebunden. Die Burnout-Gefahr ist laut Gallup Engagement Index 2020 stark angestiegen. Grund genug, in das Empowerment zu investieren.

7.6 Einflussfähigkeit erweitern und Mindset verändern

Vielen Führungskräften ist nicht bewusst, wie stark Ihre Fähigkeit ist, auf andere Einfluss zu nehmen.

Übung „Meine Fähigkeit, Einfluss auf andere zu nehmen"

Auf einer Skala von 0 bis 10, wie hoch schätzen Sie Ihre Fähigkeit ein, in Ihrer Organisation andere zu beeinflussen? Bitte setzen Sie Ihr Kreuz:

0------------------5------------------10

Überzeugungskunst und Überredungstalent sind möglicherweise zwei unterschiedliche Facetten eines Prozesses, der ein Ziel hat: Veränderung. Nicht nur in Change-Projekten geht es darum, diese Fähigkeiten gezielt zu nutzen, um den Mindset von Menschen zu verändern. Über Ihre Persönlichkeit, Ihre Art und Weise im Kontakt, über Ihre Sprache, Sprechweise, Mimik, Gestik, Körperhaltung und Ihre Wirkung im Außen.

Ihre personale Autorität spielt dabei eine große Rolle. Einfluss ist die Energie, die von zwei oder mehr Personen ausgeht, wenn sie aufgrund ihrer personalen Autorität verantwortlich handeln. Energie wird dann zur Macht, wenn sie bewusst erkannt wird, wenn man über sie verfügt – und zwar aufgrund der Fähigkeit zu entscheiden – und wenn sie auf bestimmte Ziele ausgerichtet wird. Macht ist die Fähigkeit, Realität zu bewegen.

In Coachings und Workshops arbeiten wir mit dem WeGo®-Tool. Die Wirkkraft von personaler Autorität, Power und Resonanzfähigkeit werden durch das Selbsteinschätzungsprogramm gut erklärt. Die Machtbasen der Einflussfähigkeit werden als Spinnendiagramm dargestellt. Personale Autorität und Ausstrahlung lassen sich trainieren. Über das Bewusstmachen der Interdependenzen von personaler Autorität, Power und Resonanzfähigkeit lernen Führungskräfte, Ihre Einflussfähigkeit gezielt zu stärken, Widerständen proaktiv zu begegnen und Stress zu minimieren. Durch bewusstes Gestalten gelingt es, Strategie- und Umsetzungskompetenzen zu aktivieren, zu bündeln und gezielt in Wirkung zu bringen.

7.7 Vertrauenswürdigkeit als Empowerment-Faktor

David Maister, Charles Green und Robert Galford (2000) benutzen in ihrem Buch „The trusted advisor" eine sehr einfache Formel für Vertrauenswürdigkeit. Diese Vertrauensformel ist im folgenden Kasten dargestellt.

Formel für Vertrauenswürdigkeit

$$\frac{N + G + V}{S}$$

Im Zähler stehen Nahbarkeit (Intimacy), Glaubwürdigkeit (Credibility) und Verlässlichkeit (Reliability). Im Nenner steht die Selbstorientierung/Selbstmotivation.

Diese Formel lässt sich im Business sehr gut nutzen, um die Vertrauenswürdigkeit von Führungskräften zu reflektieren und gezielt zu steigern. Indem Führungskräfte die Stellhebel verstehen und verändern. Unter Nahbarkeit subsumieren wir die persönliche Vertrautheit, Familiarität und persönliche Verletzbarkeit. Hier spielen auch die Empathie und Resonanzfähigkeit eine Rolle. Es geht um das, wie sich andere fühlen, wenn sie der Führungskraft begegnen. Glaubwürdigkeit bezieht sich auf das, was eine Führungskraft sagt. Es geht um die Authentizität und auf die dahinterstehende Kompetenz, das Wissen und die gemachten Erfahrungen. Auf der fachlichen Ebene lässt sich diese durch Abschlüsse, Zertifikate, Diplome belegen. Verlässlichkeit bezieht sich auf das, was eine Führungskraft tut. Es geht um das Thema „Walk the talk". Macht die Person, was sie sagt?

Steht eine Person für das, was Sie sagt? Wie immer in der Mathematik ist der Nenner in einem Quotienten ausschlaggebend für das Resultat. Daher ist die Frage nach den Selbstmotiven entscheidend: Was sind die Gründe und Motive einer Führungskraft, warum etwas Bestimmtes gemacht werden soll? Was leitet die Führungskraft? Häufig steht das *Ego* bei charismatischen Führungskräften im Vordergrund. Erfolgt der Wille zur Umsetzung aus Eigeninitiative, aus Gründen des Prestiges, des Status, der Macht oder des Ansehens? Oder weil die Maßnahme dazu beiträgt, dass etwas Größeres im Unternehmen in Wirkung kommen soll?

Mitarbeitende prüfen sehr genau, ob es sich für sie stimmig anfühlt, wenn sie eine Anweisung oder eine Aufgabe übertragen bekommen. Möglicherweise tauchen dabei folgende Fragen auf:

- Nahbarkeit: Kenne ich die Führungskraft persönlich? Was weiß ich von ihr privat? Versteht sie mich? Fühle ich mich in ihrer Nähe wohl? Wie empathisch ist die Person? Zeigt sie mir gegenüber Interesse? Entwickelt die Person mir gegenüber Verständnis?
- Glaubwürdigkeit: Stimmt alles, was uns die Führungskraft sagt? Kann sie das, was sie sagt, durch Kompetenz belegen?
- Verlässlichkeit: Liefert die Vorgesetzte? Bietet sie dem Team einen Mehrwert? Kann ich mich auf sie verlassen?
- Selbstorientierung: Achtet die Person nur auf ihren eigenen Vorteil? Ist es ihr wichtig, im Rampenlicht zu stehen? Sind ihr Bilanzen wichtiger als Menschen?

Grundsätzlich ist die Formel leicht zu verstehen. Sie wird jedoch schnell konkret und plastisch, wenn wir Zahlen einsetzen. Dabei bewerten Sie bitte die vier Aspekte auf einer Skala von 1 bis 10, wobei der Wert 10 eine hohe Übereinstimmung bedeutet. Nehmen wir beispielsweise eine Führungskraft, die Sie als echtes Vorbild mit hoher Kompetenz sehen. Diese Person lebt es vielleicht vor, dass ihr Menschen wichtig sind. Möglicherweise kommt z. B. bei Einsetzen der Zahlen in die Formel folgendes Resultat heraus:

8 + 7 + 9 geteilt durch 3 gleich 8. Die Glaubwürdigkeit dieser Führungskraft würden Sie als hoch einschätzen.

Soweit so gut. Jetzt denken Sie bitte an einen Chef, von dem Sie wissen, dass sein Ego größer ist als seine Fähigkeiten, mit Menschen umzugehen oder verlässlich zu liefern. Diese Person sagt nach außen, dass ihr die Menschen wichtig sind. De facto behandelt sie Menschen möglicherweise herablassend, macht zynische Bemerkungen oder verhält sich aggressiv in Meetings. Setzen Sie bitte wieder die Zahlen ein.

Zum Beispiel: 2 + 3 + 2 geteilt durch 7 gleich 1. Die Glaubwürdigkeit ist gering.

Die Ergebnisse sprechen also eine klare Sprache. Anwenden lässt sich diese Formel auch für das Leitbild des Unternehmens. In wie vielen Leitbildern steht: „Wir gehen respektvoll und wertschätzend miteinander um." Die gelebte Realität ist eine ganz andere, wenn wir als Mediatoren gerufen werden, weil es wieder einmal einen hoch eskalierten Konflikt in der Geschäftsführung gibt. Mitarbeitende merken schnell, ob es sich beim Leitbild um generische Floskeln handelt, die von einer Marketingagentur rhetorisch veredelt wurden, letztlich aber inhaltslos sind. Dann kommt schnell die Frage auf: Schreibt sich das Wort „Leitbild" in der Mitte mit d, t oder ght?

Bitte halten Sie kurz inne und beantworten Sie folgende Fragen: Wie vertrauenswürdig ist Ihnen Ihr Arbeitgeber? Oder das Leitbild des Unternehmens? Was schätzen Sie, wie vertrauenswürdig Sie von Ihren Mitarbeitenden eingeschätzt werden? Sind Sie (sich) selbst vertrauenswürdig?

Die Vertrauenswürdigkeit ist besonders im Team von hoher Relevanz. In Workshops bietet sich ein Abgleich von Selbstbild und Fremdeinschätzung an. Durch das gemeinsame Ins-Gespräch-Kommen können die Bilder im Kopf und die gegenseitigen Erwartungen besser verstanden werden. Dabei lassen sich auf Basis der genannten Punkte schnell die Aspekte identifizieren, an denen konkret gearbeitet werden kann, damit die Vertrauenswürdigkeit nach innen als auch nach außen verbessert werden kann.

Welche Aspekte möchten Sie persönlich gern verändern, um Ihre persönliche Vertrauenswürdigkeit zu erhöhen? Die Reflexion Ihrer Selbstmotive ist dabei der größte Faktor. Der Inhaber eines mittelständischen Unternehmens beispielsweise übertrug die Anteile seines Unternehmens in eine Genossenschaft, um Anreize zu schaffen, dass alle Mitarbeitenden Miteigentümer der Genossenschaft werden kann. Gemeinsam mit seinen Führungskräften entwickelte er eine neue Vision, um die Zukunftsfähigkeit des Unternehmens nachhaltig zu gestalten. Jeder durfte sich aktiv einbringen und so zur Zukunftsfähigkeit beitragen. Manchmal sind es eben auch die kleinen Dinge, die einen Unterschied machen: Er lud seine Führungskräfte dazu zu sich nach Hause zum Grillen ein, um die menschliche Seite im Business und die Zusammengehörigkeit zu stärken. Diese Ansätze trugen enorm dazu bei, dass seine Vertrauenswürdigkeit stieg.

7.8 Verbindlichkeit herstellen und Impact generieren

Letztlich geht es nach dem Etablieren eines gemeinsamen Verständnisses und der Vermittlung einer sinnstiftenden Orientierung darum, dass die Mitarbeitenden des Unternehmens Impact generieren. Das Entwickeln und Umsetzen von klaren Maßnahmen mit Verantwortlichkeiten mit einem hohen Maß an Verbindlichkeit ist Führungsaufgabe.

Dennoch haben wir in vielen Unternehmen wahrgenommen, dass Führungskräfte Schwierigkeiten damit haben, Dinge konkret umzusetzen. Ein Geschäftsführer brachte es auf den Punkt: „Wir sind Wissensriesen und Umsetzungszwerge." Trotz guter Konzepte und kluger Analysen gelingt es nicht, einen hohen Maßstab an Verbindlichkeit zu erreichen, in Wirkung zu kommen und so Impact zu generieren. Aus unserer Sicht sind folgende Gründe dafür verantwortlich:

- Führungskräfte bleiben in der Komfortzone, statt mutig einen Schritt nach vorn zu gehen.
- Es fehlt an konsequenter Fokussierung auf das Ziel.
- Es gibt zu viel Wollen und zu wenig Dürfen.
- Das Können wird zu wenig gefördert.
- Die Konfliktbereitschaft fehlt durch zu viel Harmonie.
- Führungskräfte treffen keine Entscheidungen.
- Die Vermittlung der Inhalte erreicht die Mitarbeitenden nicht.
- Maßnahmen bleiben unkonkret und/oder werden nicht konsequent umgesetzt.
- Der Widerstand der Mitarbeitenden ist zu hoch.
- Die Wechselwirkung von innerer Haltung, dem Verhalten und den Verhältnissen sowie von Wollen, Dürfen und Können wird zu wenig gesehen.

Verbindlichkeit in Teams herzustellen funktioniert nur, wenn die Mitglieder eines Teams miteinander in Verbindung und über Werte

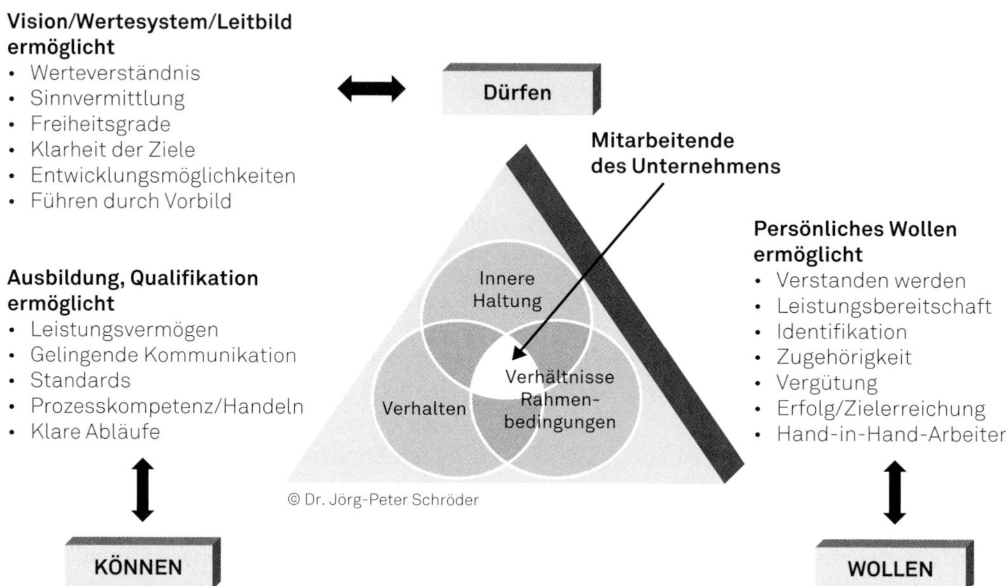

Abbildung 7-1: Wechselwirkung von Wollen, Dürfen und Können

miteinander verbunden sind und die Aspekte Dürfen, Können und Wollen entwickelt werden (siehe **Abb. 7-1**). Virtuelle Konferenzen über Teams, GoToMeetings, Zoom-Meetings etc. führen häufig dazu, dass *über* die Inhalte gesprochen wird, jedoch nicht *miteinander*. Sorgen Sie als Führungskraft dafür, dass der Austausch ein produktives Gespräch ermöglicht.

Für die Umsetzung im Business-Alltag hilft ein ganz einfacher Satz: „Ich spreche laut aus, was ich machen werde – und tue das dann auch.“ Sprechen Sie klar aus, was Sie vorhaben. Das laute Aussprechen erzeugt Verbindlichkeit und Verlässlichkeit – jetzt muss es umgesetzt werden. Dieses Vorgehen appelliert nicht an die Verantwortung, sondern macht sie erst möglich. Im Englischen heißt es so einfach: „Walk the talk.“ Nicht immer so leicht, wenn z.B. ein Projekt abgelehnt werden muss. Dabei geht es nicht um ein knallhartes Durchziehen eines anderen Projektes. Verbindlichkeit bedeutet in diesem Fall, über die Art und Weise des Sprechens die Verbindung zum Gegenüber aufrechtzuerhalten – auch wenn es sich inhaltlich um eine Ablehnung handelt. Ein Nein kann schnell zu einer Verletzung führen. Bleiben Sie klar auf der Faktenebene und authentisch empathisch auf der emotionalen Ebene. Durch die empathische Zugewandtheit wird die Schärfe von Abweisungen und Ablehnung vermindert und dennoch das soziale Band erhalten. Diese authentisch-empathische Glaubwürdigkeit ist die Voraussetzung für Resonanz und Handlungswirksamkeit im Team.

Das bedeutet für die Führungskräfte, selbst mit gutem Vorbild voranzugehen. Auf eine Veränderung im Außen zu hoffen, ohne selbst dafür etwas zu tun, ist, wie am Bahnhof zu stehen und auf ein Schiff zu warten. Kommen Sie in Bewegung. Vorausgesetzt, es ist Ihnen wichtig. Mitarbeitende bekommen sofort ein Störgefühl, wenn sie spüren, dass Sie unglaubwürdig sind oder zu manipulieren versuchen.

Wenn wir an unseren Kern, also an unserem Selbst angebunden sind, gelingt es leichter, mit Mitarbeitenden und Kolleginnen in Verbindung zu gehen. Dieser echte Kontakt ist ein wichtiger Faktor für Verbindlichkeit.

Ein wichtiger weiterer Aspekt für fehlende Umsetzung und Verbindlichkeit ist der Widerstand bei den Mitarbeitenden. Widerstand deshalb, weil sie sich nicht mitgenommen fühlen oder die Kommunikation die Mitarbeitenden nicht erreicht hat. Commitment setzt Involvement voraus. Sorgen Sie als Führungskraft dafür, dass Mitarbeitende sich einbringen können und sich gehört und verstanden fühlen. Achten Sie darauf, dass Stressfaktoren reduziert werden und emotionale Sicherheit entstehen kann. Um die Beziehung zwischen den Teilnehmenden online sicher aufzubauen zu können, lassen wir alle Mitarbeitenden zu Wort kommen. Wir nehmen uns Zeit, gemeinsam ins Gespräch zu kommen. Die Mitarbeitenden, die zuhören, sollen nur lauschen, was der Kollege sagt – ohne zu beurteilen, zu werten oder Feedback zu geben. Das uneingeschränkte Sprechendürfen ermöglicht, dass jeder seine Stimme erheben und abgeben darf.

Wichtig ist, dass Sie keine eigenen Ideen in das Gesagte Ihrer Mitarbeitenden hineingeben. Machen Sie sich als Führungskraft frei vom eigenen Wollen. Ein solch lösungsfokussiertes Zuhören bedarf Geduld und Gelassenheit. Geben Sie keine Lösung vor. Nehmen Sie einfach die Rolle eines Moderators an, der als Ermöglicher arbeitet. Hilfreich ist es, einzelne Worte des Teilnehmenden zu wiederholen. Achten Sie bei Ihrer Betonung und Sprechgeschwindigkeit, dass Sie entspannt sind. Wichtig ist, dass es keine Beurteilung des Gesagten gibt. Nehmen Sie das Gesagte einfach so, wie es ist. Bauen Sie eine Verbindung zum Gegenüber auf und bleiben Sie offen. So können sich Mitarbeitende öffnen, weil sie spüren, dass sie selbst gestalten *dürfen*.

In den Workshops vermitteln wir den Führungskräften, dass Sie auf Worte, Gestik, Mimik, Atmung, Geräusche und Bewegungen achten dürfen. Das entschleunigt enorm. Aus Zuhören wird Verstehen. Aus Verstehen gelingt ein neues Verständnis. Dieses ermöglicht ein neues Einverständnis miteinander. Für viele ist es ein echter Aha-Moment, wenn sie erleben, dass man ausreden darf und auch gehört wird. Durch die Vielzahl der Ebenen und das Einbeziehen von Gefühlen und Metaphern lässt sich durch das systemische Modellieren ein Verständnis erzielen. Für Führungskräfte ist es daher wichtig, zusätzlich zur Faktenebene die emotional-empathische Ebene zu nutzen. Bereits eine empathische Zugewandtheit erzeugt einen Rahmen von Sicherheit und senkt den Stresspegel im Teammeeting. Dies empfinden viele Teilnehmende als inspirierenden Moment. Zudem wirkt ein solch echter Dialog transformativ und schafft Verbindlichkeit.

Verlassen Sie die bekannten Verhaltensmuster, indem Sie die Erlaubnis geben, Neues auszuprobieren. Das entkrampft die Situation und macht Lust auf Neues. Laden Sie dazu ein, mit Möglichkeiten und Szenarien zu experimentieren. Für Führungskräfte ist es hilfreich, die Umsetzbarkeit aus unterschiedlichen Perspektiven zu beleuchten, die Widerstand oder Zustimmung erzeugen könnten:

- Grundsätzlich wollen alle Mitarbeitenden etwas Sinnvolles tun. Vermitteln Sie daher die Sinnhaftigkeit, und erklären Sie, wozu das Ganze gemacht werden soll.
- Eher realistisch orientierte Mitarbeitende nehmen häufig einen pragmatischen Standpunkt ein. Dabei entwickeln sie konkrete Maßnahmen, wollen Arbeitsschritte präzise planen. Im Vordergrund stehen Mechanismen, Prozesse und Strukturen. Sprechen Sie eine konkrete Sprache, und sagen Sie, was Sie ganz konkret erwarten.
- Subjektiv visionäre Mitarbeitende sind begeisterungsfähig und brennen für das Neue. Sie sehen das Unvorstellbare und machen Unmögliches möglich. Nutzen Sie eine bildhafte Sprache und vermitteln Sie das große Ganze.
- Kritisch eingestellte Mitarbeitende fordern Sie als Führungskraft heraus. Sie prüfen die Umsetzbarkeit auf Basis der einzuhaltenden Regeln. Ziel ist es, konstruktive und positive Kritik ernst zu nehmen, um Fehlerquellen identifizieren zu können. Wertschätzen Sie die Fähigkeit, Zahlen, Daten und Fakten in den Vordergrund zu stellen, und binden Sie diese Fähigkeiten prozessorientiert ein.

- Wertegeleiteten Menschen liegt der Umgang miteinander am Herzen. Sie haben eine Wahrnehmung für das Klima im Unternehmen und spüren Störungen im Team auf der emotionalen Ebene. Binden Sie diese Mitarbeitenden gezielt ein, um den Teamspirit zu stärken.

Das gelingt nicht immer so leicht, wie es theoretisch verstanden wird. Was sind dabei Hinderungsgründe? Wir haben die Erfahrung gemacht, dass Mitarbeitende grundsätzlich nichts gegen eine Veränderung haben. Sie haben nur etwas dagegen, wenn versucht wird, sie als Person zu verändern, oder wenn von ihnen erwartet wird, dass sie sich verändern.

Wenn der Satz mit „Ja" beginnt, dann jedoch mit einem „aber" fortgesetzt wird, erkennen wir den Widerstand. Auch hier hat die Haltung einen maßgeblichen Einfluss. In der nachstehenden **Tabelle 7-3** haben wir die Haltung und die Einstellung von Typen gegenübergestellt:

Häufig wird in Meetings vom Thema abgewichen. Das könnte ebenfalls ein Hinweis auf einen inneren Widerstand sein. Möglicherweise durch einen Fehler oder das Aufdecken eines Defizits verändert sich die Stimmung im Team ins Negative oder in einen Geht-nicht-weil-Modus. Achten Sie als Führungskraft daher darauf, dass der rote Faden des Meetings klar lösungsorientiert und zielfokussiert bleibt.

Verbindlichkeit macht es möglich, konkret zu handeln. Ein Aspekt könnte z.B. sein: Wie gelingt Ihnen der tägliche Spagat zwischen den zu erledigenden Aufgaben? Wir kennen viele Führungskräfte, die bereits morgens um 6 Uhr online sind und bis 23 Uhr „on mails" sind. Sprechen Sie es an. So erhalten Sie von den Mit-

Tabelle 7-3: Passive und aktive Haltung bei positiver und negativer Einstellung gegenüber Neuem

	Passive Haltung	Aktive Haltung
Positive Einstellung gegenüber Neuem	• Merkmal: bereitwillig Passive • Aus guter Distanz abwarten, zuschauen und applaudieren • Prozesse und Workflows pflichtgemäß umsetzen • Intention: Sicherung der eigenen Position	• Merkmal: Treiber • Gestaltung und Steuerung von Prozessanteilen im Projekt • Werbung für das Projekt und die Notwendigkeit zur Veränderung • Ruck-Zuck-Umsetzung • Strategie – jedoch nicht unbedingt umsetzungsstark • Schönwetterpolitik • Intention: Sicherung des eigenen Vorteils
Negative Einstellung gegenüber Neuem	• Merkmal: missmutig Abwartende • „Schaun wir mal." • Abwarten, nicht entscheiden • Vogel-Strauß-Politik – nicht wahrhaben wollen, dass die Veränderung durch das Projekt kommt • Hinter dem Rücken Kritik üben • Intention: Beibehalten alter Verhaltensregeln	• Merkmal: Verweigerer • Aktiv oder subtil Widerstand leisten gegen neue Prozesse oder gegen Veränderungen • Projekte oder Meilensteine lähmen oder verzögern • Informationen und Wissen bewusst unterdrücken • Intention: Bewahren der alten Ordnung (bloß nichts ändern)

arbeitenden auch ein Feedback, was zu viel ist und wie die Arbeit besser verteilt und priorisiert werden kann. So können die nächsten Schritte zu einer besseren Priorisierung definiert werden. Hierbei kann geklärt werden, wer was bis wann macht und wer die Verantwortung wofür übernimmt. Zudem können Mitarbeitende ihre Work-Life-Integration besser leben, wenn Verantwortlichkeiten und Prioritäten eindeutig geklärt sind.

„Make decisions and take action." Das war das Motto eines Führungskräfte-Workshops in einem IT-Unternehmen. Ein Geschäftsführer sagte dazu im Vorfeld im Coaching: „Etliche unserer Führungskräfte treffen keine Entscheidungen. Sie checken hier, überprüfen da und schieben auf. Letztlich eiern sie herum und legen sich nicht fest." Die Sprache verrät dazu Einiges: „Ich habs versucht" könnte ein Hinweis auf ein Zögern sein. „Ich habs erledigt" verdeutlicht die Umsetzungskompetenz und den Willen dazu. Machen Sie also den Sack zu. Definieren Sie klare, sinnstiftende und erreichbare Ziele, um durch Verbindlichkeit Impact zu generieren.

Dazu ein paar Beispiele aus Unternehmen:

- In einem Jahr werden wir das neue Büro bezogen haben.
- Bis Dezember nächsten Jahres werden wir den ISO-9000-Prozess beendet haben.
- In 9 Monaten wird der Grad der Kundenzufriedenheit um 20 % steigen.
- In 6 Wochen funktioniert das neue Projektmanagement-Tool auch im Marketing.
- In 4 Tagen haben wir unsere neue Unternehmensvision mit allen Führungskräften entwickelt.
- In 24 Stunden beginnt unser Teambuilding-Workshop.
- Jetzt beginnen wir unser Time-out-Ritual und fokussieren uns auf unseren Atem.

Klären Sie, welche Ressourcen dazu notwendig sind und was es braucht, damit das Ziel erreicht werden kann. Bezüglich des Energiemanagements ist es in Workshops immer wieder sehr interessant wahrzunehmen, dass Teilnehmende sich inspiriert fühlen, wenn sie sich wirklich voll einbringen können. Die Energie verpufft nicht, sondern kann fokussiert abgeschöpft werden.

Der letzte wichtige Aspekt ist die Konsequenz des eigenen Handelns. Was passiert in Ihrem Unternehmen, wenn das, was gesagt wurde, nicht in die Wirkung gebracht wurde? Wie verlässlich erleben Sie Ihre Führungskräfte und Mitarbeitenden? Die Prozesskette von Verbindlichkeit, Verlässlichkeit und Konsequenz sind ein deutliches Zeichen für den Führungsstil und die Umsetzungswirkung in den Unternehmen. In diesem Punkt gibt es in vielen Unternehmen noch viel Luft nach oben.

7.9 Puls-Check für Führungskräfte

- Wie können wir die Eigenverantwortung stärken?
- Was stärkt die Autonomie des Teams?
- Wie proaktiv sind wir?
- Wie gelingt es uns, den Blick für das große Ganze zu behalten?
- Wann legen wir los?
- Was können wir besonders gut?
- Was begeistert uns in Onlinemeetings?
- Welche neuen Gewohnheiten braucht die Arbeitswelt der Zukunft?
- Was ist unser „Inner Calling" und der „Purpose" des Unternehmens?
- Was ist mein Beitrag, damit wir gemeinsam gewinnen können?
- Wie gelingt es mir, den Sack zuzumachen (Dinge zu erledigen)?
- Wie steht es um die Autonomie und das organisationale Vertrauen?
- Wie hoch ist die Vertrauenswürdigkeit meiner Person und meines Führungsstils?
- Wie verbindlich handeln wir?

7.10 Auf den Punkt gebracht

Autonomie und die Gewährung von Eigen-Fair-Antwortung führt zu echtem Engagement und besseren Ergebnissen. Vermitteln Sie dem Team, wie wichtig es ist, proaktiv zu gestalten, statt auf etwas zu reagieren. Das Minimieren von Ablenkungen sowie das Verhindern von Prokrastination (Aufschieberitis) hilft Führungskräften, die eigene Produktivität zu verbessern. Schaffen Sie sich einen Fokus. Welches Ziel lohnt sich für Sie? Was erzeugt eine magnetische Anziehungskraft? Welches Projekt gibt uns eine gute Energie? Was beschwingt Sie oder das Team?

Vermitteln Sie Orientierung, wohin die Reise geht. Stärken Sie den Empathiefaktor insbesondere in Onlinemeetings, um die Bindung im Team zu stärken. Lassen Sie jeden zu Wort kommen, damit sich jede Mitarbeitende gehört und verstanden fühlt. Vermitteln Sie Sicherheit und erzeugen Sie Gelassenheit, indem Sie mit offenen Fragen Offenheit und Zutrauen vermitteln, wenn es um Stress und Belastungen geht. So können sich die Teilnehmenden öffnen.

Führungskräfte können lernen, die Kommunikation im Team besser zu decodieren und damit das Verhalten der Mitarbeitenden besser einschätzen zu können. Empowerment entsteht, wenn über die Reflexion der inneren Haltung und der Spiegelung des Verhaltens neue Möglichkeitsräume für Kompetenzen, Fähigkeiten und Überzeugungen geschaffen werden.

Autonomie ermöglicht Vertrauen und Zutrauen in die Mitarbeitenden. So kann aus einer Kultur von Kontrolle und Misstrauen durch das Gewähren von Freiheitsgraden Sicherheit und intrinsische Leistungsbereitschaft entstehen. Ihre persönliche personale Autorität spielt dabei eine große Rolle.

Hinterfragen Sie Ihre persönliche Vertrauenswürdigkeit, und überlegen Sie, wie Sie diese verbessern können.

Sorgen Sie für Verbindlichkeit, damit das, was gesagt wurde, auch wirklich in die Umsetzung gelangt. Hilfreich ist es, die Dinge laut auszusprechen, die Sie machen werden. Und diese dann auch zu machen. Gehen Sie mit gutem Beispiel voran. Machen Sie den Sack zu.

8 Stufe 8: Mit Resonanz zur echten Beziehungsfähigkeit

„Der Zauber der Liebe veredelt das, was durch sie berührt wird.“

William Shakespeare (englischer Dramatiker, Lyriker, Schauspieler, 1564–1616)

8.1 Kohärenzgefühl stärken

Inspiriert durch die grundlegenden Arbeiten von Aaron Antonovsky (1979, 1993) und dem tiefen Verständnis des Prinzip der Salutogenese haben wir uns seit vielen Jahren im Coaching mit der Frage beschäftigt, was es braucht, um in Teams maximale Kollaborationskraft und ein gemeinsames Teamverständnis zu erzeugen, um wirkliche Hochleistungen erbringen zu können. Das gelingt am leichtesten, wenn die Beteiligten in guter Schwingung sind. In der Akustik bedeutet Resonanz, dass schwingungsfähige Körper miteinander in Beziehung sind (resonare = zurücktönen). Resonanz bedeutet, berührt oder bewegt zu werden. Das heißt nicht Harmonie oder Gleichklang.

Die Betonung von Kohärenz und Resonanz sind ein echter Paradigmenwechsel für die Führungsarbeit! In diesem Kapitel geht es um die Aufgabe der Führungskräfte, alle Mitarbeitenden in echten Kontakt zu bringen, um fokussiert Neues gestalten und gelassen in Schwingung bringen zu können. Führungskräfte unterstützen die Mitarbeitenden dabei, einen gesunden Teamspirit zu entwickeln, in dem Mitarbeitende sich motiviert fühlen und mit Leichtigkeit und Spaß erfolgreich sind. Mit der inneren Haltung der Führungskräfte fängt es an. Auf dieser Stufe 8 stellen wir konkrete Schritte vor, wie dies beschwingt gelingt.

Durch Resonanz kann ein wertvoller Beitrag zur Gesundung, Gesundheit und zum Wohlbefinden der Mitarbeitenden geleistet werden. Dabei geht es uns nicht darum, festzustellen, warum ein Mitarbeiter krank wird, was das Team schwächt oder was ein Unternehmen absterben lässt. Schulmedizinisch werden Therapien *gegen* eine Krankheit entwickelt. Uns geht es darum, was wir *für* mehr Gesundheit machen können. Dieser präventive Gedanke und der ganzheitliche Ansatz der Gesundheitsförderung der Salutogenese wirkt sich über die innere Haltung auf den Teamspirit und die gesamte Unternehmenskultur aus und leistet einen Beitrag für mehr Gesundheit, Gelassenheit, Motivation und Leistungsfähigkeit in Unternehmen. Durch diesen ressourcenorientierten Ansatz können Führungskräfte die Resilienz auf den unterschiedlichen Ebenen stärken und durch mehr Mitmenschlichkeit ein neues Level an Performance entwickeln. Dies gelingt dadurch, dass Führungskräfte Mitarbeitende emotional berühren und kognitiv sensibilisieren. Um Mitarbeitende wirklich zu erreichen, müssen Führungskräfte etwas zu sagen haben, was das Gegenüber berührt, interessiert und emotional bewegt. Was Sie inhaltlich von sich geben, kann eine Reaktion erzeugen, wenn wir uns öffnen und uns einlassen auf das, was wir gemeinsam gestalten wollen.

Ein wichtiger Aspekt dabei ist das Kohärenzgefühl (cohaerere = zusammenhängen). Gemeint ist das Bewusstsein und die innere Haltung, mit allen Anforderungen, Herausforderungen, Belastungen und Bedrohungen im Business und im Leben umgehen zu können und kokreativ eine Lösung zu finden. Gefragt ist ein Führungsstil, der alle Mitarbeitenden auf einen gemeinsamen Referenzrahmen einschwingt. Es geht um das gemeinsame „big picture", das uns alle verbindet. Ohne das Verständnis des großen Ganzen kann nicht sinnvoll gearbeitet werden. Die Übereinstimmung, also die Einbindung in das große Ganze, vermittelt dem Mitarbeitenden Sinn und triggert intrinsische Leistungsbereitschaft.

Wir kennen das aus der Physik: Die hervorragenden Eigenschaften eines Lasers sind seine räumliche und zeitliche Kohärenz. Dabei wird der Strahl stark gebündelt, sodass er sich auf einen kleinsten Raum fokussieren lässt. Übertragen auf den Business-Kontext geht es um die Vermittlung der gemeinsamen Ausrichtung auf ein klares gemeinsames Ziel.

Inkohärenzen entstehen, wenn sich verschiedene Grundprinzipien gegenüberstehen: z. B. persönliche Werte, Shareholder-Value, individueller Freiraum, Dienstanweisungen, Gesundheit oder Profiterzielung. Diese Inkohärenzen führen zu Dissonanzen auf emotionaler Ebene.

David Servan-Schreiber (2006) hat die Faktoren, die Einfluss auf unser psychisches Wohlbefinden haben, präzise untersucht. Wenn Herzrhythmus, Blutdruck, Hormonhaushalt, Verdauungs- und Immunsystem im Gleichklang sind, bleiben wir gesund. Negative Emotionen wie Angst, Wut oder Traurigkeit bringen den Herzschlag aus seinem gleichmäßigen Rhythmus, beeinflussen neuroendokrine Prozesse und erhöhen den Stresspegel durch eine vermehrte Ausschüttung von Stresshormonen. Die Folge: Das System gerät aus der Balance. Die Herzkohärenz beschreibt die optimale Synchronisation der Rhythmen von Herzschlag, Atmung und Blutdruck. Besonders in Angst-, Belastungs- und Stresssituationen können durch gezielte Techniken der Atemkontrolle, Neurofeedback sowie durch Hatha-Yoga und Meditationstechniken die Herzkohärenz wieder hergestellt werden. Das Ziel ist eine gute Balance zwischen dem limbischen (Gefühlszentrum) und dem kortikalen System (Denken).

Übertragen auf den Business-Kontext können Führungskräfte durch Empowerment auf vier Ebenen dazu beitragen, dass ein Kohärenzgefühl im Unternehmen entsteht:

- Sinnhaftigkeit vermitteln
- Verstehen und Verständnis ermöglichen
- Umsetzbarkeit und Handhabbarkeit im Team gestalten
- Echte Beziehungen und Resonanz im Team gestalten

Über die ersten drei Aspekte haben wir in den vorherigen Kapiteln viel gesprochen. Daher wollen wir in diesem Kapitel den Fokus auf gelebte Beziehungen und Resonanz im Team und im ganzen Unternehmen legen. Im kokreativen Zusammenspiel lässt sich mehr erreichen als im segmentierten Silodenken bisheriger Abteilungsorganisation. Diversität, z. B. Mitarbeiter mit einem verschiedenen kulturellen Hintergrund, und das Zusammenspiel von Potenzialen und Talenten bieten die Möglichkeit einer lebendigen Beziehungskultur.

Resonanz lässt sich nicht durch Selbstoptimierung, Effizienz, Zielorientierung, Beschleunigung von Prozessen und effektives Abarbeiten erreichen. Diese erzeugen eher Stress und Angst. Echte Beziehungen gelingen nur in einem offenen vertrauensvollen Rahmen jenseits von Zeit- und Wettbewerbsdruck; sie bedürfen der Achtsamkeit, Empathie und Reflexionsfähigkeit. Echte Beziehungen und produktive Kontakte der Mitarbeitenden sind der Schmierstoff eines gelingenden Teamspirits. Gar nicht so leicht, wenn wir uns nur online in der Videokonferenz begegnen. Grund genug, daran zu arbeiten, wie Nähe, Verbundenheit und Zusammenhalt auf einem neuen Niveau gelingen.

Auf der Individualebene geht es um Ihre Selbstwirksamkeit. Auf der Unternehmensebene sind Sie als Führungskraft Botschafter eines Kulturveränderungsprozesses. Als Influencer beeinflussen Sie proaktiv die Unternehmenskultur und stärken damit die Togetherness im

Unternehmen. Das hat ganz viel mit einer inspirierten Grundhaltung, Herzblut und dem Thema „Führen durch Vorbild“ zu tun.

8.2 Mindset-Change – der Klimawandel beginnt im Kopf

Stress, Spannungen und Konflikte verhindern den Arbeitsfluss, verbrauchen viel Energie und Zeit. Das Resultat sind Krankheit, innere Kündigung oder Dienst nach Vorschrift. „Leadership in Balance“ legt großen Wert auf Gesundheitsprävention. Moderne Führungskräfte nehmen Spannungen im Team frühzeitig wahr und sprechen sie offen an. Ein guter Umgang mit Kommunikation und Konflikten dient auch der Gesundheitsprävention.

Häufig doktern wir am Symptom herum, sehen jedoch nicht, dass die Wurzel des Übels systemischer Natur ist. Es genügt nicht, den einzelnen Mitarbeiter zu verarzten, wenn er am Ende seiner Kräfte ist, sondern durch eine gute Führungskultur dafür Sorge zu tragen, dass Mitarbeitende gesund bleiben und sich eigenverantwortlich selbst gesund führen.

Wenn Manager gefragt werden, welche Kriterien ihrer Meinung nach für die Gesundheit der Mitarbeitenden relevant sind, wird meist geantwortet: Genetik, medizinische Faktoren und persönliches Verhalten. In etlichen Publikationen über den Einfluss von Führungsverhalten auf die psychische Belastung von Mitarbeitenden wurde gezeigt, dass das eigene Führungsverhalten und die Arbeitsgestaltung nicht als ausschlaggebende Faktoren bewusst sind.

Ein Geschäftsführer drückte es so aus: „Auf Weltgipfeln treffen sich kluge Menschen, um über die Folgen des Klimawandels zu diskutieren, aber in den Unternehmen sprechen die Führungskräfte nur über das Wetter von morgen.“ Wenn wir eine gesunde nachhaltige Führungskultur anlegen wollen, muss der Klimawandel über einen Mindset-Change in den Köpfen der Führungskräfte in Unternehmen beginnen. Dazu ist es notwendig, die komplexen Ursachen und Wechselwirkungen zu erkennen und den Gesamtzusammenhang von Führung und Gesundheit besser zu verstehen, damit die Weichen in Richtung einer gesunden Weiterentwicklung gestellt werden können.

Im Rahmen der Diskussionen zum Klimawandel wird das Augenmerk auf die Vermeidung langfristiger Schäden gelegt. Gut so. Flüsse und Landschaften werden auf Verunreinigungen und toxische Substanzen untersucht. Doch was ist mit toxischen Verunreinigungen des Kreativitätsflusses bei Mitarbeitenden? Erniedrigungen, Drohungen, Mobbing sind Hinweise auf eine Klimavergiftung der Unternehmenskultur. Ein wichtiges Ziel ist es, die bioklimatischen Faktoren im Unternehmen besser wahrzunehmen und professionelle Methoden einzusetzen, damit sich das Klima im Unternehmen nachhaltig ändert.

Politische oder Konkurrenzspielchen kosten Unternehmen viel Energie, sodass viele Mitarbeitende vor lauter Absicherung gar nicht mehr richtig zum Arbeiten kommen. Wut und Ärger vergeuden viel Kraft, der Grad an Effektivität sinkt – die Profitabilität des Unternehmens auch.

Aus der Wissenschaft wissen wir, dass Toxine Geist und Körper lähmen können und das Immunsystem schwächen. Allergien sind häufig die Folge. Allergien kosten den Körper Kraft. Wenn das Unternehmen Heu-Schnupfen bekommt, weil die Mitarbeitenden allergisch auf bestimmte Kollegen reagieren und die Nase voll haben, darf sich die Unternehmensleitung nicht wundern, wenn die Ergebnisqualität sinkt.

Eine Entzündung im menschlichen Körper zeigt sich durch Röte, Wärme, Schmerzen (rubor, calor, dolor). Wenn Mitarbeitende vor Wut außer sich sind und sich diese im Team entzündet, schwächt das ein Unternehmen. Ein Konflikt, der wütende Mitarbeitende hinterlässt, ist ein Zeichen für die Unzufriedenheit mit dem Status quo. Damit sich der Wuthochdruck der Mitarbeitenden nicht als Bluthochdruck manifestiert und eine antihypertensive, eine blutdrucksenkende Therapie nicht eingeleitet werden muss, gibt es einen sinnvollen Weg: die

Transformation der emotional angestauten Energie und die damit verbundene Dynamik. Das geschieht durch Konfliktprävention, Mediation und durch eine Kultur der offenen Begegnung. Bereits das offene Gespräch kann dazu führen, dass sich ein neuer Status etablieren kann, in dem die Energie auch im Team wieder ins Fließen kommt.

Effektiver als am Symptom herumzudoktern wäre es, die Ursache anzugehen. Es geht nicht darum, nach außen noch besser und schneller zu funktionieren, sondern ganz bei sich anzukommen, bei sich zu sein und bei sich zu bleiben. Was zu tun ist: Um das Potenzial der Mitarbeitenden im Unternehmen heben zu können, muss es erst einmal entdeckt werden. Anstatt Führungskräfte auf Fach- und Methodenseminare zu schicken, wäre eine Entdeckungsreise nach innen zu den eigenen Potenzialen lohnender. Das können beispielsweise Selbsterfahrungsgruppen sein, Meditationskurse, Seminare zur Selbstreflexion und Workshops zu Embodiment.

8.3 Zwischentöne spürbar machen

Ob und welches Thema uns anspricht oder gar berührt und welchen Raum wir dieser Thematik schenken, entscheidet sich an den bisher gemachten Erfahrungen. Wer in der Schule einen frustrierten und zynischen Klavierlehrer erlebt hat und dem elterlichen Druck ausgesetzt gewesen ist, ein Musikinstrument zu lernen, oder wer von seinen Klassenkameraden beim gemeinsamen Singen ausgelacht wurde, der kam schnell zu der Erkenntnis, dass Musik nicht sein Lieblingsfach ist. Die Drohung des Französisch-Lehrers, unangekündigte Tests zu schreiben, führt nicht zu einer Lust auf die Sprache, sondern zu der Meinung, dass Französisch doof ist. So haben wir im Laufe unseres Lebens auch in anderen Bereichen des Lebens Erfahrungen gemacht und haben auf die Außenwelt reagiert. Schnell hat sich jeder positioniert, was ihn anspricht und was nicht. Eine Resonanzachse können wir nur zu einem Thema aufbauen, wenn wir entdecken, dass wir in einem Fach oder einer Tätigkeit wirklich gut sein können, dass wir hier etwas erreichen und gestalten können und das wir auf unser Tun von außen eine „Antwort" erhalten. Wenn sich eine Mitarbeiterin für ihr Tun nicht gesehen oder wertgeschätzt fühlt oder an einer kalten Mauer des Schweigens oder des Sarkasmus abprallt, wird die intrinsische Motivation nicht mehr hoch sein, sich zu engagieren. Daraus leitet sich ab, dass die Ausbildung von Selbstwirksamkeitserfahrungen und von intrinsischen Bedürfnissen und Interessen mit der Erfahrung von sozialer Anerkennung korreliert.

Resonanz erweitert Kommunikation um die Zwischentöne und den Freiheitsgrad der Schwingungsebene. Auf der Gitarre und der Violine kennen wir das Prinzip der Flageoletttöne, die durch die Anregung einer Oberschwingung als Teilschwingung der Saite entstehen. Übertragen auf die Kommunikation mit Ihren Mitarbeitenden heißt das, authentisch Wirkung über eine gemeinsame Schwingung mit Obertönen zu erzielen. Das heißt auch, sich zu fragen, ob es im Team eine gute Atmosphäre gibt, in der sich die Mitarbeitenden wohlfühlen. Geben Sie den Kollegen Zeit, sich einzuschwingen. Dann lassen sich folgende Fragen offen ansprechen:

- Was ist das gemeinsam verbindende höhere Ziel, zu dem wir alle Ja sagen können?
- Was bringt uns auseinander? Wo sind wir unterschiedlicher Meinung oder Position?
- Haben wir den Blick für das wirklich Wichtige? Oder reden wir nur über Details?
- Wie gehen wir miteinander um? Respektvoll, wertschätzend oder despektierlich?
- Haben wir die gegenseitigen Erwartungen geklärt?
- Hören wir einander wirklich zu?
- Fühle ich mich gesehen?
- Nehmen wir uns die Zeit für einen wirklichen Austausch? Fühle ich mich wohl in der Besprechung?
- Stimmen die Klimafaktoren?

- Gewähren wir Freiheitsgrade?
- Über welche Werte kommen wir ins Handeln? Was treibt uns an?
- Wie steht es um das Vertrauen?
- Was erzeugt eine gute Schwingung?
- Welche Maßnahmen setzen wir auf, damit wir reibungsloser miteinander arbeiten können?
- Welchen Verbindlichkeitsmaßstab könnten wir einführen? Wie bleiben wir dran?
- Wie weit ist jeder bereit, sich eigenverantwortlich einzubringen?

Die Vermittlung von Sinnhaftigkeit, gemeinsamer Verantwortung und wertschätzender Kommunikation sind Stellhebel zur Veränderung der Unternehmenskultur, die sich in Workshops entwickeln lässt. Das wachsende Vertrauen in Mitarbeitende trägt zum Gelingen bei und fördert intrinsische Motivation. Die Art und Weise, wie wir miteinander in Verbindung sind, gibt dabei den Ausschlag, ob sich gemeinsam Handlungswirksamkeit erzielen lässt oder nicht. Stellen wir uns vor, dass in einem Unternehmen das Thema Balanced Leadership und eine Kultur der Spitzenleistung in einer Organisation umgesetzt werden sollen. Dazu gibt es unterschiedliche Aspekte. Hartmut Rosa (2016) hat im Kontext von Schule und Unterricht von einem Entfremdungs- und Resonanzdreieck gesprochen. Als misslingendes Bildungsgeschehen beschreibt er das Entfremdungsdreieck zwischen Schülern, Lehrern und Stoff durch eine Situation, in der sich die Beteiligten nichts zu sagen haben. Es kommt nichts rüber, der Unterricht wird zum Kampf. Analog dazu haben wir die Dreiecks-Darstellung in den Business-Kontext transformiert.

Bitte schauen Sie sich dazu die Abbildung des Disharmoniedreiecks an (siehe **Abb. 8-1**):

Ein wichtiger Aspekt nicht gelungener Change-Projekte in einer Organisation ist dabei das Gefühl der Mitarbeitenden, nicht gesehen oder wahrgenommen zu werden. Dieses Nicht-Gesehenwerden gibt den Ausschlag dafür, dass sich keine Resonanzachse etablieren kann. „Keiner hat mit uns gesprochen“ oder „Mir wird hier nicht zugehört“ oder „Wissen Sie eigentlich, wie oft wir hier schon über Teambuilding gesprochen haben? Das bringt doch sowieso alles nichts. Und jetzt wird hier wieder eine neue Sau durchs Dorf getrieben, damit wir noch mehr leisten sollen“. Die Geschäftsleitung fühlt sich überfordert und erlebt dieses Projekt als sinnlos. Das Team fühlt sich ebenfalls von der Menge der Tagesarbeit überfordert. Nur mit Widerwillen reden die Mitarbeitenden über die Konflikte innerhalb der Organisation. Die Kon-

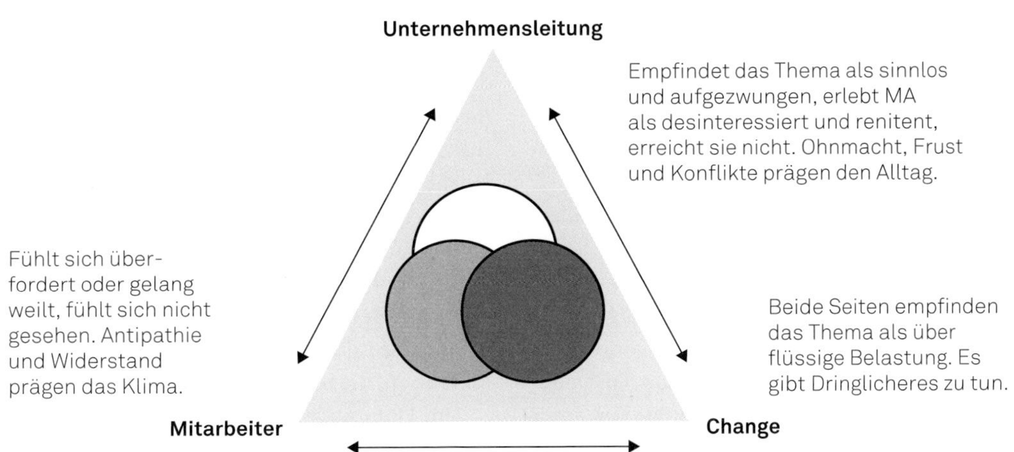

Abbildung 8-1: Disharmoniedreieck

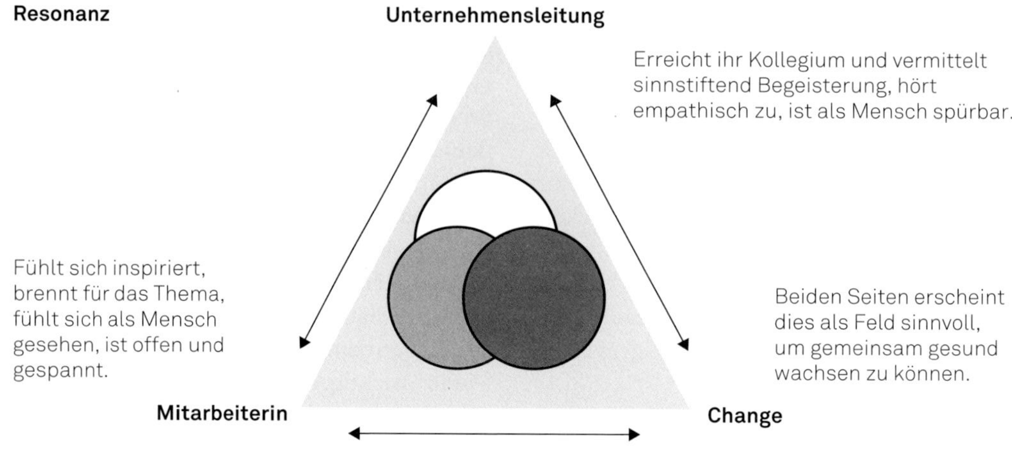

Abbildung 8-2: Resonanzdreieck

sequenz: Das Projekt wird nicht als wesentlich gesehen – und daher nicht oder nur mit Widerwillen umgesetzt.

Bitte schauen Sie sich jetzt die Abbildung des Resonanzdreiecks an (siehe **Abb. 8-2**):

Ganz anders in diesem Unternehmen: Der Geschäftsleitung kommt eine sehr wichtige Vorbildfunktion zu. Sie lebt vor, dass ihr das Thema wirklich am Herzen liegt. Es ist authentisch spürbar, dass die Geschäftsleitung dafür wirklich brennt. Die Mitarbeitenden fühlen sich durch das Thema inspiriert und spüren, dass dieses Projekt zu ihrem Herzensthema werden kann, damit sich die Unternehmenskultur maßgeblich ändert. Ein Brennen für eine Sache ist ein Engagement, das von innen kommt. Die Teamkollegen fühlen sich als Mensch gesehen. Im Projekt ist ein Flow-Erlebnis spürbar, die Beteiligten sind mühelos fokussiert. Die Resonanzachsen vibrieren.

Es reicht nicht, das Thema Balanced Leadership an einen externen Dienstleister zu delegieren, damit Höchstleistungen in Organisationen entstehen, wenn die Geschäftsleitung dieses Vorhaben nicht mit ganzem Herzen vorlebt und durch die eigene Haltung und dem Verhalten im Außen widerspiegelt. Die Gefahr: Vor lauter Ungeduld wird der zweite Schritt vor dem ersten gemacht: Es wird im Außen mit Maßnahmen herumgeschraubt, woran es liegen könnte, dass ein Projekt nicht so läuft, wie es geplant wurde, wobei der erste Schritt noch gar nicht gemacht wurde: Orientierung herzustellen – ist das wirklich mein Thema? Brenne ich tatsächlich dafür? Welchen persönlichen Beitrag möchte ich leisten, damit dieses Projekt wirklich ins Gelingen kommt?

Unternehmen sind mehr als eine Ansammlung von leblosen Gebäuden, Maschinen und Strukturen, die darauf aus sind, Rendite zu erwirtschaften. In so einer Unternehmenswelt sind Mitarbeitende nur Erfüllungsgehilfen, die dem Unternehmen ein Quantum von Stunden verkaufen und in der Bilanz des Unternehmens als Kostenfaktoren erscheinen. Das entspricht der alten Vorstellung, nach der ein Unternehmen ein abstraktes und mechanistisches Konstrukt ist. Der Mensch aber ist keine autistische Hochleistungsmaschine, an der beliebig herumgeschraubt werden kann, damit sie noch besser funktioniert. Menschen wollen Lebendigkeit und eine Tätigkeit, die sinnvoll ist und ihnen am Herzen liegt. Am besten in einer Umgebung, die sich wie ein Zuhause anfühlt. Mit Menschen, die ihnen wichtig sind.

Um Unternehmen im Sinne eines Organismus lebendig wachsen und ein Empowerment von innen entstehen zu lassen, braucht es eine klare und zukunftsfähige Vision, gemeinsame Werte, ein ganzheitliches Energiemanagement, eine effiziente Aufbau- und Ablauforganisation und sinnvolle Spielregeln. Erst dann bietet sich die Chance, Rahmenbedingungen für Kreativität zu schaffen, innerhalb derer Menschen miteinander Sinnvolles gestalten können. Führungskräfte, die ihre Mitarbeitenden fördern, nutzen die Schöpfungskraft von Engagement, bauen auf Vertrauen auf und leben einen sinnstiftenden Führungsstil vor – von innen heraus.

Die Schaffung eines gesunden lebendigen Organismus beruht auf einer ganzheitlichen Betrachtung der Interaktionen in und zwischen den Zellen, den Geweben/Organen und dem Gesamtorganismus. Führung kann Unternehmen von drei Seiten aus beeinflussen: von der Seite der Führungskraft als kleinster Zelle des Organismus – also von innen, von der Seite zwischen den Zellen/Geweben und von der Seite der Führung des Unternehmens im Sinne des Organismus – also von außen.

Neu an diesem Konzept ist, dass interdependente Synergieeffekte zwischen Unternehmen und Mitarbeitenden eine Win-win-win-Situation schaffen können, für die Mitarbeitenden, das Unternehmen und die Welt, in der wir leben. Nur gesunde Mitarbeitende können zur Wertschöpfung und Profitabilität der Unternehmen beitragen. Dazu braucht es ein gegenseitiges Verständnis der Andersartigkeit des anderen und eine Akzeptanz der unterschiedlichen Bedürfnisse, Potenziale und Talente.

Es gibt kein Standardrezept und keine Blaupause zur Umsetzung von Resonanz. Jedes Unternehmen ist wie seine Mitarbeitenden einzigartig. Wir alle sind unterschiedlich in unserer Persönlichkeit, unserer Erfahrung, unserem Wissen und der Einstellung. Durch individuell maßgeschneiderte Prozesse gelingt es, miteinander und voneinander zu lernen, um Abläufe in Zukunft ganzheitlich und anders zu gestalten. Maßnahmen zur Veränderung sind nur dann effektiv, wenn es gelingt, eine klare Gesamtstrategie des Unternehmens (Organismus) individuationsgerecht (Zelle) zu formulieren und verständlich zu machen.

Der interdependente Führungsansatz beleuchtet die Zellen, die Gewebe und den Gesamtorganismus zusammen. Er setzt eine reflektierte, authentische Persönlichkeit voraus, die ihre Einflussfähigkeit sinnstiftend nutzt, damit ein Mehrwert für das Unternehmen geschaffen werden kann.

Um Empowerment auf den unterschiedlichen Ebenen zu leben, sind folgende Aspekte wichtig (siehe **Tab. 8-1**):

Ihr Unternehmen als Gesamtorganismus beeinflusst durch Vision, Strategie, Spielregeln, Aufbau- und Ablauforganisation das Verhalten der Zellen (outside-in). Die Grenzlinien zwischen den Zellen im Sinne der Mitarbeitenden sind gleichsam die Kontakt- und Verbindungspunkte zu anderen. Aus diesem sozialen Geflecht entsteht die Community des Gewebes (interzellulär), die sich zum Organismus (transzellulär) zusammenschließt.

8.4 Echte Beziehung statt Besprechung

In vielen Besprechungen werden häufig seelenlos Tagesordnungspunkte nach Effizienzkriterien abgehakt. Bürokratische Regeln, fehlende Entscheidungsfähigkeit, endlose Details, Monitoring, detaillierte Finanzvorgaben, lähmende Analysen, aber auch Informationsverhinderung, Datenüberflutung, Macht und Silodenken führen mittelfristig zu einem Abstumpfen der Motivation der Mitarbeitenden.

Die Digitalisierung hat in den Unternehmen zu vielen Vorteilen geführt. Dennoch gibt es Kleinigkeiten, die uns im Homeoffice fehlen: der kleine Schnack in der Teeküche, ein kurzer Plausch im Treppenhaus, ein Lächeln im Vorbeigehen. Wir Menschen sind Sozialwesen. Im permanenten Remotezustand geht uns die Beziehung zu den Teamkolleginnen flöten. Daher geht es genau jetzt darum, dass wir uns miteinan-

Tabelle 8-1: Wichtige Aspekte, um Empowerment auf den unterschiedlichen Ebenen zu leben © Jörg-Peter Schröder

Intrazelluläre Dimension: Ich-Welt	Interzelluläre Dimension: Du-Welt – Verbindung im Gewebe/Team	Transzelluläre Dimension: Wir-Welt – Gesamtunternehmen/Organisation
• Wer bin *ich*? • Was treibt *mich* an? • Wofür brenne ich? • Was steckt hinter meinen Bedürfnissen? • Was ist meine Bestimmung/Berufung? • Was ist meine Kernkompetenz? • Wie lautet meine Kernaufgabe? • Was sind meine Werte? • Wie bin ich in Resonanz mit mir selbst, mit meinen eigenen Bedürfnissen? • Bin ich kongruent zu dem, was ich mache? • Was mache ich ganz konkret im Unternehmen? • Bin ich authentisch? • Was macht mir am meisten Spaß? • Mache ich das, was mir leicht von der Hand geht und mir wirklich entspricht? • Wie gut ist meine Wahrnehmung für mich selbst? • Wie habe ich mich selbst organisiert? • Was ist mir wirklich wichtig? • Wie gut ist meine Selbstführung und mein Selbstmanagement? • Bin ich mir meiner Stärken und Verletzlichkeiter bewusst? • Wie gut ist mein Selbstwertgefühl?	• Wer bist *du*? • Was treibt *dich* an? • Wie bin ich in Resonanz mit den anderen Kollegen, Bereichen, Abteilungen (Zellen meines Gewebes/Organs)? • Wie machen wir unsere Arbeit? • Was ist deine Kernkompetenz und die des Teams? • Was sind deine Werte? • Wie gut ist meine Wahrnehmung für andere? • Wie gut führe ich andere? • Wie gut lasse ich mich von anderen führen? • Wie ist meine Einflussfähigkeit in Teams? • Kann ich gut Feedback geben und auch nehmen? • Stifte ich Sinn, wenn ich mich mit anderen Zellen austausche? • Sehe ich die Potenziale der Mitarbeitenden? Erkenne und trage ich dazu bei, dass sie sich entfalten können? • Traue und vertraue ich dir? • Fühle ich mich mit dir verbunden? • Wie können wir besser kommunizieren? • Wie gelingt es mir, Konflikte zu lösen, ohne dass andere verletzt werden? • Wie gelingt eine gute Zusammenarbeit?	• Wer sind *wir*? • Was treibt *uns* an? • Was macht unser Unternehmen aus? • Was ist der Sinn und der Zweck des Unternehmens? • Wozu machen wir das Ganze? • Welchen Nutzen stiften und welchen Mehrwert leisten wir? • Was ist *unsere* Kernbotschaft, die wir kommunizieren wollen? • Was sind die Werte des Unternehmens? Lebe und teile ich diese? • Wie bin ich in Resonanz mit dem Unternehmen? • Was ist unsere Identität? • Was hält *uns* zusammen? • Vertraue ich anderen? • Unterstütze ich den Unternehmensgedanken? • Zahlt das, was ich tue, auf den Purpose des Unternehmens ein? • Welchen Beitrag leiste ich für den Mehrwert des Unternehmens? • Wie gelingt eine sinnvolle, auf Werten basierende respektvolle und auf ein gemeinsames Ziel gerichtete Kommunikation?

Intrazelluläre Dimension: Ich-Welt	Interzelluläre Dimension: Du-Welt – Verbindung im Gewebe/Team	Transzelluläre Dimension: Wir-Welt – Gesamtunternehmen/Organisation
• Traue ich mir? Und traue ich mich? • Wann bin ich gut bei mir und mit meinem Inneren verbunden? • Wie höre ich auf meinen Körper? • Wann bin ich in guter Balance?		• Haben wir Klarheit bezüglich Rolle, Kompetenz und Verantwortung? • Wie entstehen Zugehörigkeitsgefühl, Bindung und Identifikation? • Was ermöglicht Kreativität, Initiative und Eigenverantwortung? • Was erzeugt Lust auf Leistung? • Wie wird Vertrauen geschaffen? • Wann sind wir in guter Balance? • Erzeugen wir Innovation und geben wir Freiheitsgrade? • Wie wird Verantwortung übertragen? • Wie wird Eigenverantwortung gelebt? • Was können wir gemeinsam gut unternehmen? • Was macht uns gemeinsam stark? • Was ist mein persönlicher Beitrag dazu?

ander connecten, also in echter Verbindung sind, obwohl wir uns nur virtuell begegnen.

Etliche Führungskräfte in völlig unterschiedlichen Branchen haben das Gefühl, dass die Digitalisierung seelenlos macht. Alles wird zum Ding gemacht, zu Sachen und Systemen, die wir planen, kontrollieren, verwalten und optimieren. In der griechischen Legende von König Midas heißt es, dass er alles, was er berührt, in Gold verwandelt, bis er daran zugrunde geht, weil auch er Gold nicht essen konnte. Sind unsere Businessprozesse so ausgelegt, dass wir zu König Midas werden? Wie wäre es also, wenn wir Prozesse nicht nur verwalten, sondern beginnen, mit unseren Kollegen in eine lebendige Beziehung zu treten? Was braucht es, um echte Beziehungen zu etablieren?

Es geht eben nicht nur darum, worauf es ankommt, sondern auch und vor allem, wie es ankommt. Daher kommt der Kommunikation in Bezug auf gelingende Resonanz eine wichtige Rolle zu. Schauen wir uns dazu die unterschiedlichen Ebenen der Kommunikation im Unternehmen an:

Monologe empfinden wir häufig deshalb als wenig effektiv, da die Informationsübermittlung nur in eine Richtung funktioniert. Im Broadcasting-Modus sind die Zuhörenden nicht miteinander verbunden, ein Austausch findet nicht statt. Sie hören nur zu. Häufig ist der Monologisierende der Vorgesetzte – die „untergeordneten“ Mitarbeitenden ertragen diese Pflichtübungen mit Anweisungen und Vorgaben geduldig. Widerspruch zwecklos –es wird über Autorität und Macht geführt.

Debatte. Bei einer Debatte werden Argumente und Fakten ausgetauscht. Zahlen, Daten und Fakten bestimmen das Format auf intellektueller Ebene. Zum Beispiel debattieren kluge Menschen auf einem wissenschaftlichen Kongress auf hoher Fachkompetenz über ein Thema. Emotionen spielen (scheinbar) keine Rolle. Die Wissensebene hat den höchsten Rang, wenn es um eine Entscheidung geht.

Diskussion. In der Diskussion beginnen wir, uns dem anderen gegenüber zu öffnen. Durch echten Dialog stellt sich eine Bereitschaft zur offenen Kommunikation ein. Menschen reden miteinander statt übereinander. In einer Diskussion kann es schon einmal heiß hergehen. Emotionen werden gezeigt.

Kokreation bezieht beide auf Augenhöhe ein. Menschen können sich in einem kreativen Rahmen so zeigen, wie sie sind: authentisch. Dabei spielen die sich gegenseitigen Verbindungen in einem systemischen Feld eine große Rolle. Die Strukturen, Prozesse und die Unternehmenskultur sind dabei ausschlaggebend dafür, wie „echt“ und offen gesprochen werden kann. Als Führungskraft geht es darum, einen Rahmen zu gestalten, der ergebnisoffen, interdisziplinär und hierarchiefrei ist, damit sich ein gemeinsames Ergebnis entwickeln lässt. Für Führungskräfte ist insbesondere das Wort „ergebnisoffen“ heikel, da häufig Angst vor dem Kontrollverlust besteht, wenn Dinge eben nicht mehr planbar sind.

Resonanz. Die höchste Stufe der Kommunikation ist die Resonanz. Sie ermöglicht ein Einschwingen der Beteiligten nicht nur auf der Sach-, sondern vor allem auf der Zwischenebene, also der Ebene der Begegnung. Um dies zu ermöglichen, ist ein stressfreier vertrauensvoller und stimmiger Rahmen notwendig. Es geht um die Aspekte Sicherheit und Vertrauen. Unser Bauchgefühl zeigt uns schnell an, ob die Chemie stimmt oder nicht. Selbstwirksamkeitserfahrungen nehmen dabei ebenso einen kollektiven Charakter ein wie die emotionale Gestimmtheit des gesamten Teams. Dieses Gefühl von Einklang kennen viele als Mannschaftsgeist aus dem Sport.

Es ist wie in der Musik: Nicht die Partitur, sondern der Takt und der Ton machen die Melodie. Das Empfinden eines schönen Songs hängt nicht primär von der Perfektion der gespielten Töne ab. Wir sind empfänglich für die Pausen zwischen den Noten und hören die Zwischentöne. Was heißt das für die Kommunikation?

Nutzen Sie die Beziehungen als Schmierstoff für gelingende Kommunikation. Das Wichtigste ist die Art, wie wir miteinander umgehen. Es geht um eine Schwingungsbasis des Miteinanders. Das meinen wir nicht auf einer esoterischen Ebene, sondern auf einer reflektierten, achtsamen und empathischen Begegnungs- und Beziehungsebene.

8.5 Rhythmus und Resonanz im Team

„Gespräche sind gut – Resonanz ist noch besser."
Jörg-Peter Schröder

Empowerment bedeutet authentische und sinnstiftende Einflussnahme auf Mitarbeitende, um gemeinsame Werte und gesunden Mehrwert entstehen zu lassen. Sie entspricht dabei einem dynamischen Prozess wechselseitiger Beeinflussung, der durch Lernprozesse auf den Ebenen der Mitarbeitenden (Zellebene), der Teams (interzellulär) und der Organisation (transzellulär) einer steten Veränderung unterliegt. Aus dem Wechselspiel der Ebenen und einer synergetischen Balance aus harten Fakten und weichen Faktoren ergibt sich eine gesunde Schaffenskraft für das Unternehmen, die wir als Leadership in Balance in den Unternehmen vermitteln (Schröder, 2013).

Auf der Ebene des Gewebes/Organs geht es um die Interaktion und Kommunikation mit dem Team. Dieses Team stellt die Beziehungsebene zwischen den Zellen dar (interzelluläre Ebene/Du-Welt). Im Fokus stehen die sozialen Komponenten und die Interaktion zwischen Ihren Mitarbeitenden. Empowerment stellt sich ein, wenn sie mehrschichtig, ganzheitlich und interprofessionell gesehen und systematisch, strukturiert und prozessorientiert ermöglicht wird. Wertschätzung, Empathie und Vertrauen bilden strategische Einflussgrößen für den Erfolg von Teams in Organisation, damit Impact möglich wird. Interprofessionelle Teamworkshops ermöglichen es, neue, gemeinsam erarbeitete Ziele zu erreichen.

8.5.1 Herzlichkeit im Unternehmen

Im Coaching äußerte sich ein Mitglied der Geschäftsleitung einer Genossenschaftsbank so: „In vielen Banken funktionieren die Strukturen, doch die Mitarbeitenden arbeiten Prozesse seelenlos, steril und punktgenau bis auf die Nachkommastelle ab. Vorstände sprechen in Interviews mit geschliffener Rhetorik ohne ein ‚Äh' und ‚Mmh', aber irgendwie fehlt die Leidenschaft. Der Kopf ist groß. Das Verstehen auch. Doch das Bauchgefühl und das Herz werden nicht genutzt, um Mitarbeitende zu inspirieren oder zu empowern." Hier ist also noch Luft nach oben, wenn es um echte Begeisterungsfähigkeit geht.

Was liegt dem Unternehmen und seinen Mitarbeitenden auf dem Herzen? Wo können Mitarbeitende ihr Herz ausschütten? Die gravierenden Nebenwirkungen von verordneten Antiarrhythmika (Medikamente zur Behandlung von Herzrhythmusstörungen) sind in Doppelblindstudien reichlich untersucht. Aber wie schwer wiegen die volkswirtschaftlichen Folgen von gebrochenem Herzen? Dazu braucht es keine Doppelblindstudie. Lediglich gesunden Menschenverstand. Die Folgen sind offensichtlich. Und teilweise fatal. Wir brauchen nur den Aussagen der Mitarbeitenden über ihre Vorgesetzten und die Unternehmenskultur zu lauschen. Mitarbeitende sind die Schöpfer der Produktivität im Unternehmen. Sie sind das Kapital einer jeden Organisation. Daher sind genau die Organisationen, die sich die Wertschätzung ihrer Mitarbeitenden zur Herzensangelegenheit gemacht haben, erfolgreicher als diejenigen, die Mitarbeitende nur als Rohstoff oder Kostenfaktor ansehen. Das mitfühlende Herz ist ein Erfolgsfaktor zum besseren Verständnis der Mitarbeitenden.

Was die meisten Menschen in der Stunde ihres Todes, wenn sich der Blick für das Wesentliche schärft, am meisten bereuen, ist, dass sie zu viel gearbeitet und zu wenig Zeit mit ihren Liebsten verbracht haben. In vielen Unternehmen mangelt es an Herzlichkeit und Herzenswärme.

Die meisten kennen diese innere Stimme in unserem Herzen. Die wenigsten hören sie kaum noch. Vor lauter rationaler Effizienz haben Führungskräfte gelernt, Herausforderungen nur mit dem Verstand zu lösen. Dabei haben sie den Zugang zur intuitiven und emotionalen Innenwelt verloren. Doch bereits Aristoteles sagte: „Den Verstand zu schulen, ohne das Herz zu schulen, ist keine Schulung." Wie viele Pharmaunternehmen stellen innovative Medikamente gegen Herzerkrankungen her, haben aber in ihrer Firmenkultur selbst keinen Platz für Herzlichkeit? Die kleinen weißen Pillen stellen nur die Hardware, aber Gesundheit entsteht nicht allein durch das Schlucken von Medikamenten. Ein wichtiger Aspekt ist die menschliche Zuwendung. Erst diese Software ermöglicht den Weg zu Heilung und Gesundheit.

In der Analogie zum menschlichen Körper entsprechen die Arterien den Kommunikationskanälen im Unternehmen, und das EKG bildet den Rhythmus der Kommunikation ab. Angenommen, das Unternehmen, in dem Sie arbeiten, läge auf der Untersuchungsliege – was würde ein Arzt bezüglich der Kommunikation diagnostizieren? Bluthochdruck, Arteriosklerose, Herzrhythmusstörungen oder gar einen Herzinfarkt?

„Herzschlag ist der Takt" bedeutet für Führungskräfte, dass wir den Mitarbeitenden nicht nur ein Ohr leihen, sondern mit dem ganzen Wesen und mit dem Herzen präsent sind, wenn wir miteinander sprechen. Im englischen Wort „heart" stecken die Worte „hear", „ear" und „art"; und wenn wir mit den Buchstaben spielen, auch die Worte „tear", „eat" und „heat". Es kann in der Sache heiß hergehen (heat), manchmal können sogar Tränen fließen (tear), aber nach einem Konflikt können wir auch wieder miteinander Essen gehen (eat).

Wenn Führungskräfte in Präsenz, Balance und mit ganzem Herzen führen, werden sie nicht nur die Anliegen der Mitarbeitenden wahrnehmen, sondern auch die Hintergründe dieser Anliegen verstehen – das ist Einsicht. Neben den Aspekten des äußeren Wissens, das durch Analysen, kognitive Bewertungen und strategischen Entscheidungen entstanden ist, gibt es die innere Weisheit, die durch achtsames Beobachten eine neue Ein-Sicht entstehen lassen kann.

Diese „Ein-Sicht" lässt uns den anderen wirklich sehen und sie bezieht das Selbst des Führenden mit ein. Eine solche Führungskraft ist jemand, der anderen vertrauen kann; der außen das wahrnimmt, was er im Inneren fühlt. Es geht um den sinnvollen Einklang des Wahrgenommenen mit dem Gefühlten. Dabei gilt es, beides gleichermaßen zu achten und zu respektieren. Viele Menschen können nur einzelne Dinge außen wahrnehmen, andere können das Ganze im Bewusstsein behalten. Doch nur ganz wenige können die Teile und das Ganze sinnvoll wahrnehmen. Der Weg von innen ist die Voraussetzung für den Erfolg außen. Führung von innen ermöglicht einen Weg nach außen und zeigt einen Weg auf, beides zu verbinden.

Um mit anderen in Beziehung, in Kontakt zu kommen, ist es wichtig, offen, wach und interessiert zu sein, sich Zeit zu nehmen und genau zuzuhören. Wie läuft das Onlinemeeting ab? Welche Sprache wird verwendet? Ist die Sprache verständlich, lebendig oder analytisch-technisch? Schlechte Kommunikation ist eine Quelle von Missverständnissen, diese erzeugen Konflikte und Stress. Wie gelingt es, durch gute Kommunikation Verständnis und Einsicht herzustellen?

Wenn Kommunikation im Unternehmen nicht gelingt, kann das großen Schaden anrichten. Was kostet es ein Unternehmen, wenn 15 Mitarbeitende täglich 15 Minuten aneinander vorbeireden? Durch das Quantifizieren der Einsparpotenziale von 225 Minuten schlechter Kommunikation wird schnell deutlich, worauf es eigentlich ankommt.

Wie ist die Sprache in Ihrem Unternehmen? Achten Sie einmal darauf, wie in Management-Etagen gesprochen wird. Die gigantischen Folienpräsentationen sind in Substantiven – meist mit englischen Begriffen – gehalten: Es geht um Talentmanagement, Ressourcenallokation,

Mengengerüste, Key-Performance-Indicators, Führungsleitlinien, Sachzwänge und so weiter. Wow – Substantive, soweit das Auge reicht. Eine lebendige Sprache mit vielen Verben, die von Herzen kommt, wäre sicher wirkungsvoller, um lebendige Leidenschaft zu erzeugen.

Die distanzierte analytische Kühle der glatt geschliffenen Managerrhetorik schafft es nicht, die Menschen in ihrem Inneren zu erreichen oder sie zu berühren. So verfehlen die meisten Präsentationen ihr Ziel, die Mitarbeitenden für ein neues Projekt oder eine strukturelle Veränderung zu gewinnen. Viele Mitarbeitende verlassen eher ermüdet und mit vielen neuen Fragezeichen im Kopf die Veranstaltung, anstatt motiviert die gerade präsentierten Ideen begeistert aufzunehmen.

8.5.2 Wie Kommunikation gelingt

In den meisten Unternehmen geschieht Kommunikation ohne Regeln. Jeder kann kommunizieren, wie er will. Ohne Rücksicht auf Verluste. Das Hauptproblem sind nach Einschätzung der Mitarbeitenden häufig die Vorgesetzten. Der Hamburger Spruch: „Der Fisch stinkt immer vom Kopfe her“ bewahrheitet sich. Analytisch zahlengetrimmten Vorgesetzten geht es um die Sache, z.B. um die Korrektheit der Zahlen, nicht um die emotionale Abstimmung zwischen Menschen. Der Mangel an Abstimmung führt zu Reibungsverlusten und verhindert Lebendigkeit. „Sagen, was ankommt, anstatt worauf es ankommt“ ist die Melodie des Trauerblues, der in etlichen Unternehmensgängen gespielt wird. Echte Kommunikation bedeutet auch, Klartext zu sprechen – ohne Tabus. In einem Teamworkshop brachte es ein Teilnehmer auf den Punkt: „Wir sprechen über Dinge, aber nicht von uns.“ Lebendigkeit wird erzeugt, wenn wir miteinander produktiv ins Gespräch kommen, statt einfach nur Textbausteine abzuspulen.

In Kommunikations- und Projektmanagement-Workshops lernen die Mitarbeitenden die Basics gelungener Kommunikation: Fast jeder hat schon einmal von den vier Ebenen der Kommunikation gehört:

- Faktenebene
- Beziehungsebene
- Appellebene
- Selbstaussage-/Selbstoffenbarungsebene

Doch die wesentlichen Regeln für eine gelungene Kommunikation stehen nicht im Lehrbuch: Die wichtigste ist die, überhaupt präsent, mental wach und am Gegenüber wirklich interessiert zu sein. Erst dann kann sich ein Mensch für einen anderen öffnen und ihm sein Gehör schenken. Erst durch Öffnung entsteht Offenheit. Es geht darum, sich und dem anderen Raum zu geben, sich auf das Gespräch einzulassen und den ganzen Menschen wahrzunehmen. Wenn diese Voraussetzung erfüllt ist, gilt es, zuzuhören und auf Empfang zu schalten.

Das fängt bereits mit der Be-Deutung der Worte an. Wenn Sie an eine Rose denken, welche Bilder tauchen in Ihrem Kopf auf? Der eine denkt an sein erstes Treffen mit einer Partnerin, der andere an den Geruch eines Parfüms, jemand ganz anderes denkt an die Gefahr, sich durch die Stacheln der Rose mit Tetanus zu infizieren und daran zu sterben. Ein Wort erzeugt je nach Erfahrung, kontextueller Prägung und gelebter Kultur ein anderes Bild. Dieses gilt es beim Zuhören zu verstehen.

Dazu ein kleines Beispiel: Die Bereichsleiterin Barbara Bieger verabredet sich mit ihrem Projektleiter Ricardo Racker, um ein Update zu einem wichtigen Change-Projekt einzuholen. Da das Unternehmen in Hamburg befindet und fußläufig zur Alster liegt, treffen sich beide auf einer Parkbank mit dem Blick auf die Alster.

Barbara Bieger (BB): „Danke, dass Du Dir die Zeit nimmst für unser heutiges Treffen. Schön, dass wir gemeinsam rausgehen können und nicht im engen Büro sprechen. Ich nehme wahr, dass Du sehr viel zu tun hast. Ich sehe den hohen Workload, bin jedoch ein wenig beunruhigt, dass von Dir am Mittwoch nach 23 Uhr und auch am letzten Sonntag E-Mails an Projektmitarbeitende gesandt wurden. Mir ist es wichtig, dass wir ressourcenorientiert und professionell mit Herausforderungen umgehen, daher meine Bitte, dass Du mir sagst, wie es Dir geht und wo wir im Projekt stehen."

Frau Becker spricht von sich, von ihrer Wahrnehmung, von ihren Emotionen und von ihren Bedürfnissen. Zum Schluss äußert sie eine Bitte. Durch die Formulierungen in der ICH-Form fühlt sich der Projektleiter nicht angegriffen.

Ricardo Racker nach einem tiefen Seufzer: „Ja, danke, dass wir mal reden können. Das wächst mir einfach über den Kopf. Ich weiß gar nicht mehr, wo ich anfangen soll. Von oben wird immer mehr auf uns abgekippt."

BB: „Du fühlst Dich ohnmächtig, möchtest aber Deine Arbeit gut machen".

RR: „Ja genau"

BB: „Deshalb möchte ich Dich unterstützen, damit Du Dein Team erfolgreich führen kannst."

Hier ist eine Offenheit erzeugt, um gemeinsam neue Lösungsmöglichkeiten auszuloten.

Erst wenn wir in Kontakt sind – mit uns und dem Gesprächspartner – kann Verstehen, Verständnis und Rapport erzeugt werden. Aus dem Einverständnis, sich gemeinsam im Gespräch zu begegnen, kann durch wohlwollendes Zuhören eine Antwortfähigkeit erzeugt werden (Responsibility = ability to response). Es geht in dem Moment nicht mehr um Worte, sondern um Antwortfähigkeit, Beziehungsfähigkeit und um Wirksamkeit durch Sinnhaftigkeit (Purpose).

Ein weiterer Aspekt ist der, dass zu wenig zugehört und zu viel geredet wird. Kaum spricht eine Mitarbeiterin ein Thema an, schon ergreifen die anderen Kollegen die Initiative und formulieren bereits eine Lösung. Doch gute Lösungen können sich erst ergeben, wenn wir uns Zeit für das wirkliche Verstehen des Problems nehmen. Dazu gehört die Fähigkeit, sich selbst zurückzunehmen und während des Zuhörens ganz bei dem anderen zu sein, sich selbst für den Moment des Zuhörens regelrecht leer zu machen, um sich auf das Verstehen des anderen zu konzentrieren – ohne gleichzeitig eigene Ideen oder Lösungen zu entwickeln.

Erfolgreiche Unternehmen sind mit Organismen vergleichbar, durch dessen Gefäße Energie, Informationen, Ideen und Herzblut fließen. Führungskräfte leiden häufig unter einer zu hohen Arbeitsbelastung (Workload). Es steht immer weniger Zeit für neue, kreative Ideen zur Verfügung. Langfristig verschließen sich die Kreativitätsgefäße – ein Innovationsinfarkt droht.

Alle Organe, Funktionen und Bereiche sind miteinander vernetzt und verlinkt. Jede Zelle ist mit jeder verbunden. Die organübergreifend verwobenen Aktivitäten sind darauf ausgerichtet, an einer gemeinsam zu gestaltenden Wertschöpfungskette den bestmöglichen Mehrwert für den Organismus zu erwirken; in Unternehmen gilt es, dem Kunden den bestmöglichen Mehrwert zur Verfügung zu stellen. Da Mitarbeitende gleichwohl Kunden der Führung sind, gilt das auch im internen Umgang: Mitarbeiterführung ist Beziehungsmanagement. Die ausgewogene Komposition von Ton, Takt und Rhythmus macht eine gelungene Kommunikation zwischen den Zellen im Gesamtunternehmen aus. „Was du nicht willst, was man dir tut, das füg auch keinem anderen zu." Es ist daher mehr als klug, Mitarbeitende so zu behandeln, wie man selbst behandelt werden will.

Der Kunde ist König – diese Parolen gelten meist im Außenverhältnis. Welche Unternehmen wenden diesen Satz auch auf ihre Mitarbeitenden an? Um zu verstehen, was die internen Kunden, also die Mitarbeitenden, sich wirklich wünschen, um im Unternehmen gesund und empowert wachsen zu können, müssen wir nur genau zuhören:

- Mitarbeitende wollen gutes Geld verdienen und Freude an der Arbeit haben.
- Mitarbeitende wollen dazugehören, geliebt und anerkannt werden.
- Mitarbeitende wünschen sich Freiheitsgrade und wollen über sich selbst bestimmen.
- Mitarbeitende wollen sinnvolle Arbeit verrichten und suchen stets nach dem Warum, was sie tun, und dem Wozu.

- Mitarbeitende brauchen eine Balance zwischen Arbeit und Entspannung, zwischen Beruf und Privates, damit sie sich nicht im Burnout verheizen.

8.5.3 Gelebte Kommunikation – Sinfonie statt „die erste Geige spielen"

Durch schlechte Kommunikation ausgelöste Konflikte erzeugen Stress. Das zentrale und periphere Nervensystem, das Endokrinium, das Immunsystem und die Psyche bilden ein Netzwerk, bei dem alle Stellglieder in einem ständigen Austausch miteinander stehen. Wie die Instrumente eines großen Orchesters spielen sie gemeinsam eine Sinfonie. Psychische und physische Belastungen wie Stress stören diese neuroendokrine Sinfonie und führen zu Disharmonien.

Übertragen wir dies auf ein Unternehmen: In einem Orchester achtet der Dirigent auf das Zusammenspiel der unterschiedlichen Instrumente. Sie als Führungskraft sollten dafür sorgen, dass regelmäßig gemeinsame Auszeiten genommen werden, z.B. einmal im Jahr. In dieser Auszeit sprechen Sie nicht über aktuelle Arbeitsthemen, sondern lernen sich besser kennen und können in einer entspannten Atmosphäre neue Ideen entwickeln und sich über die Neuausrichtung ihres Teamgewebes Gedanken machen.

Reflexionsfragen an Führungskräfte:

- Wer spielt in Ihrem Unternehmen welche Rolle?
- Wer spielt die erste Geige?
- Wie kommunizieren Sie miteinander?
- Wie beeinflusst die Kommunikation das Immunsystem in Ihrem Unternehmen?
- Wie könnten die Mitarbeitenden als Zellen des Teamgewebes besser zusammenspielen?
- Was kann geändert werden?

8.6 Die helle Seite der Macht – Klarheit durch Feedback

8.6.1 Feedback an Vorgesetzte

Über die dunkle Seite der Macht ist viel publiziert worden. Wir wollen Licht in das Dunkel bringen und Sie als Führungskraft unterstützen, durch Klarheit und Feedback in der Führung zu überzeugen.

Unsere Wahrnehmung ist, dass es dazu Mut bedarf, die Punkte beim Namen zu nennen.

Wir erleben häufig, dass Führungskräfte viel *über* ihren Chef, aber zu selten *mit* ihm sprechen. Zu selten erfahren die Vorgesetzten die ungeschminkte Wahrheit, sondern bekommen nur das zu Ohren, was sie aus der Vorstellung der Mitarbeitenden erfahren sollten. Informationen werden weggelassen oder anders eingefärbt. Zum Vorteil für narzisstische Vorgesetzte mit starkem Ego und zum Nachteil für das Unternehmen und die Unternehmenskultur. Genau hier klafft eine große Lücke, durch die blinde Flecken in der Selbstwahrnehmung der Chefs entstehen. Durch das Zurückhalten von Informationen besteht die Gefahr, dass Vorgesetzte ein falsches Bild von Ihrer Kommunikationsfähigkeit und der daraus entstehenden Wirkung auf die Mitarbeitenden entwickeln. Im Kontext des Führungsverhaltens sind die Unterschiede zwischen Selbst- und Fremdbild besonders hoch.

Das Korrektiv ist ein Feedback. Sprechen Sie mit Ihrem Chef. Sorgen Sie in einem vertrauensvollen Rahmen und ausreichend Zeit für die Möglichkeit, ein ehrliches Feedback zu geben. So lassen sich Fehlentwicklungen konsequent vorbeugen. Umgekehrt erlauben Sie Ihren Mitarbeitenden, Ihnen Feedback zu geben. Beachten Sie Folgendes:

- Machen Sie sich klar, dass es nicht um eine Kritik gegen Sie als Mensch geht, sondern um Verbesserungspotenziale im Umgang miteinander, in der Art der Kommunikation und in der Organisation von Prozessen und Strukturen. Wenn Sie diesen Aspekt reflektieren, dann ist jegliches Feedback ein Impuls für einen Perspektivenwechsel und keine Bedrohung Ihrer Autorität oder ein Anschlag auf Ihr Selbstwertgefühl.

- Nehmen Sie die Bedenken ernst und bleiben Sie dennoch gelassen.
- Sagen Sie klar, dass Sie kein „Please-the-boss-Phänomen“ wünschen.
- Vermitteln Sie den Mitarbeitenden, dass Sie keine Angst zu haben brauchen, Kritik zu äußern, und dass Sie auf Offenheit angewiesen sind.
- Zeigen Sie Verständnis bezüglich des hohen Drucks und des Workloads: „Ich weiß, dass Sie zurzeit sehr viel zu tun haben. Dennoch würde ich mich freuen, wenn wir uns austauschen könnten, wo wir momentan stehen und wie Sie das Ganze einschätzen.“
- Weisen Sie darauf hin, dass Sie ein persönliches Feedback wünschen. In größeren Meetings sollten Feedbacks über Führungsverhalten und die Art der Kommunikation nicht stattfinden, da in einem solchen Setting zu schnell ein Widerstand oder ein Konflikt entstehen könnte.
- Bedanken Sie sich nach dem Austausch für das ehrliche Feedback.
- Nach dem Gespräch können Sie sich in Ruhe Zeit nehmen, das Gehörte zu reflektieren:
  - Was war das Motiv des Feedback-Gebers? Was könnte ihn dazu bewegt haben?
  - Was läuft schief?
  - Was wollen Sie ändern: was intensivieren, neu machen oder weglassen?

Fragen zur Selbstreflexion:

- Welche Schulnote würden Sie Ihrem Chef geben?
- Welche Schulnote würden Sie sich selbst geben?
- Was glauben Sie, welche Schulnote Ihnen Ihr Team geben würde?

8.6.2 Vermeidung von Stress in Meetings

Die Kunst ist es, auch in Onlinemeetings, Stress gar nicht erst entstehen zu lassen. Die Erfahrung zeigt, dass sich Empowerment und ein inspiriertes Führen von Mitarbeitenden und Kollegen sehr gut lernen lassen – nicht nur, um Konflikten vorzubeugen. Daher wollen wir sieben wichtige Punkte erläutern, die die sogenannte charismatische Charakterstärke zu entzaubern hilft, wenn es um Stressvermeidung und Konflikte geht:

- Menschenkenntnis: Hierzu hilft es enorm, die Emotionen der Menschen zu lesen, zu verstehen und darauf Antworten zu geben.
- Flexibilität: Offenheit und Kritik sind Voraussetzungen für Veränderungen – bei Menschen und in Organisationen.
- Diversität in den Potenzialen nutzen: Individuelle Potenziale, Fähigkeiten und Fertigkeiten von Mitarbeitenden werden entwickelt und gefördert.
- Chemie zwischen den Menschen: Das „Bindemittel“ zwischen den Menschen macht die Beziehungen und den Projekterfolg aus.
- Zeitqualität nutzen: Die Gunst des Moments erspüren und zur rechten Zeit am rechten Ort das richtige tun.
- Transparenz: Handeln Sie vorausschauend und seien Sie transparent hinsichtlich Ihrer Informations- und Kommunikationspolitik sowie in Ihrem Handeln und Ihren Entscheidungen. Je klarer die Dinge offengelegt und für jeden verständlich sind, desto leichter fällt es allen Beteiligten, sich vorbehaltlos einzubringen und desto geringer ist die Gefahr, dass Konflikte entstehen.
- No politics: Halten Sie sich aus Gerüchteküchen, politischen Spielchen und Seilschaften heraus. Je weniger Sie sich mit Politik und Intrigen beschäftigen, desto mehr haben Sie Energie für die erfolgreiche Umsetzung Ihres Vorhabens.

Wenn diese sieben Dimensionen angewandt werden, fällt es viel leichter, Empowerment zu leben und Konflikte gar nicht erst entstehen zu lassen – und wenn diese entstehen, rechtzeitig entschärfen zu können.

Als Führungskraft kommt auch im Praxisalltag eine wichtige Rolle bezüglich des Empowerments in Meetings zu. Divergierende Ziele, unterschiedliche Einstellungen, Motivationen, Neid und individuell unterschiedliche Gewichtungen können zu Stress und kritischen Momenten für den Projekterfolg führen. Anzeichen für kritische Momente, die im Team Stress erzeugen, und Ihre Reaktionen darauf können Folgende sein:

- Wenn sich Teilnehmende verspäten:
  - Beginnen Sie pünktlich.
  - Fragen Sie die zu spät kommende Person, was Sie denn motivieren könnte, pünktlich zu kommen.
  - Verteilen Sie Aufgaben im Meeting – vor allem an die Personen, die zu spät kommen.
  - Fragen Sie die zu spät kommende Person nach Ende der Besprechung, wie es ihr gelingt, in Zukunft pünktlich teilzunehmen.
- Wenn Teilnehmende während des Meetings etwas anderes machen, das gilt vor allem für Onlinekonferenzen:
  - Die Rolle der Smartphones sollte vor der Besprechung geklärt werden. Am besten ist, wenn die Mobiltelefone ausgeschaltet werden (Ausnahme: Jemand erwartet ein Kind). Wir haben schon Zoom-Meetings erlebt, in denen der Moderierende vereinbart hat, dass das Klingeln eines Mobiltelefons eine Spende von 10 Euro für die virtuelle Kaffeekasse erfordert.
  - Teilen Sie der Person mit, dass das Beantworten von E-Mails oder Nachrichten aus Whats App, SMS sowie Social Media den Fluss der Gruppe stört.
  - Fragen Sie die Person während der Pause, warum Sie etwas anderes machen muss – vielleicht ist es besser, wenn diese Teilnehmende lieber nicht an der Besprechung teilnimmt.
- Wenn Teilnehmer sich über andere lustig machen oder nur nach Fehlern suchen:
  - Bitten Sie diese Teilnehmer, Vorschläge zu machen, die von allgemeinem Wert für die Gruppe sind.
  - Bitten Sie die Gruppe, nicht Dinge zu werten, bevor diese diskutiert wurden.
  - Wenden Sie sich an die Person, die so etwas wie „Das ist ja alles dummes Zeug" sagt und machen Sie folgende Bemerkung: „Lass uns offenbleiben für neue Ideen – wenn wir alle Möglichkeiten gehört haben, können wir diese hinsichtlich der Machbarkeit gern untersuchen."
  - Wenn eine Person weiterhin stört oder andere beleidigt, können Sie diese bitten, das Meeting zu verlassen.
- Wenn Teilnehmerinnen verbal oder nonverbal ausfällig werden:
  - Gehen Sie auf das Verhalten ein und fragen Sie den Teilnehmenden, was er eigentlich sagen möchte.
  - Sprechen Sie die Teilnehmenden behutsam an, dass ein derartiges Verhalten die Atmosphäre vergiftet und das Verhalten der Gruppe beeinflusst.
  - Erläutern Sie dem störenden Mitarbeitenden das Gesamtbild des Projektes und bitten Sie ihn, sich produktiv im Sinne des Gesamterfolges des Meetings einzubringen und nicht auf Kleinigkeiten zu fokussieren.
  - Stellen Sie unmissverständlich klar, dass er die Besprechung verlassen möge, wenn er sich weiter so verhalten würde.
- Wenn Teilnehmende während der Besprechung flüstern oder lachen – das gilt vor allem im Präsenzmodus:
  - Fragen Sie proaktiv: „Können wir bitte mit lachen?"
  - Führen Sie die Teilnehmenden auf den Boden der Tatsachen zurück: „Können wir jetzt wieder alle gemeinsam am Thema arbeiten?"
  - Wenden Sie sich an diejenige Person und sagen Sie: „Könnten Sie Ihr Thema bitte

mit allen teilen – oder es später besprechen?“
  - Haken Sie während der Pause nach, was los war.
- Wenn einige wenige Personen die Besprechung dominieren:
  - Danken Sie der Person für ihren Beitrag und geben Sie das Wort an jemand anderes.
  - Wenden Sie sich an die Gruppe und verändern Sie die Rollen, sodass die ruhigen Personen etwas sagen können, und die, die bereits etwas gesagt haben, ruhig sind.
  - Eventuell ist es angebracht, dass Sie darauf hinweisen, dass einige dieses Meeting dominieren.
  - Als letzte Möglichkeit kommt nur noch in Betracht, dass Sie diejenigen, die diese Besprechung dominieren, bitten, die Besprechung zu verlassen.
- Wenn Teilnehmende von anderen Kollegen (verbal) unter der Gürtellinie attackiert werden:
  - Fragen Sie konkret nach, was das wirkliche Problem ist. Wenn es mit der Besprechung nichts zu tun hat, bitten Sie darum, dass die Meinungsverschiedenheit später ausgetragen wird.
  - Führen Sie zurück zum Thema, um auf das Wesentliche zu kommen. Falls der Angriff mit dem Thema zu tun hat, bitten Sie die Mitarbeitende, dazu direkt Stellung zu nehmen.
  - Als letzte Möglichkeit kommt nur noch in Betracht, dass Sie denjenigen bitten, die Besprechung zu verlassen, da Sie ein derartiges Verhalten nicht dulden können.

Die oben gemachten Empfehlungen sind selbstverständlich nur Vorschläge. Es mag gut sein, dass Sie sich aus guten Gründen anders verhalten. Wichtig jedoch ist, dass Sie kritische Momente sofort erkennen und die Konflikte sinnvoll entschärfen.

8.6.3 Umgang mit Einwänden während Meetings

Gerade in Meetings kommt es in Diskussionen immer wieder zu Einwänden von Kollegen. Dazu ist es sinnvoll, wenn Sie Methoden und Tricks kennen, wie Sie diese Einwände sinnvoll behandeln können. Um den Stress zu reduzieren, haben wir ein paar rhetorisch-taktische Hilfestellungen im Umgang mit Einwänden in Diskussionen zusammengestellt (siehe **Tab. 8-2**).

Fazit: Meetings verlaufen nie stress- oder konfliktfrei, wenn die Positionen unterschiedlich sind, weil es in jeder Begegnung menschelt. Blockaden und Widerstände sind Bremsklötze auf dem Weg zum Erfolg. Daher ist es wichtig, dass diese erkannt und sinnvoll aus dem Weg geräumt werden. Die vorgestellten Methoden der Transformation und des Perspektivenwechsels sind effektive Instrumente, aus der negativen Spirale in eine positive Handlungskraft zu kommen. Manipulationen und unfaire Ver- und Behandlungsmethoden schwächen einzelne Mitarbeitende, Teams und die Gesamtenergie im Meeting. Daher ist es eine wichtige Aufgabe der Führungskraft, diese subtilen Mechanismen zu durchschauen und mit sinnvollen Maßnahmen zu begegnen. Empowerment erfährt eine hohe Wirksamkeit durch eine gute Prävention und Prophylaxe, indem derartige Fallstricke gar nicht in einer unangenehmen oder energiezehrenden Variante auftreten.

8.6.4 Umgang mit Blockaden und Widerstand im Meeting

In einer großen internistischen Praxisgemeinschaft wurde ein neues Softwaresystem eingeführt, das die in den Einzelpraxen bisher verwendeten Datenbanken und Softwaresysteme überflüssig machen sollte. Dies erzeugte Angst und Unsicherheit bei den Mitarbeitenden. Wenngleich das neue Softwaresystem praxisübergreifend Sinn machte, war die Begeisterung aufseiten des Teams sehr gering. Teilweise wur-

Tabelle 8-2: Der rhetorisch-taktische Umgang mit Einwänden

Rhetorisch-taktische Behandlungsweise	Das dahinter liegende Prinzip	Formulierungen, mit denen Sie in kritischen Momenten eingreifen können
Eröffnung	Gestalten Sie eine sichere Umgebung des Vertrauens und der Kreativität, die es allen Teilnehmenden ermöglicht, sich zu artikulieren.	„Ich bin mehr als zufrieden, dass Sie es alle haben einrichten können, trotz der hohen Arbeitsbelastung zu diesem Meeting zu kommen. Gemeinsam wollen wir heute an der weiteren Planung unseres Projektes arbeiten. Dazu brauche ich Ihre Kreativität. Jegliche Ideen sind daher willkommen, die uns weiterbringen."
Versachlichung	Führen Sie die Diskussion immer wieder auf die sachliche Ebene zurück, indem Sie die Teilnehmenden an die vereinbarten Regeln, Vereinbarungen und Ziele erinnern.	„Kommen wir zurück zum Inhaltlichen. Sie haben gerade gesagt, dass ..."
Einwand zurückstellen	Der Einwand wird zunächst ausgeklammert.	„Wenn Sie einverstanden sind, möchte ich diese Frage gern später beantworten." „Vielen Dank für diesen wichtigen Einwand, ich komme gleich darauf zurück."
Kritiker sinnvoll einbinden	Wenn etwas nicht funktioniert, ist es wichtig und hilfreich, dieses Thema ganz konkret anzusprechen. Fragen Sie, was los ist und wie es in Zukunft besser gehen könnte.	„Sie sagen, dass dies nicht funktionieren kann. Was müsste denn aus Ihrer Sicht passieren, damit es klappt?"
Plus-Minus-Methode	Vorteile wiegen die Nachteile auf.	„Sie formulieren richtig, dass ..., daher schlage ich vor, dass wir ..."
Boomerangtechnik	Oft wird die Moderatorin eines Meetings mit Fragen überschüttet. Daher ist es gut, wenn die Moderatorin die Frage wie einen Boomerang wieder an den Fragenden zurückspielt, um ihm klarzumachen, dass nicht die Moderatorin die Fragen beantworten, sondern den Prozess fördern soll, Antworten aus der Gruppe oder aus dem Team zu entwickeln.	„Das ist eine wichtige Frage. Wie würden Sie denn an die Lösung herangehen?" „Was wäre Ihr Vorschlag zur Lösung?"
Umkehrmethode	Der geschilderte Nachteil wird in einen Vorteil umgekehrt.	„Genau dies ist Ihr Vorteil, denn ..." „Ja! Gerade deshalb ..."

Rhetorisch-taktische Behandlungsweise	Das dahinter liegende Prinzip	Formulierungen, mit denen Sie in kritischen Momenten eingreifen können
Einwand vorwegnehmen	Dem Gesprächspartner wird der Wind aus den Segeln genommen.	„Es gibt Kunden, die glauben, dass …“ „Wir werden oft gefragt, …“ „Wahrscheinlich denken Sie …“
Einwand zur Frage machen	Negatives wird durch die Frageform neutralisiert.	„Sie meinen wahrscheinlich …“ „Sie fragen sich sicher …“ „Ihre Frage lautet doch …“
Zurück zum Fokus	Die Gruppe wird immer wieder auf den Fokus zurückgeführt, sodass jeder im Team am gleichen Thema, innerhalb des gleichen Prozesses und der gleichen Zeit arbeitet.	„Ich habe das Gefühl, dass wir ein wenig unfokussiert sind. Was halten Sie davon, wenn wir eine 5-minütige Pause machen, um dann kreativ weiterarbeiten zu können?“
Den Einwand offen legen	Bringen Sie Einwände, um den wahren Grund der Ablehnung zu erfahren.	„Ich könnte mir vorstellen, dass Sie wegen … so zögerlich sind.“
Vergleich darstellen	Die Vorstellung wird mit einem bildhaften Vergleich geweckt.	„Darf ich Ihnen mit einem Vergleich antworten: Stellen Sie sich vor … Das wäre dann das Resultat.“
Referenzen neutralisieren	Autoritätsbeweise werden abgelehnt. Ansichten des Dritten werden eher geglaubt.	„… war in der gleichen Situation wie Sie und hat …“ „Es spricht doch dafür, dass …“
Methode der Bestätigung	Das Ja zur Sache bedeutet ein klares Ja zur Person.	„Ja, in diesem Punkt haben Sie völlig recht. Aber haben Sie auch …?“ „Natürlich, aber …“ „Zugegeben. Nur …“
Spaß machen	Nicht nur in zähen Momenten einer Diskussion ist Spaß immer angebracht, um die Spannung zu lockern. Machen Sie jedoch niemals Witze auf Kosten anderer Menschen.	Erzählen Sie einen aktuellen Witz. Machen Sie etwas Ungewöhnliches.

den sogar Widerstände gegen die Einführung laut. Wir haben folgende Übung eingesetzt:

Übung „Kreative Zerstörung"

Bei der „Kreativen Zerstörung" geht es darum, die Blockaden und Tabus zu benennen, zu verdeutlichen, zu versachlichen und damit zu entmystifizieren. In einem zweiten Schritt werden Maßnahmen aufgesetzt, die helfen, dass Blockaden sinnvoll überwunden werden können.

Anwendung findet diese Methode besonders bei Projekten, bei denen die Kultur der Organisation mit geändert werden soll. Hierzu hat das Team 60 bis 180 Minuten Zeit. Die Teilnehmerzahl sollte zwischen 6 und 12 Mitarbeitenden liegen.

Die Führungskraft stellt zunächst die Übung vor. Das gesamte Team sammelt auf bunten Karten in Stichworten alle Probleme und Herausforderungen, die aufgetreten sind oder die vorhersehbar sind. Je nach Anzahl der Teilnehmenden kann in einer größeren Gruppe (bis zu 10 Teilnehmern) oder in mehreren Kleingruppen gearbeitet werden. Jede der Gruppen sucht sich ein spezifisches Thema heraus, das sie bearbeiten möchte.

Der Moderator gibt den Gruppen folgende Aufgabe:

- Was müsst ihr tun, um die Probleme zu vergrößern?
- Was ist der Nutzen der Probleme?
- Was müsst ihr tun, um die Softwareeinführung zu kippen?
- Wie sollten sich die Mitarbeitenden richtig gehen lassen?
- Wie könnten wir am besten die ganzen Mitarbeitenden vergraulen?
- Wie könntet ihr es schaffen, gute Mitarbeitende aus der Praxis zu treiben?

Die Erarbeitung in den Gruppen kann als eine Art Rollenspiel, Teamleitsätze oder Teamplanung erfolgen. Nach der verabredeten Zeit stellen die Gruppen die Ergebnisse vor. Anschließend können To-do-Listen erstellt werden, was wie und wann besser gemacht werden kann.

Blockaden und Widerstände erschweren oder behindern Projekterfolge. Im Rollenspiel oder mithilfe von Praxisleitsätzen für das Projekt können nach einer vereinbarten Zeit Aktionslisten erarbeitet werden, wie diese Blockaden aus dem Weg geräumt werden können. Bei der oben dargestellten Übung sind die verbalen Elemente sehr stark. Gerade durch die paradoxen Anweisungen kann eine Menge sinnvoller Anregungen gefunden werden.

8.7 Berührt geführt – Empowerment durch Begegnung

Im Business achten Führungskräfte stark auf Fakten und Prozesse und sehen das Wichtigste zu wenig: den Menschen. Wenn wir die menschliche Ebene im Arbeitsalltag sinnvoll nutzen, ändert sich die Power im Team signifikant. Dies gelingt nur auf der Ebene der Beziehungen, Bedürfnisse und Gefühle. Wenn Führungskräfte menschliche Emotionen wie Wärme, Tiefe, Leidenschaft nützen und diese in den strategischen Spannungsbogen gemeinsamer Maßnahmen integrieren, wird Führung spürbar und erzielt eine hohe Wirkung. Transformationsprojekte gelingen am leichtesten, wenn die Kultur des Unternehmens abgestimmt ist auf die Werte, Motive und Bedürfnisse der Mitarbeitenden. Führung ist aus unserer Sicht vor allem Beziehungsmanagement, das die Mitarbeitenden als Menschen und nicht als Produktionsmittel sieht, die nur bestimmte Tools brauchen, um Leistung zu bringen.

Statistisch gesehen scheitern zwei Drittel aller Veränderungsprozesse, weil sie nach Rezepten verordnet, aber nicht in die Kultur des Unternehmens eingebettet werden. Die Kultur wird nicht ausreichend als Stellhebel für die Erzeugung von Dynamisierung benutzt. Der Stabilisierungsfaktor „Kultur" ist ein Erfolgsgen des Unternehmens, aus dem Loyalität und Veränderungsbereitschaft und damit Innovation entstehen. Wer Teams gesund und erfolgreich führen will, braucht ein Verständnis, wie Unternehmenskultur gestaltet wird.

Der eigenen Bestimmung folgen. Wenn Mitarbeitende menschlich behandelt und emotional berührt werden, gelingt Führung ganz leicht. Walter Chrysler hat einmal gesagt „Das wahre Geheimnis des Erfolgs ist die Begeisterung.“ Es ist wissenschaftlich erwiesen, dass Emotionen das Arbeitsverhalten stärker beeinflussen als der Verstand (Roth, 2003). Durch das Auslösen eines starken Gefühls kann ein hohes Maß an Leistungsbereitschaft erzeugt werden. Die Führungskraft gibt lediglich eine Einladung und keine Anweisung. Ein wichtiger Faktor ist dabei die richtige Motivation. Und zwar von innen – als innere Bereitschaft. Um mit den Mitarbeitenden in wirklicher Beziehung und Verbundenheit sein zu können, um sie für sich gewinnen zu können, muss die Führungskraft mit sich selbst in Verbindung und in Beziehung sein. Wer selbst berührt ist durch das, was ihm wirklich wichtig ist, ist in Verbindung mit seiner Bestimmung. Eine Bestimmung ist viel mehr als ein Ziel, das von außen bestimmt wird. Das Folgen einer Bestimmung setzt Energie frei, während die Zielerreichung sehr anstrengend und kraftraubend sein kann – denken wir nur an die Mitarbeitenden im Vertrieb, die jährlich mit höheren Abschlüssen konfrontiert werden.

Intrinsische Motivation erzeugen. In vielen Unternehmen wird in Workshops hauptsächlich an der Leistungsbefähigung und der Wissensvermittlung gearbeitet. Mitarbeitende werden zu Projektmanagement- und Präsentationsseminaren geschickt, bei denen sie sich Wissen aneignen und Techniken kennenlernen. Trainer trainieren Befähigung. Dadurch können sie Dinge schneller, höher, weiter und effizienter machen. Aber die Bereitschaft lässt sich nicht trainieren. Paradoxerweise wird die Leistungsbereitschaft in Unternehmen immer als gegeben vorausgesetzt was sie aber leider nicht ist, was z. B. Studien über innere Kündigungen bestätigen. Gerade im Alter von 45 plus haben wir viele Führungskräfte in verantwortungsvollen Positionen kennengelernt, die ihre Aufgaben zwar sehr professionell erledigen, bei denen die innere Flamme aber erloschen ist. Es wird ein 08/15-Job gemacht – die innere Bereitschaft ist auf Sparflamme reduziert.

Motivationale Ansätze von außen zeigen häufig eine geringe Wirkung. Unser Ansatz liegt auf der Entwicklung der Leistungsbereitschaft über die Potenziale, d. h. darüber, dass eine Aufgabe einerseits sinnstiftend, unterschiedliche Sinneskanäle ansprechen und andererseits der typologischen Präferenz entsprechen soll. Die Bereitschaft ist nicht über den Kopf zugänglich. Es geht nicht darum, etwas zu verstehen, sondern zu erfahren, zu begreifen und zu spüren. Das hat viel mit der eigenen Wahrnehmung und Selbsterfahrung zu tun. Und mit der „inneren Führung“.

8.8 Konflikte und Beziehungsheilkunde

8.8.1 Empathie ermöglicht Resonanz

Bei Konflikten kommt es häufig zu einer Verletzung auf persönlicher Ebene. Häufig werden diese vom Ego bestimmter Persönlichkeiten getrieben. Bedürfnisse und Befürchtungen wurden nicht erkannt oder gewürdigt, was zu Schmerz, Wut, Ohnmacht und Enttäuschung geführt hat.

In vielen Organisationen gehen Mitarbeitende scheinbar harmonisch miteinander um. Konflikte werden nicht ausgetragen, Emotionen werden kontrolliert und die Probleme werden nicht gelöst. Letztlich entwickelt sich Fortschritt nur, wenn wir auch würdevoll für etwas Neues kämpfen können. Ermöglichen Sie durch Vertrauen und durch Vermitteln eines Wir-Gefühls, dass alle Herausforderungen gemeistert werden können, wenn Sie es gemeinsam machen. Das heißt auch, dass sich die Mitarbeitenden in der Sache zoffen können – jedoch menschlich fair bleiben. Die menschliche Zugewandtheit und ein wirkliches Interesse an der anderen Person triggern die intrinsische Leistungsbereitschaft.

Dazu möchten wir drei Worte klarstellen: Als Führungskraft ist es nicht Ihre Aufgabe, die *Harmonie* im Team zu stärken. Wenn der Harmoniefaktor zu hoch ist, kann die Innovation gefährdet sein. Ein Bereichsleiter sagte dazu: „Wenn wir Harmonie wie eine Karamellsauce über das Team schütten, haben wir uns zwar alle lieb, können uns jedoch nicht konstruktiv zoffen. Das verhindert Entwicklung." Es geht auch nicht um *Sympathie*. Es ist gut, wenn sich die Mitarbeitenden sympathisch sind. Das ist jedoch keine Voraussetzung für gelingende Kommunikation oder Produktivität. Wichtig jedoch ist Empathie. Mit *Empathie* meinen wir die Fähigkeit, sich in eine andere Person einfühlen zu können. Das ermöglicht Resonanz.

Wie gehen Sie miteinander um, wenn es in Ihrem Team zu Konflikten kommt? Ein klarer Prozess zur Konfliktlösung beginnt damit, dass die Teilnehmenden miteinander reden. Das ist der erste Part. Ein Kontakt ermöglicht es, jenseits der Faktenebene wieder eine Beziehungsbrücke aufzubauen. So können die Spannungen angesprochen und eine neue Berührung hergestellt werden. Der Umgang mit Konflikten lässt sich nie auf der Faktenebene lösen. Zwischenmenschliche Konflikte können identitätsbildend als Erfahrung integriert werden, wenn sich eine neue Ebene des Verstehens entwickeln kann. Dazu ein kleiner Perspektivenwechsel: In der traditionell japanischen Kintsugi-Technik wird zerbrochenes Porzellan kunstvoll mit einem Goldlack repariert. Dabei werden die Bruchstellen als goldene Nähte sichtbar; das so reparierte Geschirr gewinnt an Wert.

Übertragen wir diese Metapher auf einen Konflikt im Business: Der Goldlack ermöglicht eine Berührung zwischen den Konfliktparteien, vermittelt zwischen den Fronten, heilt und ermöglicht ein anderes und wertvolleres Ergebnis. Was könnte dem Goldlack im Geschäftsleben, im Sozialen, in der Kommunikation entsprechen? Aus unserer Sicht sind Empathie, Wertschätzung und gegenseitige Anerkennung wichtige Elemente, die zum Heilen von Konflikten relevant sind.

Es braucht dafür Zeit, Energie und Raum. Machen Sie klar, dass eine Lösung nur gemeinsam gefunden werden kann. Als Chefin sind Sie nicht die Schiedsrichterin. Seien Sie authentisch und zeigen Sie sich empathisch und einfühlsam. Machen Sie klar, dass es anders weitergehen kann. Das fängt mit der Perspektive an. Häufig sehen Mitarbeitende nur noch das Schlechte: 95 % läuft super, doch wir schauen nur noch auf die 5 %, die schlecht laufen. Ein Perspektivenwechsel hilft, das Positive zu sehen.

Wenn Sie wahrnehmen, dass es im Team zu einer konfliktträchtigen Situation gekommen ist, lohnt es sich, folgende Aspekte zu reflektieren:

- Was ist passiert?
- Was habe ich gerade wahrgenommen?
- Wie fühle ich mich jetzt?
- Worum geht es?
- Welche Emotion ist aufgetaucht?
- Was ist mein Bedürfnis?
- Was ist meine Rolle, Kompetenz und Verantwortung?
- Was könnte eine sinnvolle Bitte an mein Gegenüber sein?
- Wo ist die Grenze meiner Einflusssphäre?
- Was brauchst du?
- Was brauchen wir, um die Verbundenheit im Team zu stärken?

Klarheit erzeugen. Intrigen, Gerüchteküche und Getuschel ziehen Energie ab. Das klare Benennen von heißen Themen und eine offene Kommunikation helfen, dass Getuschel und Gerüchte abnehmen. Die Arbeits- und Teamzufriedenheit korreliert mit dem Führungsstil der Unternehmensleitung. Wissen, Können und Erfahrung im Fachgebiet sind zweifelsohne von großer Bedeutung. Doch wie gehen Vorgesetzte mit Konflikten um? Wird auf Recht und Position gepocht oder schwelende Konflikte unter den Teppich gekehrt? Wie führen Sie Ihr Team?

Um den heißen Brei herumreden. Bei harmonisch veranlagten Führungskräften kommt es vor, dass Erwartungen gegenüber Mitarbeitenden nicht oder nur in diplomatischer Umschreibung angedeutet werden, vor allem dann, wenn vermutet wird, dass die Aspekte auf Ablehnung stoßen könnten. Es fehlt der Mut, Klartext zu sprechen. Solche Chefs geben ihren Mitarbeitenden kein klares Feedback, weil sie konfliktscheu sind. Oder umgekehrt: Wenn das Teamklima im Keller ist, sagen Mitarbeitende einer autokratischen Führungskraft lieber gar nichts vor lauter Angst, ihr Chef könnte ihnen etwas übelnehmen. Sprechen Sie Klartext.

Es allen recht machen wollen. Der Wunsch mancher Führungskräfte nach Harmonie und die Erwartung, von allen geliebt zu werden, stehen einer Erwartungsklärung und Konfliktbewältigung im Weg. Die eigene Verletzlichkeit und eigene Ängste können dazu beitragen, dass sich Konflikte entzünden. In diesem Fall kann das Verhalten des netten und immer höflichen Vorgesetzten auf verdeckt-destruktiv ausgetragene Konflikte hinweisen.

Konfliktprävention stärken. Workshops zur Konfliktprävention zielen darauf ab, die Dinge rechtzeitig und mit Fingerspitzengefühl, aber mit Klarheit anzusprechen. Beim Klären der gegenseitigen Erwartungen ist es wichtig, das gemeinsam Verbindende zu stabilisieren und nicht aus dem Blick zu verlieren. Zu schnell kommt es in Meetings dazu, dass nur noch Defizite, Fehler und Versäumnisse gesehen werden. Interprofessionelle Runde-Tische helfen, gemeinsam voneinander zu lernen und so Konflikte zu vermeiden.

Miteinander lachen, statt übereinander schimpfen. Viele Führungskräfte sind im Kopf viel zu eng und körperlich zu verkrampft. Mehr Leichtigkeit und Gelassenheit lassen sich im Team erzeugen, wenn wir zwischendurch mehr machen und öfter wieder lachen. Das Quatschmachen eröffnet die Luke in den kreativen Möglichkeitsraum. Mehr Anstrengung bringt nichts, sondern führt nur in die Vollverspannung. Wann haben Sie zuletzt so richtig gelacht? Vielleicht auch über sich selbst? Lachen ist gesund, es wirkt sich positiv auf die Psyche und auf das Immunsystem aus.

Übung „Jammerlied“

Wenn Sie sich gerade mal wieder selbst bemitleiden, weil es Ihnen so schlecht geht, singen Sie einfach die Jammerstrophe: „Mir geht es so superschlecht, alles ist so fürchterlich. Immer bin ich für alle der Depp. Hier klappt aber auch gar nichts. Alle haben es so gut – nur mir geht es immer so schlecht.“ Das ändert sofort die Frequenz Ihrer Stimmung im Handumdrehen. Probieren Sie es aus.

Die schwierigste Turnübung ist doch immer noch, sich selbst auf den Arm zu nehmen – oder?

8.8.2 Autoaggression und Autoimmunreaktionen

In etlichen Unternehmen sprechen Mitglieder der Geschäftsleitung davon, dass sich die DNA des Unternehmens ändern müsse. Gemeint ist die Unternehmenskultur. Wichtig ist dabei, dass Sie nicht einen Eingriff in das Genom der Organisation vornehmen, sondern etwas Neues entwickeln wollen. Bei Mitarbeitenden käme es schnell zu einer emotionalen Abstoßungsreaktion, wenn es sich nicht um einen evolutionären, sondern um einen aufgesetzten Prozess handelt, bei dem eine neue Kultur „übergestülpt“ werden soll.

Erfolgskulturen tragen einem ergebnisoffenen Prozess Rechnung, wenn sich Mitarbeitende persönlich einbringen und mit den Werten identifizieren können. Dazu müssen die Mitarbeitenden inhaltlich und emotional mitgenommen werden. Aus der Immunologie wissen wir: Autoimmunreaktionen bedeuten einen Kampf des Körpers gegen sich selbst. Das eigene Gewebe und die eigenen Zellen werden als fremd wahrgenommen und vom Immunsystem angegriffen. Ein Beispiel aus der Medizin sind Herzklappenerkrankungen nach einer Rachenmandelentzündung durch Streptokokken-Bakterien.

Wenn Menschen mit Angst und Druck geführt werden, führt dies zu Gegendruck und Aggressionen in Teams und in der Gesellschaft. Ein guter Indikator ist das Verhalten von Menschen auf der Autobahn. Wenn wir entspannt sind, sind wir weniger unfallgefährdet, als wenn wir gestresste sind. Wenn Sie bereits überfordert in Ihr Auto einsteigen und an der ersten Ampel bereits feststellen, dass wird eng wird mit dem ersten Termin, dann reicht ein bereits eine Sie blockierende Baustelle, um den Organismus auf Stressverarbeitung zu schalten. Das Gehirn ist in solchen Reizsituationen darauf getrimmt, auf Flucht oder Angriff zu schalten. Blut wird in die Muskulatur gepumpt, die Organdurchblutung wird reduziert und unser Gehirn schaltet auf Autopilot. Wir sind nur noch auf einfache Reizmuster programmiert, können deswegen mehrdeutige Verkehrssituationen schlechter interpretieren und gehen schneller hoch.

Wenn wir den Ausstoß von toxischen Schadstoffen in Form von Gerüchten, verbalen Verletzungen, aggressiven Drohungen und fehlender Wertschätzung um 20 % verringern könnten, könnte die Produktivität signifikant steigen – mit positiven Auswirkungen auf das Klima in den Unternehmen und die Leistungsbereitschaft der Mitarbeitenden.

Erinnern Sie sich noch an eine der ersten Sendungen im Deutschen Fernsehen von Anne Will im „Ersten"? Die Sendung hieß „Rendite statt Respekt". Aus unserer Sicht müsste der Satz umgedreht werden in: Respekt schafft Rendite. Spannungen in Teams könnten durch bessere Kommunikation und mehr Wertschätzung verringert werden. Ein guter Vorgesetzter nimmt die feinen Schwingungsfelder in seiner Abteilung wahr und kann damit in Resonanz gehen. Der Zugang zu den eigenen Gefühlen ist dafür das geeignete Diagnoseinstrument. Man kann damit die Chemie unter den Mitarbeitenden und die Wohlfühltemperatur im Team messen.

Bei der Umsetzung von Balanced Leadership werden Führungskräfte ermutigt, die schlummernde Energie in den Zellen des Unternehmens wie einen Schatz zu bergen. Sie brauchen dabei nur positiv auf die Schwingungen der Zellen zu reagieren, diese kreativ zu katalysieren und sie zu neuer passender Schwingung anzuregen, anstatt krampfhaft nach vorgegebenen Verhaltensmustern Punkte abzuarbeiten.

8.8.3 Wenn Teams außer Kontrolle geraten

Was, wenn der Worst Case eingetreten und eine Abteilung außer Kontrolle geraten ist, sich nichts mehr bewegt, viele Kollegen krankgeschrieben sind, die anderen demotiviert das Nötigste machen und die Arbeit ansonsten brach liegt? Um in der Analogie eines lebendigen Organismus zu bleiben: Aus entdifferenzierten Zellen eines Gewebes kann sich ein Tumor bilden. Diese Zellen haben dabei nur noch ein Ziel: Wachstum um jeden Preis.

Unsicherheit bei Mitarbeitenden wirkt sich wie ein schnell wachsendes Krebsgeschwür im gesunden Gewebe aus. Die Metastasen lassen sich nach kurzer Zeit auch in den Abteilungen nachweisen. Anstatt jetzt nach Fehlern zu suchen und Zeit damit zu verlieren, ist es für Unternehmen effektiver, sich mit den vitalen Prozessen zu beschäftigen, indem sie die betroffenen Mitarbeitenden professionell unterstützen, wieder respektvoll miteinander und mit sich selbst umzugehen. Vor allem aber gilt es für Führungskräfte, zu erkennen, wann die Gesundheit gefährdet ist. Daher sind rechtzeitig präventive Maßnahmen aufzusetzen, damit es gar nicht erst zu den Krankheitssymptomen kommt.

Aus der Verbrennungschirurgie wissen wir, dass kleine Inseln an Hautkulturen gesetzt werden können, damit sich neues Hautgewebe bildet. Übertragen auf Unternehmen bedeutet dies, dass selbst kleine Veränderungen in Teams, z. B. in der Kommunikation, und die Schaffung von Verantwortungsgemeinschaften einen Beitrag leisten können, damit sich die Selbstheilungskräfte entfalten können und sich die Atmosphäre in den Unternehmen verbessert. Das ist nachhaltig.

Lebendige Unternehmen haben, wie der menschliche Körper, die Fähigkeit zur Homöostase, was Claude Bernard schon 1878 entdeckt hat (Bernard, 1878). Gerät etwas aus der Balance, können sie sich selbst heilen. Wenn wir sie in Frieden lassen und sie klimatisch nicht vergiften, reinigen sie sich, wie Organismen und Flüsse, von selbst.

Was bedeutet Resonanz in der Führung unter diesem Aspekt? Häufig fragen wir Führungskräfte, die wir im Coaching begleiten: „Heißt Erfolg, die Profitabilität eines Unternehmens zu maximieren – egal wie? Oder heißt Erfolg, andere für eine Idee zu begeistern oder innovative Produkte zu entwickeln, die allen nützen? Was heißt Erfolg für Sie ganz persönlich? Wie sind Erfolg und Scheitern definiert?"

Wir alle haben persönliche Erfahrungen gemacht und danach unsere Beurteilungssysteme entwickelt. Da wir alle durch Erziehung und späteren Erfahrungen geprägt sind, gibt es keine Standardrezepte zum Aufbau einer gesunden Führungskultur. Auf Basis des Empowerments begleiten wir Topführungskräfte im Coaching und in Führungskräfte-Workshops, ihren Turnaround individuell zu vollziehen, sodass sie in Zukunft *sinn*voll mit Belastungen und ihren Erwartungen und Einstellungen umgehen und sich selbst und ihre Mitarbeitenden nachhaltig führen können.

Vor einiger Zeit ging es in einem Werbespot um das Bezahlen mit einer Kreditkarte. Dazu hieß es: „Die Freiheit nehm ich mir." Genau. Doch viele nehmen sich die Freiheit selbst weg. Weil sie glauben, dass sie noch mehr leisten müssen, obwohl sie schon mehr als genug geleistet haben.

Im Sport hört man Kommentatoren öfter den Satz sagen: „Da geht noch was." Für Burnout-gefährdete Personen ein gefährlicher Satz. Nicht nur im Sport. Was für ein Selbstbild steckt hinter einer solchen Aussage? Jemand, der sich selbst so behandelt, wird andere auch nicht wertschätzender, respektvoller und würdiger behandeln können. Uns geht es darum, das Bild von sich selbst und anderen zu reflektieren. Die Arbeit kann dabei in einem neuen Licht, im Licht einer wachstumsorientierten und die persönliche (intrazellulär), teamorientierte (interzellulär) und unternehmerische (transzellulär) Weiterentwicklung unterstützenden Dienstleistung gesehen werden. Eine solche wachstumsorientierte Dienstleistung beginnt bei sich selbst. Im Vordergrund steht die Frage nach der menschlichen und fachlichen Entwicklungsperspektive.

Wenn wir einander vertrauen, statt engmaschig zu kontrollieren, öffnet sich die Luke in den Möglichkeitsraum von Kreativität und Motivation. Statt Enge kommt wieder Luft zum Atmen in die Büros. Das macht weit. Und letztlich wieder Spaß.

Es braucht nicht in allen Dimensionen Begeisterung für alle Maßnahmen. Jedoch ist die Aussicht auf echte Begeisterung höher, wenn sich Mitarbeitende eingebunden fühlen und spüren, dass ihr Beitrag zählt. Das gelingt, wenn Mitarbeitende in echtem Kontakt sind durch Beziehungen, die unsere Seele nähren, und Inhalte, die unsere Herzen berühren.

8.9 Kokreative Entwicklungsräume

Wenn es der Unternehmensleitung gelingt, das Thema einer gesunden Unternehmenskultur durch Empowerment emotional so aufzuladen, dass auf der Seite der Mitarbeitenden eine Schwingung wie bei einer Saite einer Geige erzeugt wird, sind Handlungsbereitschaft und intrinsische Motivation aktiviert.

Der systemische Ansatz von Empowerment und Resonanz beleuchtet die Führungskräfte (Zellen), die Teamebene (Gewebe und Organe) und das gesamte Unternehmen (Gesamtorganismus). Er setzt eine reflektierte authentische Persönlichkeit voraus, die ihre Einflussfähigkeit sinnstiftend nutzt, damit ein Mehrwert für die Organisation geschaffen werden kann. In unseren Führungskräfte-Workshops zur Umsetzung dieses Konzepts werden wichtige Strategiepunkte gemeinsam mit den Teams entwickelt.

Die Mehrdimensionalität dieser dynamischen und ressourcenorientierten Selbstorganisation findet dabei nicht nur von oben nach unten (top-down), sondern gleichzeitig von innen nach außen und von außen nach innen statt. Jede Zelle beeinflusst durch die Individualität jedes Mitarbeitenden das Gewebe (Team) und damit den Gesamtorganismus (Unternehmen). Das ist ein Inside-out-Vorgehen.

Durch die innere Haltung eines jeden Einzelnen (Zellebene) lassen sich Verhalten im Team (Gewebeebene) und Verhältnisse (Organismusebene) verändern. Konkret bedeutet dies, dass Führungskräfte wieder lernen dürfen, mit sich selbst in Resonanz mit den eigenen Bedürfnissen, Emotionen, Potenzialen und der eigenen Einzigartigkeit zu sein. Auf diese Weise lernen Führungskräfte, dass es nicht um das Funktionieren im Außen, sondern um die Verbundenheit mit sich selbst geht. Dieses Inside-out-Approach ist die Voraussetzung für das Gestalten im Außen.

Die Verbindung im Außen gelingt am besten, wenn Führungskräfte echte Kontakte pflegen und ihr Netzwerk aktiv nutzen. Damit meinen wir Ihre Verbindungen innerhalb als auch außerhalb des Unternehmens. Wie tauschen Sie sich mit anderen Führungskräften aus, wenn es um Probleme im Unternehmen geht? Meist gelingt dieser Austausch in der eigenen Firma nicht oder nur schwer, da das Ansprechen von Problemen möglicherweise als Schwäche ausgelegt werden könnte.

Um Ihre eigene Selbstentfaltung als Führungskraft zu entwickeln, empfehlen wir ein *kollegiales Coaching*. Dabei können Sie wertvolle Impulse außerhalb des Unternehmens erhalten. Wir nutzen dazu eine ganz einfache Formel: 1 + 1 = 11. Was bedeutet das? Die Komplexität des Business ist zu hoch, um als Führungskraft alles allein zu schaffen. Nutzen Sie daher Ihre Verbindungen und vervielfachen Sie Ihr Wissen und Ihre Erfahrung. Holen Sie sich gezielt Unterstützung aus der Community Ihres persönlichen Netzwerks oder erweitern Sie dieses ganz gezielt.

Für Führungskräfte ist es hilfreich, mit anderen Kollegen Erfahrungen zu teilen und sich auszutauschen, um das eigene Team und das Unternehmen auf Erfolgskurs zu bringen. Dazu bieten wir das Format der Mastermind-Gruppen für Führungskräfte an. Mastermind-Gruppen sind eine Community von erfahrenen Unternehmern, Vorständen, Geschäftsführerinnen, Selbstständigen und senioren Führungskräften, die sich über persönliche Entwicklungsthemen und Herausforderungen im Business austauschen. In einem geschützten Raum unter Gleichgesinnten außerhalb des eigenen Unternehmens und der eigenen Branche bieten diese Mastermind-Gruppen den Vorteil, auf geballtes Wissen und auf eine Menge Erfahrung zugreifen zu können, um erfolgreich gestalten zu können und um Fehler zu vermeiden. Durch die branchenübergreifenden Themen und Gespräche gelingt es, über den eigenen Tellerrand zu schauen und mit neuer Motivation durchzustarten.

Häufig ergeben sich auch crossfunktionale Auswirkungen dieser kokreativen Begegnungen: So konnte beispielsweise der Hersteller von Porzellangeschirr durch die Impulse eines Forschers viel über die Bruchfestigkeit von Muscheln erfahren. Durch den Wissenschaftler hat er gelernt, dass Muschelschalen ihre Härte einer speziellen Kompositstruktur auf der Nanoskala verdanken. Sie ermöglicht, dass sich Perlmutt bei Belastung komplex verformen kann. Spannenderweise verhaken sich kleinste Kalkplättchen miteinander, sodass der Druck gleichmäßig auf die Muschel verteilt wird. Verringert sich die Belastung, springt die Struktur in ihre alte Form zurück, ohne dabei an Festigkeit oder Elastizität zu verlieren. Dieser Know-how-Transfer machte neue Vorgehensweisen in der Herstellung von Geschirr möglich. Das Treffen war für den Hersteller daher unendlich wertvoll.

Nach der Formel 6 × 5 × 4 × 4 laden wir sechs bis acht Führungskräfte ein, die sich unter der

Moderation eines erfahrenen Coaches austauschen. Die besten Erfahrungen haben wir mit fünf Treffen à 4 Stunden in einem 4-wöchigen Rhythmus machen können. Die Treffen können in Präsenz, im Hybridmodus oder online stattfinden. Ein nicht zu unterschätzender Nebeneffekt ist, dass sich neben der Erweiterung Ihres Netzwerkes Freundschaften weit über den Businesshorizont entwickeln können.

8.10 „Wir gewinnt" – Voraussetzungen für Balanced Leadership

Der soziale Kitt im Team ist die Voraussetzung für ein produktives Miteinander. Führungskräfte sollen für ein Milieu des kokreativen Miteinanders sorgen, das die Zusammenarbeit fördert. Eine vertrauensvolle Zusammenarbeit ist besonders in Transformationsphasen wichtig. Dazu sind Abstimmung mit den Kollegen essenziell. Sorgen Sie für den regelmäßigen Austausch und Transparenz. Kokreative Kollaboration ist der Schlüssel für den Teamerfolg, damit Change-Projekte gelingen. Nicht mehr das Ich oder Du, sondern das Wir zählt.

Übersetzen wir das Ich und das Wir ins Englische, so lässt sich dies mathematisch als Me-We-Quotient darstellen:

$$\frac{\text{Me}}{\text{We}}$$

Mit „Me" sind Dimensionen des Ego und der persönlichen Motive gemeint. Mit „We" stehen übergeordnete Themen im gemeinsamen Setting im Fokus. Je kleiner die Zahl, desto größer der Wir-Effekt. Unter dem Motto „Das Wir gewinnt" können Führungskräfte reflektieren, wie Sie das Wir-Gefühl steigern können.

Zeigen Sie als Führungskraft Empathie und vermitteln Sie Wertschätzung im Alltag. Empathie hilft uns, beziehungsfähig zu sein. Sie bedeutet Mitgefühl für uns selbst und für andere. Eine Abteilungsleiterin sagte zu Ihren Kollegen, nachdem diese eine Onlineplattform für das Team aufgebaut hatten: „Ihr macht das ganz grandios."

Dazu ist es wichtig, die Rahmenbedingungen für die Neuausrichtung der Unternehmenskultur im Unternehmen zu verstehen. Wie ist das Mindset in Ihrem Unternehmen? Stärken Sie die Stärken im Team. Finden Sie heraus, wie das Team wirklich tickt. Persönlichkeitsinventare und Selbsteinschätzungsverfahren sind hier hilfreich.

Das Management eines Unternehmens ist darauf getrimmt, dass das Was, also Maßnahmen und Verantwortlichkeiten, festgelegt wird. Im übertragenen Sinne geht es um Hard Facts und den Körper des Unternehmens. Leadership gelingt am leichtesten, wenn das Wozu, also die Sinnhaftigkeit und das große Ganze vermittelt werden. Im übertragenen Sinne geht es um die Soft Skills und die Seele des Unternehmens. Verdeutlichen Sie als Führungskraft den Sinn Ihres Handelns. Die Vermittlung von Sinn dockt immer an intrinsische Handlungsbereitschaft an.

Um Führungskräfte konkret zu unterstützen, wie die Unternehmenskultur auf eine neue Ebene gebracht werden kann, ist es hilfreich, die unterschiedlichen Aspekte zu beleuchten:

Die Ausgangslage, die wir bei Führungskräfte-Workshops in Unternehmen erleben, ist häufig die Folgende: Substantive, Fakten, Druck, Machtworte und Angst (Facts, Pressure, Command and Fear). Dabei wird davon ausgegangen, dass harte Fakten für sich sprechen. Die Angst vor möglichen Konsequenzen soll bei Mitarbeitenden für den notwendigen motivationalen Schub und mehr Produktivität sorgen. Das Spannende ist, dass genau das Gegenteil eintritt: Druck durch formelle Macht, Kontrolle und Anreize sichert das Vorgehen in Transformationsprojekten nur in der Theorie. Der Praxisalltag jedoch hält sich an keine Theorie. Häufig kommt es zu Widerstand (bewusst oder unbewusst), Stress, Überlastung, Überforderung, Wut, Entmutigung und Frust. Die mechanistische Vorstellung über eine konditionierte Verhaltens- und Leistungskontrolle führt weder zu intrinsischer Leistungsbereitschaft noch zu

Tabelle 8-3: Vergleich vom bisherigen Ansatz im Management und dem Balanced Leadership

	Bisheriger Ansatz im Management	**Balanced Leadership**
Aufbau- und Ablauforganisation	Organigramme mit festen Strukturen Hierarchische Pyramide	Organismus mit selbst-organisierten interprofessionellen Teams
Paradigma	Economy of Scale	Innovation und Kreativität
Fokus	Linear analytisches Denken und Planen	Ausprobieren, und einfach machen Spielwiesen und Möglichkeits-räume gestalten
Führungsstil	Führen über Zielvereinbarungen (Management by Objectives)	Transformationale Führung
Management versus Leadership	Fokus auf effizientes Management	Fokus auf Leadership
Modus	Anweisen, Befehlen	Fragen stellen, Einladen, Selbstreflexion
Koordination	Festgesetzte Abläufe Überwachen, Kontrollieren	Verantwortung teilen
Führungskräfte	Aufgaben delegieren Monitoring	Verantwortung übertragen Sparringspartner
Energie	Sportangebote, Fitnesskurse	Energiemanagement wird gelebt Achtsamkeit, Meditation
Austausch	Starre Informationslogistik Gerichtete Information	Sharing Community
Schwerpunkt	Effizienz	Effektivität – Wirkung erzielen
Zeitbewusstsein	Keine Zeit, Hektik	Zeit schenken, Zeiträume definieren, Prioritäten leben
Zeit	Zeit ist Geld Deadlines	Zeit ist Lebenszeit Offene Zeitkontingente mit Chancen und Möglichkeiten
Mitarbeitende	Kostenfaktor	Einzigartigkeit erkennen, Diversität nutzen Beziehungen gestalten Organisches Wertedenken
Erwartung	Pünktlich, fleißig, tüchtig, pflichtbewusst, belastbar	Neugierig, autark, Lust auf Leistung, selbstbestimmt
Vorgesetzte sind	Manager	Leader
Fokus	Effiziente Besprechungen	Effektive Begegnungen
Strukturen	Standards	Freiheitsgrade der Ausgestaltung
Wahrnehmungs-dimension	Analytische Details	Wirkungszusammenhänge ver-stehen, synergetische Betrachtung

	Bisheriger Ansatz im Management	Balanced Leadership
Fehlerkultur	Null-Fehler-Ansatz Maßnahmen zur Vermeidung von Fehlern	Mut, Neues auszuprobieren, Fehler als Lernschritt
Modus	Abhaken von Topics/ Tagesordnungspunkten	Zeit für Begegnung und wirklich Wesentliches
Tätigkeiten	Controlling und Monitoring	Kreativität und Entwicklung
Spannung	Angespannte Atmosphäre	Entspanntes Klima
Konflikte	Konflikte werden häufig vermieden oder unter den Teppich gekehrt	Konfliktprävention durch regelmäßigen Austausch Stufenplan zur Konfliktlösung Mediation
Team	Konkurrenz Gewinner und Verlierer	Kokreatives Gelingen Diversität
Aus-, Fort- und Weiterbildung	Vorgabe von Fach- und Managementthemen durch die Personalentwicklung	Auswahl von Themen nach individuellen Präferenzen
Sinnhaftigkeit	Geld verdienen Status, Macht	Ausgerichtet auf einen gemeinsamen höheren Sinn Unternehmen werden als lebendige Organismen gesehen
Unternehmenskultur	Hierarchisch, höflich, konfliktscheu	Divers, kulturoffen, konfliktbereit, neugierig
Veränderungen	Veränderungen sollen mithilfe äußerer Maßnahmen umgesetzt werden; das Machen steht im Vordergrund.	Unternehmen als lebendige Organismen passen sich von innen an neue Rahmenbedingungen an und nutzen die Selbstheilungskräfte; die Entwicklung steht im Fokus

Peak-Performance. Diesen Wenn-dann-Druck kennen wir aus der Schule. Wenn du nicht für die Französichklausur lernst, bekommst du eine schlechte Note. Schüler werden also zum Lernen gezwungen. „Französisch ist doof" ist die Reaktion, wie wir schon in einem anderen Kapitel geschrieben haben. Die Drohkulisse über den Rotstift führt nur zu mittelmäßigen Ergebnissen, statt Neugier und Lust auf Lernen zu vermitteln.

In der Zukunft brauchen wir ganz andere Dimensionen: Präsenz, Reflexion, Resonanz, Mut, Empathie, Rituale, Wiederholungen, um einen Paradigmenwechsel in der Kultur zu ermöglichen und Verhaltensweisen sinnstiftend zu reframen. Ein sehr analytisch eingestellter Vorstand sagte in einem Workshop über Soft Skills und innere Haltung: „Diese Aspekte tauchen doch in keiner Bilanz auf." Das stimmt. Jedoch sind die Punkte, die heute für die Bilanz Ihres Unternehmens aufgestellt werden, für die Zukunftsfähigkeit der Firma nicht bedeutsam. Ein transformationaler Führungsstil spielt eine große Rolle. Dabei kommt es auf folgende Aspekte an:

- Vorbildfunktion der Führungskraft (idealized Influence)
- Vermittlung einer anspornenden Zukunftsvision (inspirational Motivation)

- Anregen zum kreativen und unabhängigen Denken (intellectual Stimulation)
- Eingehen auf individuelle Bedürfnisse, Talente und Potenziale (individualized Consideration)

Mit geistiger Wachheit und Klarheit sollen ein echter Kontakt und produktive Beziehungen zwischen den Mitarbeitenden hergestellt werden. Ermöglichen Sie den Anschluss – an Kollegen, Führungskräfte und das Team. Es geht um den Bezug an eine Persönlichkeit, die das authentisch vorlebt, was gewünscht ist. Dabei darf Neues mutig ausprobiert werden. Durch Üben und Wiederholungen lassen sich neue Verhaltensweisen sicherstellen. In Workshops üben wir gemeinsam mit den Führungskräften, neue Verhaltensweisen und Skills herauszuarbeiten, damit individuelle Stärken gestärkt werden können. Diese werden durch individuelle Aufgaben vertieft und im realen Businessalltag trainiert.

Ein Paradigmenwechsel in der Unternehmenskultur (siehe **Tab. 8-3**) ist kein Kippschalter. Durch ein Reframing kann neuer Teamspirit entstehen. Neue Wege des Denkens und des Handelns können durch Sie als Führungskraft konsequent und fokussiert beschritten werden. Diese werden im Workshop gefestigt und verstetigt.

In Workshops reflektieren wir mit Führungskräften dazu folgende Fragen:

- Being: Welche Werte und Visionen beflügeln uns? Welche Leitbilder prägen unsere Zusammenarbeit?
- Sharing: Wie können wir voneinander miteinander lernen?
- Knowing: Welche Konzepte sind für die Personalentwicklung zentral? Welche Einstellungen sind dazu notwendig?
- Acting: Wie können wir andere inspirieren? Wie wird Veränderung nachhaltig?

Mit diesem kokreativen Vorgehen ermöglichen wir einen systemischen und ganzheitlichen Weg des Empowerments, der mit Reflexion der Führungskräfte beginnt und Einfluss nimmt auf das Umfeld. Unter Berücksichtigung der Stärken und der Individualität der Mitarbeitenden, der Diversität des Teams und der gesamten Wertschöpfungsstruktur im Unternehmen. Diese prozessuale Begleitung führt zu echten und inspirierenden Ergebnissen.

8.11 Beyond efficiency – schwingen auf der nächsthöheren Ebene

Das bisherige Modell von Gewinnern und Verlierern mit einer Haltung von Konkurrenz, Profitorientierung und homogenen Teamgruppen gehört zunehmend der Vergangenheit an. Tradierte Vorstellungen von Arbeit an einem festen Arbeitsplatz zu festgelegten Uhrzeiten an 5 Werktagen und 40 Arbeitsstunden lösen sich langsam auf. Diese konventionellen Strukturen behindern Innovationsgeschwindigkeit, Kreativität und Experimentierfreudigkeit.

Viele junge Leute wollen sich nicht in eine Arena des Wettstreits begeben, um ständig Spitzenleistungen zu generieren. Sie haben erkannt, dass es nach einer Anstrengung eine Pause, eine Zeit zur Regeneration und einen Moment des Innehaltens braucht. Resilienz und Reflexion sind wichtige und selbstverständliche Elemente des Business-Alltags geworden. Sie sehen das Unternehmen als ein Energiefeld, in der sie sich gemäß den eigenen Talenten und Potenziale einbringen und entwickeln können. Arbeit in einer solchen integral-evolutionärer Dimension entspricht einer Lebensform, die die eigenen Interessen übersteigt. Ein Aufschwung im Unternehmen auf ein höheres Level gelingt am leichtesten, wenn der individuelle Sinn und die gelebten Werte der Organisation bestmöglich synchronisiert sind, wenn der gemeinsame Mehrwert auf Basis eines höheren Ziels erfolgt.

Wenn wir die menschliche Seite im Business stärker gewichten und mit dem Herzen zuhören sowie dem Bauchgefühl trauen, gelingt eine neue Ebene des Miteinanders. Das Wort „Liebe“ wird häufig überstrapaziert. Es geht uns um einen liebevollen Umgang mit uns selbst und mit anderen. Das ist nicht zu verwechseln mit Harmoniesucht. Diese ist das Gegenteil von Liebe. Aus Angst vor Ablehnung entsteht der Wunsch, es allen recht zu machen. Die transformative Kraft von Empowerment basiert auf Präsenz, Akzeptanz, echter Begegnung und tief empfundener Empathie unter Einbezug von höherer Bewusstheit und Spiritualität. Ein solches Verständnis von Liebe ermöglicht einen Paradigmenwechsel von einer organigrammgeprägten Struktur in einen lebendigen Organismus.

Empowerment braucht Klarheit und innere „Stimmigkeit" als Basis von authentischer Resonanz. Sich dabei selbst treu zu bleiben, ohne bezüglich der eigenen Bedürfnisse fremdzugehen, bedeutet, von äußeren zu inneren Maßstäben der Entscheidungsfindung zu gelangen.

Resonanz kann im Unternehmen eine enorme Kraft entfalten und positive Energie freisetzen. Auf Basis von klaren Fakten, Strukturen und Prozessen können wir uns auf eine neue Schwingungsebene aufmachen. Fakten und Strukturen sind fest. Um fluide und agil zu sein und ins Fließen zu kommen, müssen wir eine neue Bewegung auslösen. Die Unternehmenskultur spielt dabei eine wichtige Rolle. Sie ist Spiegel der Art und Weise, wie Menschen in Organisationen miteinander umgehen, *wie* Dinge gemacht werden. Jeder kann sie spüren, jedoch lässt sie sich nicht konkret beschreiben. Sie ist ein Abbild, wie sich Menschen im Business begegnen, in welcher Sprache sie sprechen, über welche Witze sie lachen, wie sie das Klima im Unternehmen wahrnehmen, wie wohl sie sich im Büro fühlen und welche Rolle Empathie und Wertschätzung spielen.

Echte Resonanz entsteht am leichtesten, wenn Führungskräfte ihrer Berufung folgen, authentisch sind, sich selbst reflektieren können und ein weites Wahrnehmungsfeld besitzen. Sie entsteht durch Reflexion, Authentizität und Gelassenheit. Führungskräfte dürfen sich fragen:

- Bin ich bereit, mich selbst zu reflektieren?
- Bin ich willens, meine Überzeugung loszulassen, dass ohne mich hier nichts läuft?
- Wo halte ich noch fest?
- Wie gelingt es mir, mich besser einzulassen?
- Ist der Sinn der Organisation für mich spürbar und kann ich damit in Resonanz gehen?
- Kann ich mein Potenzial in diesem Unternehmen bestmöglich entfalten?
- Kann mich diese Organisation unterstützen, mich hier zu entwickeln?
- Bin ich bereit, mich auf die nächste Ebene einzuschwingen?
- Wie gelingt mir die Integration der Reflexion in die tägliche Praxis?

Um Resonanz in den Business-Alltag zu integrieren, geht es um die Frage, wie Sie einen Mehrwert in der Gesamtorganisation leisten können:

- Wie gelingt es mir, meinen Mitarbeitenden den Sinn spürbar zu vermitteln?
- Wie kann ich einen Beitrag leisten, damit sich die Mitarbeitenden bestmöglich entfalten können?
- Wie steht es um die Dimensionen Empathie, Respekt und Wertschätzung in unseren Meetings?
- Wie kann ich als Führungskraft die Entwicklung der Gesamtorganisation nach vorn bringen?
- Wie gelingt es, die Heterogenität in den Teams kokreativ in Wirkung zu bringen?
- Sind wir als Organisation so weit, dass wir einen kokreativen Gestaltungsweg einschlagen können?

Unsere Erfahrung in den unterschiedlichsten Branchen ist, dass Resonanz als gelebte Beziehungsfähigkeit die Brücke zwischen den Menschen und in eine lebendige und nachhaltige Organisationskultur ist. Es bedarf immer wieder das nährende Gespräch, einen echten Austausch, also wahrhaftige Begegnungen. Die Stimmigkeit im Unternehmen gibt den Ausschlag. Sie muss nicht einstimmig, sondern darf bewusst mehrstimmig sein. Führungskräfte müssen den richtigen Ton treffen, den richtigen

Rhythmus zur richtigen Zeit vorgeben, um Resonanz zu erzeugen. Das lässt sich lernen.

Eine klare Kommunikation ohne emotionale Nebenwirkung gelingt am besten, wenn folgende Aspekte klar sind und angewandt werden:

- Es geht nicht darum, tough oder hart zu sein – sondern klar.
- Es geht nicht darum, weich zu sein – sondern authentisch.

Echte Beziehungen schaffen Vertrauen. Diese Begegnungsmedizin ist für uns ein Schlüssel zum besseren Teamverständnis. Neue Rituale und Gewohnheiten im Sinne einer Experimentierfunktion ermöglichen einen lebendigen organischen Wachstumsprozess. Empowerment basiert auf einem tiefen Verständnis einer inneren Haltung als einer Verbindung von Geist, Körper, Emotionen und Seele. Die interdependenten Wechselwirkungen eröffnen einen Sowohl-als-auch-Möglichkeitsraum statt eines aufgeheizten Entweder-oder-Denkens. In puncto einer Weiterentwicklung von lebendigen Unternehmen heißt dies, dass wir auch im Dissens und in Belastungssituationen wirklich offen für andere sind und anderen nicht mit Ablehnung, sondern mit Empathie, Akzeptanz und Respekt begegnen. Gelebtes Empowerment setzt voraus, dass wir uns im Businessalltag nicht als voneinander getrennte Individuen, sondern als Teil einer größeren Community wahrnehmen, die sich in ihren Potenzialen und Fähigkeiten kokreativ ergänzen.

Wir sind davon überzeugt, dass ein solcher Empowerment-Ansatz von innen nach außen einen Paradigmenwechsel in der Führung auslöst: Angefangen bei der Selbstreflexion über den Teamspirit bis zur nachhaltigen Unternehmenskultur in einem lebendigen Organismus. Diese wiederum hat eine Ausstrahlung in die Gesellschaft und kann einen Beitrag dazu leisten, dass die Welt sich zum Positiven ändert.

8.12 Puls-Check für Führungskräfte

- Wie würden Ihre Mitarbeitenden Ihren Führungsstil beschreiben?
- Auf welchem Niveau befindet sich die Kommunikation in Ihrem Team?
- Wie würden Sie als Mitarbeitende auf die von Ihnen geplanten Maßnahmen reagieren?
- Wie ist das Klima in Ihrem Unternehmen?
- Welche emotional-toxische Substanzen wurden in Ihrem Unternehmen nachgewiesen?
- Gibt es Grenzwerte? Wie werden diese gemessen und festgelegt? Werden diese überschritten? Durch wen?
- Wie wird im Unternehmen damit umgegangen?
- Welchen persönlichen Beitrag können Sie leisten, damit sich etwas ändert?

8.13 Auf den Punkt gebracht

Resonanz im Team stellt sich ein, wenn sie systemisch, ganzheitlich und interprofessionell auf Basis einer guten Struktur umgesetzt wird. Wertschätzung, Empathie und Vertrauen bilden strategische Einflussgrößen für den Erfolg von Teams in Organisation, damit sich Höchstleistungen entwickeln können. Interprofessionelle Workshops ermöglichen den Blick über den Tellerrand, unterstützen eine Bewusstseinsschärfung, verbessern die Kommunikation und die Fähigkeit zur Konfliktklärung.

Nutzen Sie die Beziehungen als Schmierstoffe für gelingende Kommunikation. Primär geht es darum, wie wir miteinander umgehen. Es geht um eine Schwingung im Miteinander und um das Kohärenzgefühl. Das meinen wir nicht auf einer esoterischen Ebene, sondern auf einer reflektierten, achtsamen und empathischen Begegnungs- und Beziehungsebene. Resonanz ist für uns die höchste Stufe gelingender Kommunikation.

Folgende Stellhebel sind auf der Ebene des Unternehmens wichtig:

- Orientierung schaffen
- Transparenz herstellen – Klarheit vermitteln
- Rollen- und Führungsverständnis klären
- Sinnhaftigkeit vermitteln
- Reflexionsfähigkeit
- Gelassenheit
- Kommunikations- und Konflikttrainings
- Diversität und interprofessionelle Synergie steigern
- Organisationale Resilienzfähigkeit stärken
- Vertrauen und Resonanz erzeugen

Resonanz ermöglicht eine wirkliche Verbindung zum Gegenüber im Team. Ein Hauptfaktor zur Erzeugung einer Verbindung mit anderen ist, dass wir mit uns selbst verbunden sind. Innere Verbundenheit schafft äußere Verbindungen. Der Klimawandel beginnt im Kopf. Identifizieren Sie toxische Faktoren in der Kommunikation und machen Sie die Zwischentöne spürbar. Die Beziehungsebene ist in Meetings von großer Bedeutung. Achten Sie auf den Rhythmus und den Takt in der Kommunikation. Nutzen Sie die Methoden zum Umgang mit rhetorisch-taktischen Einwänden, die zu Blockaden und Widerständen führen können. Schaffen Sie Klarheit und sprechen Sie Klartext im Team. Wenn Erwartungen klar kommuniziert wurden und die Mitarbeitenden wissen, was genau gemacht werden soll, gelingt die Umsetzung viel leichter.

Sprechen Sie Konflikte zeitnah an und sorgen Sie für Klärung. Nutzen Sie Seminare und Einzelcoachings, um Ihren Führungsstil auf ein neues Niveau zu bringen.

Ausblick

Wow, Sie haben bis hierhin 196 Seiten gelesen. Klasse. Und nun? Wie geht es für Sie weiter?

Wie sieht die Führung der Zukunft und die Zukunft der Führung aus? Die Digitalisierung und die Komplexität haben die Arbeitswelt stark verändert. Neue Arbeitsweisen und -methoden haben agiles und flexibles Arbeiten ermöglicht. Mit Chancen und Risiken für die Zusammenarbeit, Kommunikation und Motivation. Die Corona-Pandemie hat das Business in Richtung New Work katapultiert. Unternehmen haben viel dazu gelernt. Technische Dimensionen und neue IT-Systeme wurden schnell implementiert. Doch worauf müssen Führungskräfte noch achten, um Mitarbeitende in die Arbeitswelt der Zukunft zu führen und so die Zukunft des Unternehmens zu gestalten?

Empowerment lässt sich nicht wie ein Schalter anknipsen. Vielmehr ist das Mindset einer Führungskraft entscheidend für das Gelingen von Selbstreflexion, Teamspirit und einer guten Führungskultur. Empowerment macht Mitarbeitende nicht gesund, sie kann aber maßgeblich dazu beitragen, dass Krankheiten bei den Mitarbeitenden, in den Teams, in der Organisation und in der Gesellschaft verhindert werden und ein neuer Teamspirit und eine gesunde und nachhaltige Unternehmenskultur entsteht.

Mit Ihrer Haltung können Sie mit kleinen Schritten im Führungsalltag anfangen, in Teams und Organisationen eine Wende einzuleiten. Sie persönlich in Ihrer Rolle als Führungsperson können dazu beitragen, eine Aufbruchstimmung zu erzeugen und eine gesunde Führungskultur anzulegen.

Weniger das Können und das Machen, sondern das Sein und das Wollen sind der Hebel dazu. Es geht darum, in einem neuen Wir-Gefühl Begeisterung, Lust auf gesunde Leistung und Zuversicht zu erzeugen. Das gemeinsame Verständnis und eine wertschätzende Kommunikation helfen, andere mitzureißen und für ein gemeinsames Ziel zu begeistern. Führungskräfte können als Vorbilder wahrgenommen werden und vermitteln bei ihren Mitarbeitenden ein Gefühl von Vertrauen, Bindung und Wertschätzung. Stecken Sie andere mit Ihrer Begeisterungsfähigkeit an. Durch das Beimpfen einer existierenden Teamkultur mit neuen Gedanken lässt sich die Unternehmenskultur verändern.

In vielen Unternehmen haben die Menschen das Gefühl: „Es tut sich was. Da müssen wir dabei sein.“ Diese Aufbruchstimmung gilt es zu nutzen, damit Veränderung gelingt. Jeder von uns kann in seinem persönlichen Bereich mit seinen persönlichen Möglichkeiten etwas Sinnvolles bewirken. Was ist Ihr persönlicher Beitrag, damit sich etwas ändert?

Weil uns die Themen Empowerment, Resonanz und Verbundenheit am Herzen liegen, möchten wir Ihnen das Angebot machen, in einer unserer Mastermind-Gruppen mitzumachen. Sie bekommen Zugang zu einem hochwertigen Netzwerk an gleichgesinnten Unternehmerinnen, Vorständen, Geschäftsführern und Selbstständigen. Wir teilen Wissen und Erfahrungen. Durch diese tragende Gemeinschaft sind Führungskräfte doppelt motiviert, um Ihr Unternehmen mit Empowerment voranzubringen.

Wir sind überzeugt davon, dass sich zukunftsfähige Unternehmen den Themen Resonanz und Empowerment annehmen werden. Sie stellen die Mitarbeitenden in den Vordergrund. Die Frage ist nicht mehr ob, sondern wann und wie sich diese Organisationen ändern werden. Wenn Sie bereit sind, sich selbst zu reflektieren, sind wir bereit, Sie im Executive-Coaching zu begleiten.

Wir wünschen Ihnen, dass Sie mit Schwung, Kraft, Gelassenheit und Leichtigkeit nach vorn gehen, wenn es um die Umsetzung des Mottos geht:
„Grow as a person –
Inspire as a leader –
Act as an influencer".

Kreative Grüße!
Dr. Jörg-Peter Schröder und *Natalia Blank*

Über die Autoren

Dr. med. Jörg-Peter Schröder

Jörg-Peter Schröder ist als Arzt, Leadership-Vordenker, Business-Coach und Mediator seit über 25 Jahren im internationalen Gesundheitsmanagement tätig. Als Burnout-Experte und Change Facilitator begleitet er Unternehmer, Vorstände, Geschäftsführerinnen sowie Führungskräfte an der Nahtstelle von Leadership, agile Transformation, Performance und Persönlichkeitsentwicklung. Zu den Themen Führung, Burnout-Prävention und Unternehmensgesundheit hat er zahlreiche Bücher veröffentlicht. Mit internationaler Führungserfahrung in renommierten Konzernen (u.a. Allianz Gruppe, Oracle und Microsoft) unterstützt er mit der Methodik von Frequenzwechsel® Unternehmen, Teams und Individuen beim Aufbau einer gesunden Unternehmenskultur.

Er moderiert Tagungen und Kongresse und hält internationale Workshops und Vorträge in Deutsch und Englisch zu den Themen:

- Unternehmensgesundheit und Führungskunst
- Gesunde Persönlichkeits-Entwicklung
- Midlife-Power für Best-Ager (45+)
- Blockadenabbau, Burnout- und Stressbewältigung
- Resilienz und Resonanz
- Empowerment, Teamspirit und nachhaltige Unternehmenskultur
- Beziehungs-Heil-Kunde

Zentrale Aspekte seines Handelns sind das Mindset und eine integrale sinnstiftende Führungskultur des Empowerments, damit sich Unternehmen gesund entwickeln können. Seit seiner Kindheit betreibt er ostasiatische Kampfkunst und Meditation.
www.frequenzwechsel.de
www.joergpeterschroeder.com

Natalia Blank

Nach ihrem Studium der Betriebswirtschaft (Außenwirtschaft/Internationales Management) befasste sich Natalia Blank auf wissenschaftlicher Ebene mit dem Thema „Vertrauenskultur als Wertschöpfungsfaktor in Organisationen". Ihre Diplomarbeit „Vertrauenskultur – Voraussetzung für Zukunftsfähigkeit in Unternehmen" wurde 2011 beim Gabler Verlag veröffentlicht. Seit 2010 ist sie selbstständig tätig und begleitet als systemischer Business-Coach, Beraterin und Supervisorin Prozesse in der Personal- und Organisationsentwicklung diverser internationaler Konzerne mit den Schwerpunkten Leadership und Teamentwicklung, C-Level Coaching, Nachwuchskräfteförderung, strategische Begleitung von Veränderungsprozessen sowie Förderung von Resilienz und Vertrauen auf individueller Ebene (Coaching) und organisationaler Ebene (Healthy Leadership & Structures). Ihr Fokus ist der Mensch – und Bewegung stets ihr Ziel: mental und körperlich. Als zweifache Deutsche Meisterin im Kickboxen verbindet sie ihre Erfahrungen aus dem Leistungssport mit ihrer wissenschaftlichen Expertise zur Stärkung von Resilienz und (Self-)Leadership. Darauf basierend entwickelte sie 2021 den Coaching-Ansatz „Box & Grow®".
www.blankconsult.de

Kontakt zur Autorin und zum Autor

Wenn Sie mehr über das Führungscoaching und den Ansatz zu Leadership in Balance oder ausgewählten Instrumenten, wie z. B. der Kreativitätstechnik Frequenzwechsel®, erfahren möchten, schreiben Sie bitte einfach eine E-Mail direkt an uns.

Wir freuen sich auf jedes Feedback zu diesem Buch. Sie sind elektronisch nur einen Mausklick von uns entfernt.

Literatur

Antonovsky, A. (1979). *Health, Stress and Coping. New Perspectives on Mental and Physical Well-Being.* San Franzisko: Jossey-Bass.

Antonovsky, A. (1993). Gesundheitsforschung versus Krankheitsforschung. In A. Franke & M. Broda (Hrsg.), *Psychosomatische Gesundheit. Versuch einer Abkehr vom Pathogenese-Konzept* (S. 3–14). Tübingen: DGVT-Verlag.

Bass, B.M. & Riggio, R.E. (2006). *Transformational leadership. A comprehensive review of theory and research.* New York: Lawrence Erlbaum. https://doi.org/10.4324/9781410617095

Bents, R. & Blank, R. (1995). *Typisch Mensch. Einführung in die Typentheorie* (2., überarbeitete und erweiterte Aufl.). Göttingen: Beltz Test.

Bernard, C. (1878). *Leçons sur les phénomènes de la vie communs aux animaux et aux végétaux* (Band 1) (edité par Albert Dastre). Paris: J.-B. Baillière.

Blank, R. & Bents, R. (2006). *Sich und andere verstehen – Eine dynamische Persönlichkeitstypologie.* München: Claudius.

Blank, N. (2011). *Vertrauenskultur. Voraussetzung für Zukunftsfähigkeit von Unternehmen.* Wiesbaden: Gabler. https://doi.org/10.1007/978-3-8349-6894-4

Bowen, W. (2008). *Einwandfrei. „A Complaint Free World." Wie Sie aufhören, über Gott und die Welt zu klagen und stattdessen anfangen, wirklich das Leben zu genießen.* München: Arkana.

Clear, J. (2020). *Die 1%-Methode. Minimale Veränderung, maximale Wirkung. Mit kleinen Gewohnheiten jedes Ziel erreichen. Mit Micro Habits zum Erfolg.* München: Goldmann.

Covey, S.R. (1997). *Die 7 Wege zur Effektivität.* München: Gabal.

Covey, S.R. (2014). *Der Weg zum Wesentlichen: Der Klassiker des Zeitmanagements* (7., erweiterte Aufl.). Frankfurt a.M.: Campus.

Csikszentmihalyi, M. (2012). *Flow im Beruf: Das Geheimnis des Glücks am Arbeitsplatz* (3. Aufl.). Stuttgart: Klett-Cotta.

Eibl-Eibesfeld, I. (1970). *Liebe und Hass. Zur Naturgeschichte elementarer Verhaltensweisen.* München: Piper.

Fuchs, E., Schmitt, U., Ohl, F., Flügge, G., Wotjak, C.T. & Michaelis, T. (2008). Verhaltenspharmakologie. In F. Holsboer, G. Gründer & O. Benkert (Hrsg.), *Handbuch der Pharmakotherapie.* Heidelberg, Springer. https://doi.org/10.1007/978-3-540-68748-1_7

Gallup. (2021). *Engagement Index 2020. Arbeitsumfeld & Führungskultur in Zeiten der Corona-Pandemie.* Berlin: Autor.

Gendlin, E.T. (1981). *Focusing.* New York: Bantam Books.

Gendlin, E.T. (1998). *Focusing. Selbsthilfe bei der Lösung persönlicher Probleme.* Reinbek bei Hamburg: Rowohlt.

Gesellschaft für integrierte Kommunikationsforschung (GIK). (2018). *Digital Detox. Stress durch Erreichbarkeit.* München: GIK. Verfügbar unter https://gik.media/b4p-trendstudie-zu-digital-detox-wie-die-deutschen-abschalten/?msclkid=b7e339aaba3b11ec8b98468c49b85d0f

Goleman, D., Boyatzis, R. & MeKee, A. (2002). *Emotionale Führung.* München: Econ bei Ullstein.

Goleman, D. (2014). *Konzentriert Euch!* München: Piper.

Kabat-Zinn, J. (1994). *Wherever You Go There You Are. Mindfulness Meditation in Everyday Life.* New York: Hyperion.

Kegan, R. & Lahey, L.L. (2016). *How the way we talk can change the way we work. Seven Languages for Transformation.* San Francisco, CA: Jossey-Bass.

Levine, P.A. (1998). *Trauma-Heilung. Das Erwachen des Tigers. Unsere Fähigkeit, traumatische Erfahrungen zu transformieren.* Essen: Synthesis.

Levine, P.A. (2005). *Healing Trauma. A Pioneering Program for Restoring the Wisdom of Your Body.* Boulder CO: Sounds True.

Lincke, H.J., Vomstein, M., Haug, A. & Nübling, M. (2013). Psychische Belastungen am Arbeitsplatz. Ergebnisse einer Befragung aller Lehrerinnen und Lehrer an öffentlichen Schulen in Baden-Württemberg mit dem COPSOQ-Fragebogen. *Engagement. Zeitschrift für Erziehung und Schule*, (2), 79–91.

Maister, D.H., Green, C.H. & Galford, R.M. (2000). *The trusted advisor*. New York: Free Press.

Midal, F. (2018). *Die innere Ruhe kann mich mal. Meditation radikal anders*. München: dtv.

Nerdinger, F.W. G., Blickle, G., Schaper, N. (2014). *Arbeits- und Organisationspsychologie*. Berlin/Heidelberg: Springer.

Porges, S.W. (2001). The Polyvagal Theory: Phylogenetic Substrates of a social nervous system. *International Journal of Psychophysiology, 42* (2), 123–146. https://doi.org/10.1016/S0167-8760(01)00162-3

Porges, S.W. (2003). The Polyvagal Theory: Phylogenetic contributions to social behaviour. *Physiology & Behaviour, 79* (3), 503. https://doi.org/10.1016/S0031-9384(03)00156-2

Rosa, H. (2016). *Resonanz: Eine Soziologie der Weltbeziehung*. Berlin: Suhrkamp.

Roth, G. (2003). *Fühlen, Denken, Handeln: Wie das Gehirn unser Verhalten steuert*. Frankfurt a.M.: Suhrkamp.

Schmidt, J.B. (2008). *Der Körper kennt den Weg – Trauma-Heilung und persönliche Transformation*. München: Kösel.

Schröder, J.P. (2004). *Energize yourself! Ihr Masterplan für mehr Lebensenergie*. Offenbach: Gabal.

Schröder, J.P. (2006). *Der Omega-Faulpelz*. Offenbach: Gabal Verlag.

Schröder, J.P. (2013). *Gesunde Führung statt Burnout*. Schwäbisch Hall: steinbach medien network.

Schröder, J.P. (2016). *Halbzeit. Der Weg zur inneren Meisterschaft: Midlife-Power statt Midlife-Crisis*. Berlin: Books on Demand.

Schröder, J.P., Berger, M. & Blank, R. (2009). Von der Wertschätzung zur Wertschöpfung. *Arzt und Krankenhaus, 5*, 84–87.

Schütz, A. (2005). *Je selbstsicherer, desto besser? Licht und Schatten positiver Selbstbewertung*. Weinheim: Beltz.

Seligman, M. & Csikszentmihalyi, M. (Eds.). (2000). Positive psychology [Special issue]. *American Psychologist, 55* (1), 5–14. https://doi.org/10.1037/0003-066X.55.1.5

Seligman, M. (2005). *Der Glücks-Faktor: Warum Optimisten länger leben*. München: Bastei.

Seligman, M., Steen, T.A., Park, N. & Peterson, C. (2005). Positive Psychology Progress: Empirical Validation of Interventions. *American Psychologist, 60* (5), 410–421. https://doi.org/10.1037/0003-066X.60.5.410

Seligman, M. (2012). *Flourish: A visionary new understanding of happiness and well-being*. New York: Atria Books.

Servan-Schreiber, D. (2006). *Die neue Medizin der Emotionen. Stress, Angst, Depression: Gesund werden ohne Medikamente*. München: Antje Kunstmann.

Storch, M., Cantieni, B., Hüther, G. & Tschacher, W. (2017). *Embodiment. Die Wechselwirkung von Körper und Psyche verstehen und nutzen* (3. Aufl.). Bern: Huber. https://doi.org/10.1024/85816-000

Storch, M., Krause, F. & Weber, J. (2022). *Selbstmanagement – ressourcenorientiert: Grundlagen und Trainingsmanual für die Arbeit mit dem Zürcher Ressourcen Modell (ZRM)* (7., überarbeitete Aufl.). Bern: Hogrefe.

Storch, M. & Tschacher, W. (2016). *Embodied Communication. Kommunikation beginnt im Körper, nicht im Kopf* (2., erweiterte Aufl.). Bern: Huber.

Hanh, T.N. (2002). *No Death, No Fear. Comforting Wisdom for Life*. New York: Riverhead Books.

Upledger, J.E. (1990). *Somato emotional release and beyond*. Palm Beach Gardens.

Weiser Cornell, A. (2002). *Focusing. Der Stimme des Körpers folgen*. Reinbek bei Hamburg: Rowohlt.

Weiterführende Literatur

Hier ein paar Stimulanzien zum Quer- und Weiterlesen:

Ahn, A.C., Tewari, M., Poon, C.S. & Phillips, R.S. (2006). The limits of reductionism in medicine: Could systems biology offer an alternative? *PLoS Med, 3* (6), e208. https://doi.org/10.1371/journal.pmed.0030208

Amann, E.G. & Egger, A. (2017). *Micro-Inputs Resilienz: Lebendige Modelle, Interventionen und Visualisierungshilfen für das Resilienz-Coaching und -Training*. Bonn: managerSeminare.

Ayan, S. (2016). *Locker lassen. Warum weniger Denken mehr bringt*. Stuttgart: Klett-Cotta.

Barkai, N. & Leibler, S. (1997). Robustness in simple biochemical networks. *Nature, 387* (6636), 913–917.

Barrett, R. (1998). *Liberating the corporate soul. Building a visionary organization*. Boston: Routledge.

Barrett, R. (2006). *Building a values-driven organization. A whole system approach to cultural transfor-*

mation. Boston: Routledge. https://doi.org/10.4324/9780080461687

Bartmann, C. (2012). *Leben im Büro. Die schöne neue Welt der Angestellten*. München: Hanser.

Bender, P.U. (1997). *Leadership from within*. Toronto: Stoddart Publishing.

Berger, W. (2012). *Anleitung zur artgerechten Menschenhaltung im Unternehmen*. Bielefeld: Kamphausen.

Blech, J. (2008). *Heilender Geist. Warum Meditation Denkfähigkeit und Wohlbefinden steigert und den Geist fit hält* (Interview mit Harvard-Forscherin Sara Lazar). Spiegel Online vom 25.11.2008. Verfügbar unter https://www.spiegel.de/wissenschaft/mensch/heilender-geist-wieso-haeufiges-meditieren-das-hirn-wachsen-laesst-a-592597.html

Boos, F. & Heitger, B. (Hrsg.). (2004). *Veränderung – systemisch. Management des Wandels*. Stuttgart: Klett-Cotta.

Bridges, W. (1998). *Der Charakter von Organisationen. Organisationsentwicklung aus typologischer Sicht*. Göttingen: Hogrefe.

Bundesanstalt für Arbeitsschutz und Arbeitsmedizin (BAuA). (Hrsg.). (2003). *Wenn aus Kollegen Feinde werden. Der Ratgeber zum Umgang mit Mobbing*. Dortmund: Autorin. Verfügbar unter https://www.ifb.de/media/files/konflikt/INQA_BAuA_Wenn_aus_Kollegen_Feinde_werden.pdf

Bundesanstalt für Arbeitsschutz und Arbeitsmedizin (BAuA). (Hrsg.). (2008). *Gute-Praxis-Box. Fitte Ideen für fitte Betriebe*. Berlin: Autorin.

Bundesanstalt für Arbeitsschutz und Arbeitsmedizin (BAuA). (Hrsg.). (2010). *Sicherheit und Gesundheit bei der Arbeit 2009*. Berlin: Autorin.

Cashman, K. (2008). *Leadership from the inside out*. San Francisco: Berrett-Koehler Publishers.

Chouinard, Y., Ellison, J. & Ridgeway, R. (2011). Rendite ohne Reue. *Harvard Business Manager, 12*, 67–82. Verfügbar unter https://www.manager-magazin.de/harvard/warum-sich-nachhaltiges-wirtschaften-durchsetzt-a-4a0f9044-0002-0001-0000-000097962224?context=issue

Collins, J. & Hansen, M.T. (2012). *Oben bleiben. Immer*. Frankfurt a.M.: Campus.

Cyrulnik, B. (2006). *Mit Leib und Seele. Wie wir Krisen bewältigen*. Hamburg: Hoffmann und Campe.

Dahlke, R. (2002). *Krankheit als Symbol. Ein Handbuch der Psychosomatik. Symptome, Be-Deutung, Einlösung*. München: Bertelsmann.

Damasio, A. (2000). *The feeling of What Happens. Body, Emotion and the Making of Consciousness*. London: Vintage.

De Botton, A. (2012). *Freuden und Mühen der Arbeit*. Frankfurt a.M.: Fischer.

DeMarco, T. (2001). *Spielräume. Projektmanagement jenseits von Burnout, Stress und Effizienzwahn*. München: Hanser.

Deshimaru-Roshi, T. (1994). *ZEN in den Kampfkünsten Japans*. Heidelberg: Werner Kristkeitz.

Dohmen, D. (2004). Bildungsfinanzierung von der Kita bis zur Weiterbildung. Eine bereichsübergreifende Betrachtung. *Die Hochschule, 13* (2), 108–121.

Ehrenberg, A. (2015). *Das erschöpfte Selbst. Depression und Gesellschaft in der Gegenwart*. Frankfurt a.M.: Campus.

Fischer, T. (1992). *Wu wie. Die Lebenskunst des Tao*. Reinbek bei Hamburg: Rowohlt.

Goldberger, A.L. (1996). Non-linear dynamics for clinicians: Chaos theory, fractals, and complexity at the bedside. *Lancet, 347* (9011), 1312–1314.

Grandin, T. & Johnson, C. (2006). *Ich sehe die Welt wie ein frohes Tier. Eine Autistin entdeckt die Sprache der Tiere*. Berlin: Rad und Soziales.

Groth, A. (2011). *Führungsstark im Wandel. Change Leadership für das mittlere Management*. Frankfurt a.M.: Campus.

Harvard Business Manager. (Hrsg.). (2012). Neue Werte für das Management. Was die erfolgreichsten Unternehmen der Welt anders machen [Schwerpunktheft]. *Harvard Business Manager*, (2). https://www.manager-magazin.de/harvard/print/hm/index-2012-2.html

Hay Group in Zusammenarbeit mit StepStone. (2012). *Mitarbeitende sind käuflich, ihre Motivation nicht* (Studie). Frankfurt a.M.: Autorin.

Heiligenthal, E. (2012). Zukunftsperspektiven des Human Resource Management. *Forecast, 09*, 30–33.

Hoff, B. (1999). *Pu der Bär, Ferkel und die Tugend des Nichtstuns*. München: dtv.

Holm, M. & Geray, M. (2012). *Integration der psychischen Belastungen in die Gefährdungsbeurteilung. Handlungshilfe* (5. Aufl.). Berlin: Initiative Neue Qualität der Arbeit (INQA).

Hundsdiek, D. (2005, März). *Messbarkeit von Unternehmenskultur anhand der internationalen Mitarbeitendebefragung von Bertelsmann*. Vortrag beim 1. Treffen des Internationalen Netzwerks Unternehmenskultur in Gütersloh.

Hüther, G. (1997). *Biologie der Angst. Wie aus Stress Gefühle werden*. Göttingen: Vandenhoeck & Ruprecht.

Hüther, G. (2001). *Bedienungsanleitung für ein menschliches Gehirn*. Göttingen: Vandenhoeck & Ruprecht.

Hüther, G. (2012). *Was wir sind und was wir sein könnten*. Frankfurt a.M.: Fischer.

Ivanovas, G. & Tomaras, V. (2008). Abhärtung, Adaptation und Robustheit. Erkenntnistheoretische Grundlagen. *Komplementäre und Integrative Medizin, 49* (11–12), 10–15. https://doi.org/10.1016/j.kim.2008.09.006

Junginger, T. & Nix, W. (2012). Gesundheitsschäden durch Lärm? *Ärzteblatt Rheinland-Pfalz, 2*, 18–20.

Kerntke, W. (2009). *Mediation als Organisationsentwicklung.* Bern: Haupt.

Khema, A. (1998). *Nicht so viel denken, mehr lieben.* Hamburg: Jhana-Verlag.

Kielholz, P. & Adams, C. (1991). *Vermeidbare Fehler in Diagnostik und Therapie der Depression.* Köln: Deutscher Ärzteverlag.

Kraus, G., Becker-Kolle, C. & Fischer, B. (2004). *Change Management. Steuerung von Veränderungsprozessen in Organisationen; Einflussfaktoren und Beteiligte; Konzepte, Instrumente und Methoden.* Berlin: Cornelsen.

Kreuser, K. (2016). Professionelle Empathie. Qualität einer sozialen Beziehung. *Spektrum der Mediation 61*, 45–47. Verfügbar unter https://www.bmev.de/ueber-den-verband/spektrum-mediation/spektrum-mediation-ausgaben.html

Kuhn, A. (2016). Zufrieden zum Ziel. *Im OP, 2*, 62–66. https://doi.org/10.1055/s-0041-109835

Laloux, F. (2015). *Reinventing Organizations. Ein Leitfaden zur Gestaltung sinnstiftender Formen der Zusammenarbeit.* München: Vahlen. https://doi.org/10.15358/9783800649143

Leymann, H. (2012). *Mobbing. Psychoterror am Arbeitsplatz und wie man sich dagegen wehren kann.* Reinbek bei Hamburg: Rowohlt.

Liberman, J. (2005). *Natürliche Gesundheit für die Augen.* München: Piper.

Lohmann-Haislah, A. (2012). *Stressreport Deutschland 2012. Psychische Anforderungen, Ressourcen und Befinden.* Dortmund: Bundesanstalt für Arbeitsschutz und Arbeitsmedizin.

Martens, A. (2016). Brücken bauen – Konflikte in Unternehmen. *managerSeminare, 218*, 60–66.

Matyssek, A.-K. & Schröder, J. P. (2015). *Innehalten – Zeit nehmen – Zeit geben – Zeit lassen. Das Zeit-Schenk-Buch.* Hamburg: epubli.

Meyer, A. (1986). *Kosmologie des Augenblicks.* Auetal: Taoasis.

Nassehi, A. (Hrsg.). (2012). *Besser optimieren.* Hamburg: Murmann.

Ocasio, W. (1997). Towards an attention based view of the firm. *Strategic Management Journal, 18*, 187–206. https://doi.org/10.1002/(SICI)1097-0266(199707)18:1+<187::AID-SMJ936>3.0.CO;2-K

Ogbonna, E. & Harris, L.C. (2000). Leadership style, organizational culture and performance: Empirical evidence from UK companies. *International Journal of Human Resource Management, 11* (4), 766–788. https://doi.org/10.1080/09585190050075114

Permantier, M. (2019). *Haltung entscheidet – Führung und Unternehmenskultur zukunftsfähig gestalten.* München: Vahlen. https://doi.org/10.15358/9783800660643

Perry, B.D. & Szalavitz, M. (2006). *The Boy who was Raised as a Dog. What Traumatized Children can Teach us about Loss, Love, and Healing.* Cambridge MA: Basic Book.

Perry, J. (2015). *Einfach liegen lassen. Das Buch vom effektiven Arbeiten durch gezieltes Nichtstun.* München: Goldmann.

Petersen, O. (2019). *Gelassen durch den Alltag. Wie die buddhistische Lebenskunst uns glücklich macht.* Berlin: Ullstein.

Pink, D.H. (2012). *Drive. The surprising truth about what motivates us.* New York: Riverhead Books.

Prochaska, J.O., Diclemente, C.C. & Norcross, J.C. (1992). In search how people change: Applications to addictive behaviors. *American Psychologist, 47* (9), 1102–1114. https://doi.org/10.1037/0003-066X.47.9.1102

Riemann, F. (2002). *Grundformen der Angst.* München: Reinhard.

Schellenbaum, P. (1986). *Das Nein in der Liebe.* München: dtv.

Schellenbaum, P. (1995). *Abschied von der Selbstzerstörung.* München: dtv.

Schellenbaum, P. (1998). *Die Wunde der Ungeliebten.* München: dtv.

Schirrmacher, F. (2004). *Das Methusalem-Komplott.* München: Blessing.

Schröder, J.P. (1998). Klinisches Informationsmanagement zwischen virtueller Realität und mittelalterlichem Burgendenken. *führen und wirtschaften im krankenhaus, 2* (98), 98–101.

Schröder, J. P. (2008a). Jetzt bin ich Chef – was nun? *Zeitschrift für Herz-, Thorax- und Gefäßchurgie, 6*, 317–321. https://doi.org/10.1007/s00398-008-0658-9

Schröder, J.P. (2008b). *Wege aus dem Burnout* (2. Aufl.). Berlin: Cornelsen.

Schröder, J.P. (2010a). *Scheitern als Chance. Selbsttraining für den erfolgreichen Neuanfang.* Berlin: Cornelsen.

Schröder, J.P. (2010b). Von der Wertschätzung zur Wertschöpfung. Wertschätzende Kommunikation und Vertrauen als präventive Faktoren gegen

Burnout – am Beispiel von „kranken Häusern". In M. Ringlstetter & S. Kaiseer (Hrsg.), *Work-Life-Balance für Extremjobber. Erfolgversprechende Konzepte und Instrumente für Extremjobber* (S. 181–197). Berlin: Springer. https://doi.org/10.1007/978-3-642-11727-5_11

Schröder, J. P. (2012). *Burnout – Keine Chance. Übungen für effizientes Präventionstraining; mit Anti-Burnout-Firewall.* Düsseldorf: Cornelsen.

Schröder, J. P. (2013). Transformational Leadership. Entlasten, entgrenzen, entfalten. *managerSeminare, 179,* 62–66.

Schröder, J. P. (2016a). Erfolgsgeheimnis Energiemanagement. *Pädagogische Führung, 2,* 63–65.

Schröder, J. P. (2016b). Kultur der Begeisterung. *Im OP, 06* (05), 223–227. https://doi.org/10.1055/s-0042-109557

Schröder, J. P. (2017a). Auf die innere Haltung kommt es an. *Im OP, 4,* 167–170. https://doi.org/10.1055/s-0043-106375

Schröder, J. P. (2017b). Gesunde Führung schafft eine Kultur der Begeisterung. *Schulverwaltung aktuell Österreich, 2,* 58–61.

Schröder, J. P. (2017c, März). *Wunderwaffen der Persönlichkeit. Bleiben Sie, wie Sie sind.* Eröffnungsvortrag beim Deutschen Schulleiterkongress, Düsseldorf.

Schröder, J. P., Berger, M. & Blank, R. (2009). Von der Wertschätzung zur Wertschöpfung. Kommunikation und Vertrauen können die Profitabilität von Krankenhäusern langfristig verbessern. *Arzt und Krankenhaus, 5,* 84–95.

Schröder, J. P. & Blank, R. (2009). Von der Wertschätzung zur Wertschöpfung. Wie Teams im Klinikum eine eingeschworene Verantwortungsgemeinschaft werden. *führen und wirtschaften im krankenhaus, 1,* 40–44.

Schulz von Thun, F. (1998). *Miteinander reden 3: Das „Innere Team" und situationsgerechte Kommunikation: Kommunikation, Person, Situation.* Hamburg: Rowohlt.

Seligman, M. (2002). *Authentic happiness.* New York: Free Press.

Senge, P. M., Kleiner, A. & Smith, B. (2008). *Das Fieldbook zur fünften Disziplin.* Stuttgart: Klett-Cotta.

Sennett, R. (2002). *Respekt im Zeitalter der Ungleichheit.* Berlin: Berlin-Verlag.

Siebert, A. (2005). *The resiliency advantage, master change, thrive under pressure and bounce back from setbacks.* Portland: Berrett-Koehler Publishers.

Sinek, S. (2016). *Frag immer erst: WARUM.* München: Redline.

Singer, M. A. (2016). *Die Seele will frei sein.* Berlin: Allegria.

Smith, F. F. (1998). *Inner Bridges. A Guide to Energy Movement and Body Structure* (3. Aufl.). Atlanta, GA: Humanics New Age.

Stadler, P. & Strobel, G. (2000). Personalpflege oder Personalverschleiß. Der Einfluss von Führungsverhalten auf die psychische Belastungssituation von Mitarbeitenden. *Die BG, 7,* 396–401.

Tartaglia, F. (2006). *Der Pfad der Flexibilität. Eine Auseinandersetzung mit den japanischen Kampfkünsten und deren geistiger Übertragung in den Alltag.* Göppingen: Spectra.

The Lancet. (2004). Why business is bad for your health. *The Lancet, 363* (9416), 1174.

Tilmann, K. & von Peinen, T. (1981). *Einführung zur Meditation.* Zürich: Benziger.

Tolle, E. (2005). *Jetzt! Die Kraft der Gegenwart.* Bielefeld: Kamphausen.

Ulbrich, N. & Leuz, F. (2020). *Workbook Leitbildentwicklung – Werte, Vision und Mission in Unternehmen gestalten und integrieren.* Feiburg: Haufe.

Upledger, J. E. (1990). *Somato emotional release and beyond.* Palm Beach Gardens.

Van der Kolk, B. A. (1987). *Psychological Trauma.* Washington DC: American Psychiatric Press.

Van Kaldenkerken, C. (2014). *Wissen, was wirkt.* Hamburg: Tredition.

Van Kaldenkerken, C. (2016). *Supervision und Intervision in der Mediation. Ein Handbuch mit Anleitungen für die Praxis.* Frankfurt a. M.: Metzner.

Von Witzleben, I. & Schwarz, A. A. (2007). *Endlich frei von Angst. Denkmuster erkennen; Aktiv trainieren; Selbstvertrauen gewinnen.* München: Nikol.

Wagner, A. (2007). *Robustness and evolvability in living systems.* New Jersey: Princeton University Press.

Watzlawick, P. (1997). *Anleitung zum Unglücklichsein.* München: Piper.

Webster-Doyle, T. (1992). *Karate – Die Kunst des leeren Selbst.* Heidelberg. Werner Kristkeitz.

Weymayr, C. (2011). Glauben, dienen und ein Schnullerbaum. Schwerpunktheft Respekt. *Brand eins Wirtschaftsmagazin, 5,* 68–73. Verfügbar unter https://www.brandeins.de/magazine/brand-eins-wirtschaftsmagazin/2011/respekt/glauben-dienen-und-ein-schnullerbaum

Whitmont, E. C. (1997). *Psyche und Substanz. Essays zur Homöopathie.* Göttingen: Burgdorf.

Wilber, K. (2012). *Integrale Psychologie: Geist, Bewußtsein, Psychologie, Therapie* (4., korr. Aufl.). Freiburg: Arbor.

Wilk, D. (2012). *Ein Käfer schaukelt auf dem Blatt. Entspannungs- und Wohlfühlgeschichten für Kinder jeden Alters*. Heidelberg: Carl-Auer.

Wilk, D. (2013). *Auf den Schultern des Windes schaukeln. Trance-Geschichten*. Heidelberg: Carl-Auer.

Wippermann, C. (2008). *„Wie ticken Jugendliche?" Sinus-Milieustudie U27* (Herausgegeben vom Bund der Deutschen Katholischen Jugend und dem Bischöflichen Hilfswerk Misereor). Düsseldorf: Haus Altenberg.

Zimbardo, P. G. & Gerrig, R. J. (2003). *Psychologie: das Übungsbuch*. Heidelberg: Pearson Studium.

Zur Bonsen, M. (2010). *Leading with Life: Lebendigkeit im Unternehmen freisetzen und nutzen* (2., überarbeitete und ergänzte Aufl.). Wiesbaden: Gabler. https://doi.org/10.1007/978-3-8349-8977-2

Sachwortverzeichnis

C

D

E

F

M

N

O

P